BIANDIAN JIKONGZHAN JIANKONG YUNXING RENYUAN SHIYONG JISHU WENDA

变电集控站监控运行人员实用技术问答

高 志 樊锐轶 裴东锋 周 快 主编

内 容 提 要

本书共分为四部分、十二章，主要内容包括智能变电站基础知识、智能技术支持系统、监控运行技术技能、监控运行专业管理方面的选择题、判断题、问答题、案例分析题等形式共计1100余题。

本书由国网河北省电力有限公司组织编写，可供地区电网监控运行、监控管理、运维、检修人员及相关专业技术人员学习使用。

图书在版编目（CIP）数据

变电集控站监控运行人员实用技术问答/高志等主编．—北京：中国电力出版社，2022.3
ISBN 978-7-5198-6286-2

Ⅰ．①变…　Ⅱ．①高…　Ⅲ．①变电所－电力系统运行－监视系统－问题解答　Ⅳ．①TM63-44

中国版本图书馆CIP数据核字（2021）第258441号

出版发行：中国电力出版社
地　　址：北京市东城区北京站西街19号（邮政编码100005）
网　　址：http://www.cepp.sgcc.com.cn
责任编辑：赵　鹏（010-63412555）
责任校对：黄　蓓　朱丽芳
装帧设计：郝晓燕
责任印制：钱兴根

印　　刷：北京天宇星印刷厂
版　　次：2022年3月第一版
印　　次：2022年3月北京第一次印刷
开　　本：787毫米×1092毫米　16开本
印　　张：17.25
字　　数：374千字
定　　价：70.00元

编 委 会

前　　言

近年来，国家电网有限公司提出落实设备主人制，加快构建“无人值守＋集中监控”变电运维新模式，进一步提升设备监控质量和管理效率效益，监控运行专业基础技能呈现知识点新、多、广等特点，给设备监控专业人员提出了更高的要求。打造一支技术过硬、严谨细致、行动高效的监控专业队伍是电网安全稳定运行的坚强基石。

国网河北省电力有限公司根据地市公司监控专业培训需求，组织邯郸、邢台等地市公司有关专家编写了本书，旨在通过这样一种形式，为监控专业基础知识和技能水平的提升，提供一种高效的学习方式。

本书参考了大量技术标准和相关规章制度，主要来源于各地市公司监控专业多年的培训题目，同时综合了自动化、继电保护、变电运行、变电检修等专业相关知识。注重理论联系实际、知识与技能结合。

本书从形式编排上，由浅入深，总体上划分为智能变电站基础知识、智能技术支持系统、监控运行技术技能、监控运行专业管理四个部分。在每部分又按题型分为选择题、判断题、问答题、案例分析题四大类。培训对象从监控运行人员逐步延伸到监控专业管理人员。

本书主要内容包括变电站基础知识、智能变电站基础知识、继电保护基础知识、智能电网监控系统、无功电压自动控制系统、电网运行基础知识、设备实时监控和巡视、监控远方遥控操作、电压无功调整、故障异常处置、设备监控信息管理、变电站集中监控管理等。

本书具备内容全面、切合实际、通俗易懂的特点，可以作为地区电网监控运行工作的指导书应用于完成日常监控运行工作，也可以作为地、县两级监控员学习培训、持证上岗考试以及监控技能鉴定等参考用书，具有较高的使用普遍性和应用价值。

由于编者水平所限，书中难免有不妥或疏漏之处，恳请读者批评指正。

编　者

2021 年 12 月

目　　录

第三部分　监控运行技术技能

第四部分　监控运行专业管理

第一部分

智能变电站基础知识

第一章 基 础 知 识

一、技术问答

1．什么是电网运行的N－1原则？

答： N－1原则是指正常运行方式下的电力系统中任一元件（如线路、发电机、变压器等）无故障或因故障断开，电力系统应能保持稳定运行和正常供电，其他元件不过负荷，电压和频率均在允许范围内。

2．简述变电站硬接点信号和软报文信号释义、区别及关系。

答： 变电站硬接点信号和软报文信号释义、区别及关系如下：

（1）硬接点信号：①继电器的接点，断路器的辅助接点之间的物理实体接点；②断路器、隔离开关等位置信号及变电站所有开入量的信号；③物理上，可以看到的、摸得到的实际节点；④硬接点不需要加工，测控装置采集后直接上送监控后台；⑤传输介质是电缆。

（2）软报文信号：①通过通信规约以报文形式向后台传输，再通过对应规约由后台解释出来，不需要实际接线；②通过以太网等通信通道以报文的形式上送由变电站的规约解释最终成文；③硬接点采集过的交流量开关量等综合加工后以规约翻译后上送给监控后台；④不经过测控装置直接由保护装置生成报文通过网络上送至监控后台；⑤传输介质是通过网络通信线。

（3）硬接点与软报文信号的区别：①硬接点是装置内部继电器的辅助接点引出的信号，而软报文通过保护规约转换。一个有形的，一个无形的；②硬接点用电缆做介质，而软报文通过网络或通信线做介质；③硬接点只是向监控系统通报了保护是否动作跳闸，是否重合闸而已，而具体是什么保护动作出口、相别、测距都是软报文的内容。

（4）硬接点与软报文信号的关系：软报文信号作为硬接点的一个有效补充，处于保护装置硬接点有限，因此，不可能每种类型保护动作都有一个硬接点送到监控系统，而软报文信号十分详细，刚好补充了硬接点的不足。

3．小电流接地系统中采用中性点经消弧线圈接地的目的是什么？

答： 小电流接地系统通过中性点装设消弧线圈，主要是利用消弧线圈的感性电流补偿接地故障时的容性电流，使接地故障电流减少，以致自动熄弧，保证继续供电。因为小电流接地系统发生单相接地故障时，接地点将通过接地线路对应电压等级电网的全部对地电容电流。如果此电容电流相当大，就会在接地点产生间歇性电弧，引起过电压，从而使非故障相对地电压极大增加，可能导致绝缘损坏，造成两点或多点的接地短路，使事故扩大。

4．地区电网中性点接地方式有几种？简述各种方式的含义及特点。

答：地区电网中性点接地方式主要有两种，即中性点直接接地方式（包括中性点经小电阻接地方式）和中性点不直接接地方式（包括中性点经消弧线圈接地方式）。

（1）中性点直接接地系统（包括中性点经小电阻接地系统），发生单相接地故障时，接地短路电流很大，这种系统称为大接地电流系统。这种系统供电可靠性低，在发生单相接地时，出现了除中性点外的另一个接地点，构成了短路回路，接地电流很大，为了防止损坏设备，必须迅速切除接地相甚至三相。

（2）中性点不直接接地系统，发生单相接地故障时，由于不直接构成短路回路，接地故障电流往往比负荷电流小得多，故称其为小电流接地系统。不接地系统供电可靠性高。但对绝缘水平的要求也高。因为这种系统中发生单相接地时，不构成短路回路，接地电流不大，所以不必切除接地相，但这时非接地相的对地电压却升高了$\sqrt{3}$倍。在电压等级较高的系统中，一般采用中性点直接接地方式；在电压等级较低的系统中，一般采用中性点不接地方式。

5．220kV 变电站主变压器中性点接地方式的安排一般如何考虑？

答：220kV 变电站主变压器中性点接地方式的安排应尽量保持变电站的零序阻抗基本不变，遇到变压器检修或故障等原因造成变电站的零序阻抗有较大变化的特殊运行方式时，应根据规程规定或实际情况临时处理。

（1）变电站只有一台变压器，则中性点高、中压侧应直接接地，计算正常保护定值时，可只考虑变压器中性点接地的正常运行方式。

（2）变电站有两台变压器并列运行时，应只将一台变压器中性点直接接地运行，当该变压器因故停运时，将另一台中性点不接地变压器改为直接接地。由于某些原因，两台变压器高压侧并列而中压侧分列运行时，高压侧非直接接地运行的变压器中压侧中性点应接地。

（3）双母线运行的变电站有 3 台及以上变压器时，可按两台变压器中性点直接接地方式运行，并把他们分别接于不同的母线上，当其中一台中性点直接接地变压器停运时，将另一台不接地变压器直接接地。若不能保持不同母线上各有一个接地点，作为特殊运行方式处理；如果 3 台变压器并列运行时，应只将一台变压器中性点直接接地运行，当该变压器因故停运时，将另两台中的一台中性点不接地变压器改为直接接地。

（4）绝缘有要求的变压器中性点必须直接接地运行。

6．地区电网可能存在哪种限制运行的变压器及优化措施？

答：地区电网限制运行变压器包括状态评价结果异常、老旧、薄绝缘铝线圈等产品质量不良等变压器。为保证限制变压器的安全运行，可采取优化保护设置及运行方式的措施：

（1）可在低压侧抗短路能力不足变压器所在变电站低压侧出线停用重合闸。

（2）抗短路能力不足变压器所处变电站，可在其中、低压侧出线设置一个瞬时跳闸段，保证出口或近区（近区一般为线路 2km 以内）故障时快速跳闸，保证快速切除故障。

（3）变压器低压侧后备保护切除近区故障时间不大于 2s 前提下，保护动作时间缩至最短。

7．主变压器新投运或大修后投运前为什么要做冲击试验？次数有何要求？

答：（1）变压器投运前必须进行冲击试验的原因有：①拉开空载变压器时，有可能产生操作过电压，在电力系统中性点不接地，或经消弧线圈接地时，过电压幅值可达 4～4.5 倍相电压；在中性点直接接地时，可达 3 倍相电压，为了检查变压器绝缘强度能否承受全电压或操作过电压，需做冲击试验。②带电投入空载变压器时，会出现励磁涌流，其值可达 6～8 倍额定电流。励磁涌流开始衰减较快，一般经 0.5～1s 后即减到 0.25～0.5 倍额定电流值，但全部衰减时间较长，大容量的变压器可达几十秒，由于励磁涌流产生很大的电动力，为了考核变压器的机械强度，同时考核励磁涌流衰减初期能否造成继电保护误动，需做冲击试验。

（2）冲击试验次数：新产品投入为 5 次，大修后投入为 3 次；每次冲击试验后，现场应检查变压器有无异声异状。

8．地区电网中并联电容器的作用是什么？

答：地区电网中大量的电感元件，消耗有功功率的同时还要“吸收”无功功率。供电设备上并联的电容器在正弦电压作用下能“发出”无功功率，利用电容器能“发出”无功功率的作用，补偿电感元件“吸收”的无功功率。其作用是：

（1）减少线路能量损耗。

（2）减少线路电压降，改善电压质量。

（3）提高系统供电能力。

9．220kV 线路为什么大多数采用单相重合闸方式？

答：现场运行经验表明，220kV 线路由于线间距离大，绝大部分的故障都是由单相接地短路，而单相接地短路故障瞬时性的占比较大。此种情况下，断开接地故障相后再进行单相重合，而未发生故障的两相仍然继续运行，就能够大大提高供电的可靠性和系统并列运行的稳定性，这种方式的重合闸就是单相重合闸。

（1）线路发生瞬时性故障，单相重合闸将重合成功，三相恢复正常运行。

（2）线路发生永久性故障，单相重合闸重合不成功。

10．变压器在电力系统中的主要作用是什么？

答：变压器在电力系统中的作用是变换电压，以利于功率的传输。电压经升压变压器升压后，可以减少线路损耗，提高送电的经济性，达到远距离送电的目的。而降压变压器则能把高电压变为用户所需要的各级使用电压，满足用户需要。

11．高压断路器有什么作用？

答：高压断路器不仅可以切断和接通正常情况下高压电路中的空载电流和负荷电流，还可以在系统发生故障时与保护装置及自动装置相配合，迅速切断故障电源，防止事故扩大，保证系统的安全运行。

12．电流互感器有什么用途？

答：电流互感器把大电流按一定比例变为小电流，提供各种仪表使用和继电保护用的电流，并将二次系统与高电压隔离。它不仅保证了人身和设备的安全，也使仪表和继电器的制造简单化、标准化，提高了经济效益。

13．直流系统在变电站中起什么作用？

答：直流系统在变电站中为控制、信号、继电保护、自动装置及事故照明等提供可靠的直流电源。它还为操作提供可靠的操作电源。直流系统可靠与否，对变电站的安全运行起着至关重要的作用，是变电站安全运行的保证。

14．为什么要装设直流绝缘监视装置？

答：变电站的直流系统中一极接地长期工作是不允许的，因为在同一极的另一地点再发生接地时，就可能造成信号装置、继电保护和控制电路的误动作。另外在有一极接地时，假如再发生另一极接地就将造成直流短路。所以要装设绝缘监视装置对直流系统进行监视。

15．什么叫浮充电？

答：浮充电就是装设有两台充电机组，一台是主充电机组，另一台是浮充电机组。浮充电是为了补偿蓄电池的自放电损耗，使蓄电池组经常处于完全充电状态。

16．什么叫断路器自由脱扣？

答：断路器在合闸过程中的任何时刻，若保护动作接通跳闸回路，断路器能可靠地断开，这就叫自由脱扣。带有自由脱扣的断路器，可以保证断路器合于短路故障时，能迅速断开，避免扩大事故范围。

17．为什么 110kV 及以上变压器在停电及送电前必须将中性点接地？

答：我国的 110kV 电网一般采用中性点直接接地系统。在运行中，为了满足继电保护装置灵敏度配合的要求，有些变压器的中性点不接地运行。但因为断路器的非同期操作引起的过电压会危及这些变压器的绝缘，所以要求在切、合 110kV 及以上空载变压器时，将变压器的中性点直接接地。

18．直流系统发生正极接地或负极接地对运行有哪些危害？

答：直流系统发生正极接地有造成保护误动作的可能。因为电磁操动机构的跳闸线圈通常都接于负极电源，倘若这些回路再发生接地或绝缘不良就会引起保护误动作。直流系统负极接地时，如果回路中再有一点发生接地，就可能使跳闸或合闸回路短路，造成保护或断路器拒动，或烧毁继电器，或使熔断器熔断等。

19．直流母线电压过低或电压过高有何危害？

答：直流电压过低会造成断路器保护动作不可靠及自动装置动作不准确等；直流电

压过高会使长期带电的电气设备过热损坏。

20．电压互感器二次回路异常对继电保护有什么影响？

答：电压互感器二次回路经常发生的异常包括：熔断器熔断，隔离开关辅助接点接触不良，二次接线松动等。故障的结果是使继电保护装置的电压降低或消失，对于反映电压降低的保护继电器和反映电压、电流相位关系的保护装置，如方向保护、阻抗继电器等可能会造成误动和拒动。

21．常见的系统故障有哪些？可能产生什么后果？

答：常见系统故障有单相接地、两相接地、两相及三相短路或断线。其后果是：

（1）产生很大短路电流，或引起过电压损坏设备。

（2）频率及电压下降，系统稳定破坏，以致系统瓦解，造成大面积停电，或危及人的生命，并造成重大经济损失。

22．高压断路器可能发生哪些故障？

答：高压断路器本身的故障有拒绝合闸、拒绝跳闸、假分闸、假跳闸、三相不同期、操动机构损坏、切断短路能力不够造成的喷油或爆炸以及具有分相操作能力的油断路器不按指令的相别合闸、跳闸等。

23．强迫油循环风冷变压器冷却装置全停后，变压器最长运行多长时间？为什么不能再继续运行？

答：强迫油循环风冷变压器在冷却装置全停后，带负荷或空载运行，一般是允许20min，如必须运行，最长不超过1h。因为这种变压器内部冷却是导向油路，而且变压器本身冷却面较小，平时只能靠油泵来完成散热，把变压器热量散发出去，因此强油风冷变压器在风冷装置全停时继续运行是很危险的。

24．何谓保证电力系统安全稳定的“三道防线”？

答：所谓“三道防线”是指在电力系统受到不同扰动时对电网保证安全可靠供电方面提出的要求。

（1）当电网发生常见的概率高的单一故障时，电力系统应当保持稳定运行，同时保持对用户的正常供电。

（2）当电网发生了性质较严重但概率较低的单一故障时，要求电力系统保持稳定运行，但允许损失部分负荷（或直接切除某些负荷，或因系统频率下降，负荷自然降低）。

（3）当电网发生了罕见的多重故障（包括单一故障发生时继电保护动作不正确等），电力系统可能不能保持稳定，但必须有预定的措施以尽可能缩小故障影响范围和缩短影响时间。

25．什么叫电磁环网？电磁环网对电网运行有何弊端？

答：电磁环网是指不同电压等级运行的线路，通过变压器电磁回路的连接而构成的环路。一般情况中，往往在高一级电压线路投入运行初期，由于高一级电压网络尚未形成或网络尚不坚强，需要保证输电能力或为保重要负荷而运行电磁环网。电磁环网对电网运行主要有下列弊端：

（1）易造成系统热稳定破坏。如果在主要的受端负荷中心，用高低压电磁环网供电而又带重负荷时，当高一级电压线路断开后，所有原来带的全部负荷将通过低一级电压线路（虽然可能不只一回）送出，容易出现超过导线热稳定电流的问题。

（2）易造成系统动稳定破坏。正常情况下，两侧系统间的网络阻抗将略小于高压线路的阻抗。而一旦高压线路因故障断开，系统间的联络阻抗将突然显著地增大，因而极易超过该联络线的暂态稳定极限，可能发生系统振荡。

（3）不利于经济运行。500kV 与 220kV 的自然功率相差极大，同时 500kV 的电阻值也远小于 220kV 线路的电阻值，在 500kV/220kV 环网运行情况下，许多系统潮流分配难于达到最经济。

（4）需要装设高压线路因故障停运后联锁切机、切负荷等安全自动装置。但实践说明，若安全自动装置本身拒动、误动将影响电网的安全运行。

26．什么是潜供电流？它对重合闸有何影响？如何防止？

答：当故障相（线路）自两侧切除后，非故障相（线路）与断开相（线路）之间存在的电容耦合和电感耦合，继续向故障相（线路）提供的电流称为潜供电流。

潜供电流对灭弧产生影响，由于此电流存在，将使短路时弧光通道去游离受到严重阻碍。而自动重合闸只有在故障点电弧熄灭且绝缘强度恢复以后才有可能成功，若潜供电流值较大，会导致重合闸失败。

为了保证重合闸有较高的重合成功率，一方面可采取减小潜供电流的措施，如对 500kV 中长线高压并联电抗器的中性点加小电抗器、短时在线路两侧投入快速单相接地开关等措施。另一方面可采取实测熄弧时间来整定重合闸时间。

27．交流回路断线主要影响哪些保护？

答：凡是接入交流回路的保护均受影响，主要有距离保护，零序保护，电流速断，过流保护，方向高频保护，高频闭锁保护，母差保护，变压器低阻抗保护，失磁保护，失灵保护，发电机、变压器纵差保护，零序横差保护等。

28．电力系统过电压分几类？其产生的原因及特点是什么？

答：（1）大气过电压：由直击雷引起，特点是持续时间短暂，冲击性强，与雷击活动强度有直接关系，与设备电压等级无关。因此，220kV 以下系统的绝缘水平往往由防止大气过电压决定。

（2）工频过电压：由长线路电容效应及电网运行方式的突然改变引起，特点是持续时间长，过电压倍数不高，一般对设备绝缘危害性不大，但在超高压、远距离输电确定绝缘水平时起重要作用。

（3）操作过电压：由电网内断路器操作引起，特点是具有随机性，但最不利情况下过电压倍数较高。因此，330kV 及以上超高压系统的绝缘水平往往由防止操作过电压决定。

（4）谐振过电压：由系统电容及电感回路组成谐振回路时引起，特点是过电压倍数高，持续时间长。

29．电力系统工频过电压的产生原因及防范措施有哪些？

答：电力系统工频过电压产生的原因有以下几个方面：

（1）空载长线路的电容效应。

（2）不对称短路引起的非故障相电压升高。

（3）甩负荷引起的工频电压升高。

电力系统工频过电压的防范措施有以下几个方面：

（1）利用并联高压电抗器补偿空载线路的电容效应。

（2）利用静止无功补偿器（SVC）也能起到补偿空载线路电容效应的作用。

（3）变压器中性点直接接地可降低由于不对称接地故障引起的工频电压升高。

（4）发电机配置性能良好的励磁调节器或调压装置，使发电机突然甩负荷时能抑制容性电流对发电机的助磁中枢反应，从而防止过电压的产生和发展。

（5）发电机配置反应灵敏的调速系统，使得突然甩负荷时能有效限制发电机转速上升造成的工频过电压。

30．电力系统操作过电压的产生原因及防范措施有哪些？

答：电力系统操作过电压是由于电网内断路器操作或故障跳闸引起的过电压，主要包括：

（1）切除空载线路引起的过电压。

（2）空载线路合闸时的过电压。

（3）切除空载变压器引起的过电压。

（4）间歇性电弧接地引起的过电压。

（5）解合大环路引起的过电压。

防范措施有以下几个方面：

（1）选用灭弧能力强的高压断路器。

（2）提高断路器动作的同期性。

（3）断路器断口加装并联电阻。

（4）采用性能良好的避雷器，如氧化锌避雷器。

（5）使电网的中性点直接接地运行。

31．电力系统谐振过电压的产生原因及防范措施有哪些？

答：电力系统中一些电感、电容元件在系统进行操作或发生故障时可形成各种振荡回路，在一定的能源作用下，会产生串联谐振现象，导致系统某些元件出现严重的过电压。谐振过电压分为以下几种：

（1）线性谐振过电压。谐振回路由不带铁芯的电感元件或励磁特性接近线性的带铁芯的电感元件和系统中的电容元件所组成。

（2）铁磁谐振过电压。谐振回路由带铁芯的电感元件和系统中的电容元件组成。因铁芯电感元件的饱和现象，使回路的电感参数是非线性的，这种含有非线性电感元件的回路在满足一定的谐振条件时，会产生铁磁谐振。

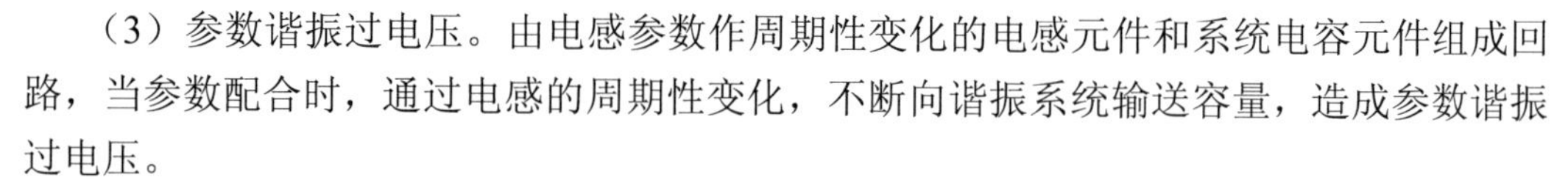

（3）参数谐振过电压。由电感参数作周期性变化的电感元件和系统电容元件组成回路，当参数配合时，通过电感的周期性变化，不断向谐振系统输送容量，造成参数谐振过电压。

限制谐振过电压的主要措施有：

（1）提高断路器动作的同期性。由于许多谐振过电压是在非全相运行条件下引起的，因此提高断路器动作的同期性，防止非全相运行，可以有效防止谐振过电压的发生。

（2）在并联高压电抗器中性点加装小电抗。用这个措施可以阻断非全相运行时工频电压传递及串联谐振。破坏发电机产生自励磁的条件，防止参数谐振过电压。

32．什么是分频谐振？什么是基频谐振？什么是高频谐振？从表面现象上有何区别？

答：电力系统发生不同频率的谐振，与电力系统中导线对地分布电容的容抗 X_{co} 和电压互感器并联运行的综合电感的感抗值 X_m 有关。

（1）当 X_{co}/X_m 的比值较小，发生地谐振是分频谐振。因为在这种情况下，电容比较大，则电容、电感振荡时的能量交换的时间较长，如果在 1s 之内能量交换次数是电源频率的分数倍，如为 50Hz 的 1/2、1/3、1/4 等，这种频率的谐振称为分频谐振。其表面现象为：

1）过电压倍数较低，一般不超过 2.5 倍的相电压。

2）三相电压表的指示数同时升高，而且有周期性摆动，线电压表的指示数基本不变。

（2）当 X_{co}/X_m 的比值较大，发生地谐振是高频谐振。因为这时对地电容值相对较小，则电容、电感振荡时的能量交换的时间就短，如果在 1s 之内能量交换次数是电源频率的整数倍，如为 50Hz 的 3、5、7 等，这种频率的谐振称为高频谐振。其表面现象为：

1）过电压倍数较高。

2）三相电压表的指示数同时升高，而且要比分频谐振高得多，线电压表的指示数和分频谐振时相同。

3）谐振时过电流较小。

（3）当 X_{co}/X_m 的比值在分频与高频之间，接近 50Hz 时，则发生地谐振是基频谐振。发生基频谐振时，在 1s 之间电容、电感的能量交换次数正好和电源频率相等或相近，因此成为基频谐振。其表面现象为：

1）三相电压表中二相指示数升高，一相降低，线电压基本不变。或是两相对地电压降低，一相升高。

2）谐振时，过电流很大，电压互感器有响声。

3）过电压倍数一般不超过 3.2 倍的相电压。

4）基频谐振和系统单相接地时的现象相似（假接地现象）。

5）往往导致设备绝缘击穿、避雷器损坏、互感器熔丝熔断等。

根据运行经验，当发生单相接地时易产生分频谐振；当电源向只带电压互感器的空母线突然合闸时易产生基波谐振。

33．变压器中性点接地方式的安排一般如何考虑？

答：变压器中性点接地方式的安排应尽量保持变电所的零序阻抗基本不变。遇到因变压器检修等原因使变电站的零序阻抗有较大变化的特殊运行方式时，应根据规程规定或实际情况临时处理。

（1）变电站只有一台变压器，则中性点应直接接地，计算正常保护定值时，可只考虑变压器中性点接地的正常运行方式。当变压器检修时，可做特殊运行方式处理，例如改定值或按规定停用、启用有关保护段。

（2）变电站有两台变压器时，应只将一台变压器中性点直接接地运行，当该变压器停运时，将另一台中性点不接地变压器改为直接接地。如果由于某些原因，变电站正常必须有两台变压器中性点直接接地运行，当其中一台中性点直接接地的变压器停运时，按特殊运行方式处理。

（3）双母线运行的变电站有 3 台及以上变压器时，应按两台变压器中性点直接接地方式运行，并把他们分别接于不同的母线上，当其中一台中性点直接接地变压器停运时，将另一台不接地变压器直接接地。若不能保持不同母线上各有一个接地点，作为特殊运行方式处理。

（4）为了改善保护配合关系，当某一段线路检修停运时，可以用增加中性点接地变压器台数的办法来抵消线路停运时对零序电流分配关系产生的影响。

（5）自耦变压器和绝缘有要求的变压器中性点必须直接接地运行。

34．变压器并列运行条件不满足会有哪些影响？

答：当变比不同时，变压器二次侧电压不等，并列运行的变压器将在绕组的闭合回路中引起均衡电流的产生，均衡电流的方向取决于并列运行变压器二次输出电压的高低，其均衡电流的方向是从输出电压高的变压器流向输出电压低的变压器。该电流除增加变压器的损耗外，当变压器带负荷时，均衡电流叠加在负荷电流上。均衡电流与负荷电流方向一致的变压器负荷增大；均衡电流与负荷电流方向相反的变压器负荷减轻。

当短路电压不等，各台变压器的复功率分配是按变压器短路电压成反比例分配的，短路电压小的变压器易过负荷，变压器容量不能得到合理的利用。

当连接组别不同时，二次侧回路将因变压器各二次侧电压不同而产生电压差 ΔU_2，因在变压器连接中相位差总量是 30°的倍数，所以 ΔU_2 的值是很大的。如并联变压器二次侧相角差为 30°时，ΔU_2 值就有额定电压的 51.76%，若变压器的短路电压 $U_k=5.5\%$，则均衡电流可达 4.7 倍的额定电流，可能使变压器烧毁。较大的相位差产生较大的均衡电流，这是不允许的。

35．为什么变压器投运前必须进行冲击试验？冲击几次？

答：变压器投运前必须进行冲击试验的原因如下：

（1）检查变压器绝缘强度能否承受全电压或操作过电压的冲击。拉开空载变压器时，有可能产生操作过电压，在电力系统中性点不接地，或经消弧线圈接地时，过电压幅值可达 4～4.5 倍相电压；在中性点直接接地时，可达 3 倍相电压，为了检查变压器绝缘强

度能否承受全电压或操作过电压，需做冲击试验。

（2）考核变压器在大的励磁涌流作用下的机械强度，考核继电保护在大的励磁涌流作用下是否会误动。带电投入空载变压器时，会出现励磁涌流，其值可达 6～8 倍额定电流。励磁涌流开始衰减时间较快，一般经 0.5～1s 后即减到 0.25～0.5 倍额定电流，但全部衰减时间较长，大容量的变压器可达几十秒，由于励磁涌流产生很大的电动力，为了考核变压器的机械强度，同时考核励磁涌流衰减初期能否造成继电保护误动，需做冲击试验。

（3）冲击试验次数：新产品投入为 5 次；大修后投入为 3 次。每次冲击试验后，要检查变压器有无异声异状。

36．什么是空载长线路的“容升”效应？

答：在超高压电网中，不仅额定电压比高压电网高得多，往往线路很长，因此线路的“电感—电容”效应显著增大。输电线路一般距离较长，可达数百公里，由于采用分裂导线，线路相间和对地电容均很大，在线路带电的状态下，线路相间和对地电容中产生相当数量的容性无功功率（即充电功率），且与线路的长度成正比。每 100km 长的 500kV 线路，容性功率约为 100～120Mvar，为同样长度的 220kV 线路的 6～7 倍。对于长线路，其数值可达 200～300Mvar，而且如果线路处于空载状态，所产生的容性电流导致沿线路电压分布不均匀，大量容性功率通过系统感性元件（发电机、变压器、输电线路）时，线路末端电压将要升高，这种由分布电容引起的电压升高在电力工程上称为“电容效应”或“容升”现象，又称为“法拉第效应”。

37．为什么 SF_6 气体只能用于高压电器而不能用于低压电器？

答：SF_6（六氟化硫）气体被广泛用于高压电器的原因是纯净的 SF_6 是良好的灭弧介质，绝缘强度比空气和真空还高，且具有良好的散热能力，无着火和爆炸危险。不能用于低压电器的原因是低压电器频繁操作，其频繁操作产生的电弧，使金属蒸汽与 SF_6 分解出的物质起化学反应，生成氢氟酸盐和硫酸物等，使触点的接触电阻急剧增加，造成充 SF_6 气体的密封触点不能可靠工作，因此，对于频繁操作的低压电器，用 SF_6 介质是不合适的。

38．为什么用于 110kV 及以上电网的电压互感器的附加绕组额定电压为 100V，而用于 35kV 及以下电网的确为 100/3V？

答：电压互感器附加绕组接成开口三角形，以反映零序电压，在正常情况下，由于三相电压对称，开口三角形输出电压为零。对于中性点直接接地的 110kV 及以上系统，当电网内一相（如 A 相）接地时，接地相（A 相）绕组被短接，开口三角形输出电压等于两个非故障相（B 相、C 相）相电压之和，其值等于相电压，$U_{ax}=U_{xg}$。因为电压继电器或电压表上规格统一为 100V，为使开口三角形输出电压能接上电压继电器或电压表，故要求开口三角形输出电压也为 100V，因为 U_{ax} 固定为 100V，这样附加绕组的额定电压为 100V。

对于中性点不接地的 35kV 及以下系统，当发生单相（如 A 相）接地时，两个非故

障相的电压升高到 $\sqrt{3}\,U_{xg}$，附加绕组开口三角形的输出电压仍要求为 100V，即 $U_{ax}=3U_{xg}=100V$，则 $U_{xg}=100/3V$，因而用于 35kV 及以下接地电网的电压互感器的开口三角形附加绕组的额定电压为 100/3V。

39．为什么在 220kV 及以上线路大多数采用单相重合闸方式？

答：运行经验表明，在 220kV 及以上线路上，由于线间距离大，其中绝大部分的故障都是由单相接地短路。在这种情况下，如果把发生故障的一相断开，然后再进行单相重合，而未发生故障的两相仍然继续运行，就能够大大提高供电的可靠性和系统并列运行的稳定性。这种方式的重合闸就是单相重合闸。如果线路发生的是瞬时性故障，则单相重合闸将重合成功，即三相恢复正常运行；如果是永久性故障，单相重合将不成功，则需要根据系统的具体情况进行处理，如不允许长期非全相运行时，应立即切除三相而不再进行重合闸。

40．10kV 配电线路为什么只装过流不装速断保护？

答：10kV 配电线供电距离较短，线路首端和末端短路电流值相差不大，速断保护按躲过线路末端短路电流整定，保护范围太小；另外过流保护动作时间较短，当具备这两种情况时就不必装电流速断保护。

41．继电保护的“三误”是什么？

答：继电保护的“三误”是指整定计算中的“误整定”、运行检修试验过程中对运行保护和设备的“误碰”及继电保护安装和试验中的“误接线”，简称“三误”。

42．继电保护的“四统一”是什么？为什么要搞“四统一”？

答：继电保护的“四统一”是指高压线路继电保护装置的设计原则统一，具体内容包括：统一技术标准、统一原理接线、统一符号、统一端子排布置，俗称“四统一”。继电保护实施“四统一”的原因是 20 世纪 70 年代末，随着我国继电保护专业水平的快速提高，继电保护装置得到了飞速发展，不同的厂家、不同的型号产品，由于缺乏统一的技术规范和要求，不仅各运行单位对保护装置的要求不一样，而且各厂家生产的保护设备技术标准、原理接线、编号称谓及端子排布置等也具有很大的随意性，给继电保护的设计、安装、调试及运行带来了很大的困难，在有些地区，这种混乱甚至威胁到了电力系统的安全运行。为此，80 年代初，针对上述情况，原电力部组织电力系统各单位的继电保护专家，会同原机械工业部各继电保护生产厂家，以保证电网安全稳定运行为基础出发点，在认真总结我国在高压线路继电保护多年来的设计、制造和运行经验的基础上，综合考虑各类保护装置及相关二次回路间的相互配合，提出了继电保护的“四统一”设计原则，从而使电网运行的安全稳定得到了进一步提高。

43．什么叫静态安全分析及动态安全分析？

答：安全分析是对运行中的网络或某一研究态下的网络，按 $N-1$ 原则将每一个运行元件故障退出，来分析这时网络的安全情况及安全裕度。静态安全分析是研究元件有无过负荷及母线电压有无越限。动态安全分析是研究线路功率是否超稳态极限。安全分析按功能分为两大类：一为故障排序，即按 $N-1$ 故障严重程度自动排序。二为安全评

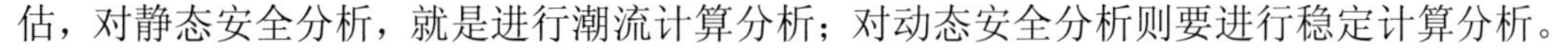

估，对静态安全分析，就是进行潮流计算分析；对动态安全分析则要进行稳定计算分析。

44．什么是网络拓扑分析？

答：电网是由若干个带电的电气岛组成，每个电气岛又由许多母线及母线间相连的电气元件组成，而每个母线又由若干个母线路元素通过断路器、隔离开关相连而成，电网的拓扑结构就是描述电网中各电气元件的图形连接关系。网络拓扑分析是根据电网中各断路器、隔离开关的遥信状态，通过一定的搜索算法，将各母线路元素连成某个母线，并将母线与相连的各电气元件组成电气岛，进行网络接线辨识与分析。

45．什么叫状态估计？状态估计的作用是什么？

答：电力系统状态估计就是利用实时量测系统的冗余性，应用估计算法来检测与剔除坏数据，提高数据精度及保持数据的前后一致性，为网络分析提供可信的实时潮流数据。运用状态估计必须保证系统内部是可观测的，系统的量测要有一定的冗余度。在缺少量测的情况下作出的状态估计是不可用的。

46．什么是小电流接地系统？

答：小电流接地系统是指 35kV 及以下中性点不接地系统和中性点经消弧线圈接地系统。

47．何谓“计划检修、临时检修、事故检修”？

答：计划检修是月计划安排的检修；临时检修是计划外临时批准的检修；事故检修是因设备故障进行的检修。

48．简述电力系统并列条件。

答：电力系统并列条件有：

（1）相序、相位必须相同。

（2）频率相等。无法调整时频率偏差不得大于 0.3Hz，并列时两系统频率必须在 50±0.2Hz 范围内。

（3）电压相等。无法调整时 220kV 及以下电压差最大不超过 10%，500kV 最大不超过 5%。并列操作必须使用同期并列装置。

49．什么是电压互感器？它有什么作用？

答：电压互感器是一种电压变换装置。它将高电压变换为低电压，以便用低压量值反映高压量值的变化，通过电压互感器可以直接用普通电气仪表进行电压测量。

50．限制运行变压器是指什么？

答：限制运行变压器是指状态评价结果异常、抗短路能力不足、运行年限超过设计寿命（30 年）的老旧变压器以及产品质量不良的变压器。

51．电网中的无功电源有哪些？

答：电网中的无功电源有同步发电机、同步调相机、同步电动机、静电电容器、静止无功补偿器、新型无功发生器、高压架空线路和电缆线路的对地电容。

52．变压器停送电操作时，为什么中性点必须接地？

答：中性点有效接地系统中，变压器停送电操作时，中性点必须接地的原因是空载停、投变压器时，可能使变压器中性点或相地之间产生操作过电压，使变压器中性点发生击穿短路或使中性点避雷器发生爆炸或热崩溃。因此，在停、投变压器时，对中性点不接地变压器，在操作过程中，为防止电气设备损坏，应先将变压器中性点临时接地。

53．断路器机构泄压，一般指哪几种情况？有何危害？

答：断路器机构泄压一般指断路器机构的液压、气压、油位等发生异常，导致断路器闭锁分、合闸，直接威胁电网安全运行。主工作缸泄压可能造成断路器慢分（在运行中曾经出现过）。

54．发生下面哪些行为时，视为违反调度纪律？

答：发生以下行为视为违反调度纪律：

（1）无故拖延或拒绝执行调度指令。

（2）擅自越权改变省调管辖设备的技术参数或设备状态。

（3）不执行上级调度机构下达的调度计划。

（4）不如实反映本单位实际运行情况。

（5）影响电网调度运行秩序的其他行为。

55．事故处理的原则有哪些？

答：事故处理原则主要有：

（1）尽速限制事故发展，消除事故根源并解除对人身、设备和电网安全的威胁。

（2）用一切可能的方法保持正常设备继续运行和对用户的正常供电。

（3）尽速对已停电的用户恢复供电。

（4）尽速恢复电网正常运行方式。

56．什么是无功补偿的分层分区和就地平衡原则？

答：分层是指主要承担有功功率传输的220～500kV电网，应尽量保持各电压层间的无功功率平衡，减少各电压层间的无功功率串动；分区是指110kV及以下的供电电网，应实现无功功率分区和就地平衡。

57．变比不等的变压器并列有何危害？

答：当变比不同时，变压器二次侧电压不等，并列运行的变压器将在绕组的闭合回路中引起均衡电流的产生。该电流除增加变压器的损耗外，当变压器带负荷时，均衡电流叠加在负荷电流上。均衡电流与负荷电流方向一致的变压器负荷增大；均衡电流与负荷电流方向相反的变压器负荷减轻。

58．何谓误操作？

答：误操作是电气运行人员在执行操作指令和其他业务工作时，由于思想麻痹，违反《安规》和现场运行规程的有关规定，没有履行操作监护制度和正常操作程序，而错误进行的一种倒闸操作行为，误操作是违章工作的典型反应，是电力生产中恶性事故的总称。误操作往往造成人身伤亡、设备损坏和电网事故。

59．电网合环的条件是什么？

答：电网合环的条件包括：

（1）相位一致，相序一致。

（2）如果是电磁环网，则环网内的变压器接线组别应一致。

（3）合环后环网内的各元件不过载。

（4）各母线电压在规定值范围内。

（5）继电保护和安全自动装置满足环网运行方式。

（6）稳定符合规定的要求。

60．变压器并列的条件是什么？

答：变压器并列的条件是：

（1）接线组别相同。

（2）变比相等。

（3）短路阻抗相等。

61．对调度指令的发布和执行有哪些要求？

答：各级调度机构的值班调度员、发电厂值班长、变电所（站）值班长在调度业务方面受上级调度机构值班调度员的指挥，接受上级调度机构值班调度员的调度指令。发布、接受调度指令时，必须互报单位、姓名，使用统一的调度术语和操作术语，严格执行发令、复诵、汇报、录音、记录等制度，经核实无误后方可执行。值班调度员必须按照规定发布调度指令，并对其发布的调度指令的正确性负责。

62．变压器过负荷时应如何消除？

答：变压器过负荷时要做到以下几点：

（1）投入备用变压器。

（2）指令有关调度转移负荷。

（3）改变电网的接线方式。

（4）按有关规定进行拉闸限电。

63．什么情况下不允许调整运行中有载变压？

答：以下情况不允许调整运行中有载变压：

（1）变压器过负荷时（特殊情况下除外）。

（2）有载调压装置的瓦斯保护频繁发出信号时。

（3）有载调压装置的油标中无油位时。

（4）有载调压装置的油箱温度低于－40℃时。

（5）有载调压装置发生异常时。

64．什么是电网调度的远动遥控功能？

答：遥控是远方操作的简称，它是从调度发出命令以实现远方操作和切换，通常只取两种状态命令，如命令断路器的“分”“合”指令。

65．什么是电网的逆调压方式？

答：逆调压就是当中枢点供电至各负荷点的线路较长，且各点负荷变动较大，变化规律也大致相同时，在大负荷时采用提高中枢点电压以抵偿线路上因最大负荷时增大的电压损耗；而在小负荷时，则将中枢点电压降低，以防止因负荷减小而使负荷点的电压过高。这种中枢点的调压方式即称为“逆调压方式”。

66．试述遥控操作和程序操作的区别和联系。

答：遥控操作是指从调度端或集控站发出远方操作指令，以微机监控系统或变电站的 RTU 当地功能为技术手段，在远方的变电站实现的操作；程序操作是遥控操作的一种，但程序操作时发出的远方操作指令是批命令。遥控操作、程序操作的设备应满足设备运行技术和操作管理两个方面的技术条件。

67．何谓重合闸后加速？

答：当线路发生故障后，保护有选择性地动作切除故障，然后重合闸进行一次重合，如重合于永久性故障时，保护装置不带时限地动作断开断路器。

68．什么叫操作过电压？引起操作过电压的原因有哪些？

答：操作过电压是由于电网内开关操作或故障跳闸引起的过电压。主要包括：

（1）切除空载线路引起的过电压。

（2）空载线路合闸时引起的过电压。

（3）切除空载变压器引起的过电压，间歇性电弧接地引起的过电压。

（4）解合大环路引起的过电压。

69．什么叫电磁环网？对电网运行有何弊端？什么情况下还需保留？

答：电磁环网是指不同电压等级运行的线路，通过变压器电磁回路的连接而构成的环路。电磁环网对电网运行主要有下列弊端：

（1）易造成系统热稳定破坏。

（2）易造成系统动稳定破坏。

（3）不利于经济运行。

（4）需要装设高压线路因故障停运后联锁切机、切负荷等安全自动装置。但实践说明，若安全自动装置本身拒动、误动将影响电网的安全运行。一般情况中，往往在高一级电压线路投入运行初期，由于高一级电压网络尚未形成或网络尚不坚强，需要保证输电能力或为保重要负荷而又不得不电磁环网运行。

70．电容器在电网中的作用是什么？

答：电力系统有大量的电感元件，除消耗有功功率之外，还要“吸收”无功功率。也就是说这些感性元件除有功电流外，还有无功电流。所有这些无功功率都要由发电机供给，这样不但不经济，而且电压质量低劣，影响用户使用。电容器在正弦电压作用下能“发”无功功率，利用电容器能“发”无功功率的作用，将电容器并联在供电或用电设备上，正好由电容器“发出”的无功功率供给电感元件，这就是并联补偿。

（1）减少线路能量损耗。

（2）减少线路电压降，改善电压质量。

（3）提高系统供电能力。如果把电容器串联在线路上，补偿线路电抗，这就是串联补偿。串联补偿可以改善电压质量，提高系统稳定性和增加输电能力。

71．已知一台 220kV 强油风冷三相变压器高压侧的额定电流 I_e 是 315A，试求这台变压器的容量。在运行中，当高压侧流过 350A 电流时，变压器过负荷为百分之多少？

解：$S_e=\sqrt{3}U_eI_e=\sqrt{3}\times220\times315=120000$（kVA）

过负荷百分数＝$(I_L-I_e)/I_e\times100\%=(350-315)/315\times100\%=11\%$

答：变压器的容量为 120000kVA，变压器过负荷为 11%。

72．一台 SFP-90000/220 电力变压器，额定容量为 90000kVA，额定电压为 220±2×2.5%/110kV，问高压侧和低压侧的额定电流各是多少？

解：高压侧的额定电流为

$$I_{1E}=S_e/(\sqrt{3}U_{1e})=90000/(\sqrt{3}\times220)=236\text{（A）}$$

低压侧的额定电流为

$$I_{2E}=S_e/(\sqrt{3}U_{2e})=90000/(\sqrt{3}\times110)=472\text{（A）}$$

答：高、低压侧额定电流为 236A 和 472A。

73．有两台 100kVA 变压器并列运行，第一台变压器的短路电压为 4%，第二台变压器的短路电压为 5%，求两台变压器并列运行时，负载分配的情况？

解：已知两台变压器额定容量 $S_{1e}=S_{2e}=100$kVA

阻抗电压 $U_{1D}\%=4\%$，$U_{2D}\%=5\%$

第一台变压器分担负荷为

$$S_1=(S_{1e}+S_{2e})/[S_{1e}/U_{1D}\%+S_{2e}/U_{2D}\%]\times(S_{1e}/U_{2D}\%)$$
$$=200/(100/4+100/5)\times(100/4)$$
$$=111.11\text{（kVA）}$$

第二台变压器分担负荷为

$$S_2=(S_{1e}+S_{2e})/(S_{1e}/U_{1D}\%+S_{2e}/U_{2D}\%)\times(S_{2e}/U_{2D}\%)$$
$$=200/(100/4+100/5)\times(100/5)$$
$$=88.89\text{（kVA）}$$

答：第一台变压器负载为 111.11kVA，第二台变压器负载为 88.89kVA。

74．如图 1-1-1 所示电路，简述监控员在 AVC 系统因动作次数越限告警闭锁时，如何对某 110kV 变电站进行电压无功控制装置，请分别说明在 1、2、3、4、5、6、7、8 区域的调节原理。

答：第 1 区域：电压与无功都低于下限，优先投入电容器，如电压仍低于下限，再调节分接开关升压。

第 2 区域：电压低于下限和功率因数正常，先调节分接开关升压，如分接开关已无法调节，则投入电容器。

第 3 区域：电压低于下限，功率因数高于上限，先调节分接开关升压直到电压正常，如功率因数仍高于上限，再切电容器。

第 4 区域：电压正常而功率因数低于下限，投入电容器直到电压正常。

第 5 区域：电压正常而功率因数高于上限，切除电容器直到正常。

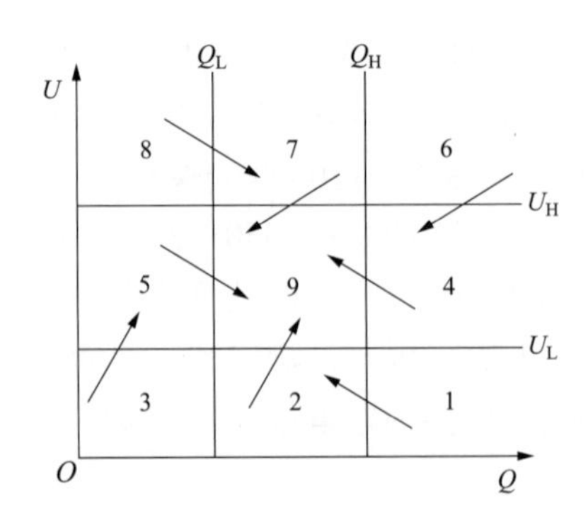

图 1-1-1　电路中的各区域调节原理示意图

第 6 区域：电压高于上限而功率因数低于下限，应调节分接开关降压，直到电压正常，如功率因数仍低于下限，再投电容器。

第 7 区域：电压高于上限和功率因数正常，先调节分接开关降压，如分接开关已无法调节，电压仍高于上限，则切电容器。

第 8 区域：电压与无功都高于上限，优先切电容器，如电压仍高于上限，再调节分接开关降压。

75．6 月 5 日 8 时 39 分，某 220kV 变电站 220kV 1、2 号主变压器负载率均接近于 90%，同时 110、35kV 母线电压值偏低。为缓解主变压器重载情况，监控员应如何处置及要注意的事项有哪些？

答：通过题目描述可知，220kV 1、2 号主变压器当下负载率达到 89%，高峰负荷时（一般为 9～11 点左右）将达到重载或过载运行状态，为保证主变压器正常运行状态，需控制负荷达到运行范围内；同时由于负荷较大，110、35kV 母线电压值偏低，应及时通过相关手段调整电压值至合格。

（1）监控员立即汇报地调值班员，做好负荷倒供倒闸操作准备。

（2）根据 AVC 系统策略、主变压器负载率、母线电压及无功设备投切情况进行综合分析 AVC 运行情况，必要时及时投入电容器，既缓解主变压器重载，又保证母线电压合格率。

（3）注意在调整母线电压时，切忌通过调整主变压器（主变压器负载率超过 85%时禁止调整挡位）挡位提升电压。

（4）提前对可能进行负荷倒供倒闸的断路器间隔进行巡视和遥控测试，确保断路器满足远方遥控操作条件。

76．220kV 线路发生故障跳闸时，监控员汇报流程及注意事项是什么？

答：由于 220kV 设备属于省调调度或许可设备，当发生故障跳闸时，及时汇报省调值班调度员后，同时汇报地调值班调度员，还应综合考虑故障录波信息、三相跨线路、远方试送等细节。

（1）记录故障时保护动作信息、动作时间、断路器变位及是否三相跨线路等信息，简要汇报当值省调值班调度员（注意汇报省调的同时汇报地调值班调度员）。

（2）及时通知相关运维班到站检查设备，短信通知相关专业及部门做好应急准备。

（3）查看故障录波装置，将故障测距、故障相别等详细情况汇报省调和地调值班调度员。

（4）对故障跳闸断路器间隔进行远方遥控测试及异常信息分析，根据分析结果向省调值班调度员汇报是否具备远方试送条件。

（5）加强与现场运维人员的沟通，及时掌握现场运维人员到站时间、设备检查等情况，必要时将现场反馈情况汇报相关值班调度员。

二、基础题库

（一）选择题

1．关于变压器的变比和电压比，下面描述正确的是（ ABC ）。

A．“变比”是变压器的固有参数，是二次与一次线圈感应电势之比即匝数比

B．“电压比”是二次与一次线电压之比，它和变压器的负荷多少有关

C．只有空载时，电压比才近似等于变比

D．变比不可能大于电压比

2．对只带有电压互感器的空母线突然合闸时易产生基波谐振，基波谐振的现象包括（ AC ）。

A．两相对地电压升高，一相降低　　B．三相对地电压升高

C．两相对地电压降低，一相升高　　D．三相对地电压降低

3．断路器液压操动机构油压逐渐下降时发出的信号依次为（ B ）。

A．闭锁合闸信号—闭锁重合闸信号—闭锁分闸信号

B．闭锁重合闸信号—闭锁合闸信号—闭锁分闸信号

C．闭锁分闸信号—闭锁合闸信号—闭锁重合闸信号

D．闭锁分闸信号—闭锁重合闸信号—闭锁合闸信号

4．小电流接地系统发生金属性单相接地时，其余两相的电压数值变化为（ AC ）。

A．其他两相电压幅值升高 1.732 倍

B．其他两相电压幅值降低 1.732 倍

C．超前相电压并向超前相移 30°

D．落后相电压并向落后相移 30°

5．我国 110kV 及以上系统的中性点均采用（ A ）。

A．直接接地方式　　B．经消弧圈接地方式

C．经大电抗器接地方式

6．对采用单相重合闸的 220kV 线路，当发生单相接地故障时，保护及重合闸的动作顺序是（ B ）。

A．三相跳闸不重合

B．单相跳闸，单相重合，后加速跳三相

C．三相跳闸，三相重合，后加速跳三相

D．单相跳闸，单相重合

7．以下哪种情况不可进行远方遥控操作？（ C ）

A．调节变压器分接头位置　　B．复归保护信号

C．远动通道故障时　　D．拉合 GIS 设备的隔离开关

8．母联断路器的充电保护在（ C ）时投入。

A．正常运行　　B．发生故障

C．空充母线　　D．母差保护异常

9．在同一小接地电流系统中，当所有出线装设两相不完全星形接线的电流保护，电流互感器装在同名相上，这样发生不同线路两点接地短路时，切除两条线路的概率是（ A ）。

A．1/3　　B．1/2　　C．2/3　　D．0

10．通常情况下，（ B ）kV 及以下电压等级的电压互感器一次侧和二次侧均装设熔断器保护。

A．10　　B．35　　C．110　　D．220

11．电流互感器在大修或更换后必须核对（ A ），正确后方可投入运行。

A．极性　　B．变比　　C．型号　　D．电流

12．电流互感器的不完全星形接线，在运行中（ A ）故障。

A．不能反映所有的接地　　B．能反映各种类型的接地

C．仅反映单相接地　　D．不能反映三相短路

13．将一次系统的大电流变换成二次系统小电流的电气设备称为（ B ）。

A．电压互感器　　B．电流互感器　　C．重合器　　D．分段器

14．下列关于电压互感器与系统连接叙述正确的是（ A ）。

A．一次绕组串联于被测电路，二次绕组与二次测量仪表的电流线圈串联

B．一次绕组串联于被测电路，二次绕组与二次测量仪表的电流线圈并联

C．一次绕组并联于被测电路，二次绕组与二次测量仪表的电流线圈串联

D．一次绕组并联于被测电路，二次绕组与二次测量仪表的电流线圈并联

15．下列关于电流互感器与系统连接叙述正确的是（ D ）。

A．一次绕组串联于被测电路，二次绕组与二次测量仪表的电压线圈串联

B．一次绕组串联于被测电路，二次绕组与二次测量仪表的电压线圈并联

C．一次绕组并联于被测电路，二次绕组与二次测量仪表的电压线圈串联

D．一次绕组并联于被测电路，二次绕组与二次测量仪表的电压线圈并联

16．直流回路的主要作用（ A ）。

A．对断路器及隔离开关等设备的操作进行控制

B．为二次设备采集相关一次设备的运行参数量

C．提供一次装置工作的电源
D．为二次设备采集相关一次设备的运行参数量
17．控制回路的基本要求是（ ABCD ）。
A．能指示断路器跳、合闸位置状态
B．能监视电源及下次操作时跳合闸回路的完整性
C．有防止断路器多次跳合的防跳跃回路
D．接线力求简单
18．末端变电站全停通常会导致（ B ）。
A．大量变电站全停 B．损失部分负荷
C．大量发电机组跳闸 D．调度自动化系统崩溃
19．枢纽变电站全停通常将使系统（ A ）。
A．失去多回重要联络线 B．频率降低
C．大量发电机组跳闸 D．调度电话系统中断
20．油浸自冷变压器和油浸风冷变压器最高顶层油温一般规定值为（ C ）℃。
A．65 B．85 C．95 D．1
21．变压器中性点接地运行方式的安排，应尽量保持变电站（ C ）基本不变。
A．正序阻抗 B．负序阻抗
C．零序阻抗 D．正序阻抗与负序阻抗
22．下列对新变压器在投入运行前作冲击试验的说法不正确的是（ C ）。
A．检查变压器的绝缘强度
B．考核变压器的机械强度
C．考核变压器操作过电压是否在合格范围内
D．考核继电保护是否会误动
23．变压器中性点接地装置的调度管辖范围与（ A ）相同。
A．一次设备 B．继电保护 C．自动装置 D．间隙保护
24．新投运的变压器做冲击试验为（ D ）次。
A．2 B．3 C．4 D．5
25．高低压侧均有电源的变压器送电时，一般应由（ C ）充电。
A．短路容量大的一侧 B．短路容量小的一侧
C．高压侧 D．低压侧
26．油浸式风冷变压器当冷却系统故障停风扇后，顶层油温不超过（ A ）℃时，允许带额定负载运行。
A．65 B．55 C．75 D．85
27．强迫油循环风冷变压器长期运行时正常最高顶层油温不得高于（ C ）℃。
A．100 B．95 C．85 D．70
28．变压器故障跳闸后造成的后果有（ ABC ）。

A．正常运行变压器负荷增加造成过负荷

B．站内仅有一台变压器的将造成全站停电

C．电网结构发生重大变化，导致潮流大范围转移

D．变压器严重损坏

29．变压器的冷却器都有（ ABCD ）。

A．工作　　B．备用　　C．辅助　　D．停止

30．变压器中性点的接地方式有（ ABCD ）。

A．中性点直接接地　　B．中性点不接地

C．中性点经放电间隙接地　　D．中性点经消弧线圈接地

31．变压器过负荷处理方法（ ABCD ）。

A．投入备用变压器　　B．改变系统运行方式

C．将该变压器的负荷转移　　D．按规定的顺序限制负荷

32．变压器按冷却方式可分为（ ABCD ）。

A．干式自冷　　B．风冷

C．强迫油循环风冷　　D．水冷

33．220kV 环网内的变电站，当同一电压等级的母线上仅有一台普通变压器运行时，其高、中压侧中性点均接地运行。当有三台及以下普通变压器时，应保持（ A ）台变压器中性点接地运行。

A．1　　B．2　　C．3

34．新安装或更换线圈的变压器投入，应进行冲击合闸（新装或换线圈的五次，未更换线圈的三次）第一次受电后持续时间不应少于（ C ）min。

A．15　　B．20　　C．10

35．中性点经消弧线圈接地系统，应运行于（ B ）状态，消弧线圈采用何种补偿方式，应听从所属调度命令。在特殊情况时（如消弧线圈容量不足等），才允许采用欠补偿方式。

A．欠补偿　　B．过补偿　　C．全补偿

36．小电流接地系统指（ B ）kV 及以下中性点不接地系统和中性点经消弧线圈接地系统。

A．10　　B．35　　C．110

37．用母联（分段）断路器给母线充电时，应在合两侧隔离开关（ A ）投入充电保护。

A．前　　B．后　　C．同时

38．新线路投运时用额定电压对线路冲击合闸（ B ）次，重合闸停用。

A．2　　B．3　　C．5

39．变压器中性点装设消弧线圈的目的是（ C ）。

A．提高电网电压水平　　B．限制变压器故障电流

C．补偿电网接地的电容电流　　　　　D．灭弧

40．振荡解列装置动作跳开断路器，（ A ）。

A．不得强送　　　　　B．立即强送一次

C．报告值班调度员根据调度指令进行试送

41．110kV 及以上三绕组变压器各侧应装设避雷器，并保证在（ C ）运行时可靠投入。

A．正常　　　　B．并列　　　　C．开路

42．发现（ C ）时，应及时汇报并加强监视。

A．遥控操作拒合　　　　　B．遥控操作拒分

C．SF_6断路器气体压力表指示不正常

43．进入 SF_6组合电器设备室前应先通风（ B ）min。

A．5　　　　B．15　　　　C．25

44．断路器检修时，测控屏的（ C ）压板也应断开。

A．手动　　　　B．电动　　　　C．遥控

45．新投入的变压器应进行多少次空载全电压冲击合闸，应无异常情况；第一次受电后持续时间不少于多少分钟？（ B ）。

A．3、5　　　　B．5、10　　　　C．5、5　　　　D．3、10

46．变电站只有一台变压器，则中性点应（ D ）接地。

A．经小电抗　　　　B．经小电感　　　　C．不　　　　D．直接

47．发现变压器着火时，监控班应立即（ B ），具备远方灭火操作功能的监控班应立即远方启动灭火装置进行灭火。

A．通知操作班现场处理　　　　　B．断开主变压器各侧电源

C．启动备用变压器

48．中性点不接地系统比接地系统供电可靠性（ D ）。

A．相同　　　　B．差　　　　C．不一定　　　　D．高

49．对线路强送电是指线路开关跳闸后，（ B ）送电。

A．经处理后首次　　　　　B．未经处理即行

C．经处理后多次　　　　　D．未经调度许可即行

50．有载调压变压器通过调节什么调节变压器变比？（ B ）

A．高压侧电压　　　　　B．分接头位置

C．低压侧电压　　　　　D．中压侧电压

51．变压器是通过改变什么实现调压的？（ C ）

A．短路电流　　　　B．短路电压　　　　C．变比　　　　D．空载电压

52．设备隔离开关在合入位置，只靠断路器断开电源，无地线的设备状态称为（ B ）。

A．备用　　　　B．热备用　　　　C．冷备用　　　　D．运行

53．变压器运行时外加的一次电压可比额定电压高，但一般不高于额定电压的（ D ）。

A．1　　B．1.1　　C．1.15　　D．1.05

54．电压互感器是将电力系统的高电压变成（ A ）V 标准低电压的电气设备。

A．100　　B．100/3　　C．$100/\sqrt{3}$　　D．$100\sqrt{3}$

55．变压器带（ A ）负荷时电压最高。

A．容性　　B．感性　　C．非线性　　D．线性

56．变压器退出运行时，应先退出（ B ），再合上中性点接地隔离开关，然后拉开变压器断路器。

A．差动保护　　B．间隙保护　　C．瓦斯保护　　D．所有保护

（二）判断题

1．直流系统在一点接地的情况下长期运行是允许的。（×）

2．电磁环网是指不同电压等级运行的线路，通过变压器电磁回路的连接而构成的环路。（√）

3．直流回路隔离电器应装有辅助触点，蓄电池组总出口熔断器应装有报警触点，信号应可靠上传至监控部门。直流电源系统重要故障信号应硬接点输出至监控系统。（√）

4．直流电源系统应具备交流窜直流故障的测量记录和报警功能，不具备的应逐步进行改造。（√）

5．全电缆线路禁止采用重合闸，对于含电缆的混合线路也应停用重合闸。（×）

6．并联电容器装置正式投运时，应进行冲击合闸试验，投切次数为 5 次，每次合闸时间间隔不少于 5min。（×）

7．为防止断路器拒动，3 年内未动作过的 72.5kV 及以上断路器，应进行分/合闸操作。（√）

8．智能控制柜应具备温度湿度调节功能，附装空调、加热器或其他控温设备，柜内湿度应保持在 90%以下，柜内温度应保持在 5～55℃之间。（√）

9．从结构上讲，智能变电站可分为站控层、间隔层、过程层“三层”。（√）

10．110kV 变电站主变压器为有载调压变压器，主变压器变比为 110±8×1.25%/10.5kV，变压器有 16 个分接头。（×）

11．不同电压等级的电压互感器二次可以并列。（×）

12．变压器过负荷运行时，也可以调节有载调压装置的分接开关。（×）

13．断路器操作时发生非全相，现场值班人员应立即停止操作并报告调度员。（√）

14．线路停送电操作至线路空载时末端电压将降低。（×）

15．气体继电器应有可靠有效的防雨、防潮、防止误碰措施。（×）

16．变压器充电前，应将全部保护投入跳闸位置。（√）

17．低谷负荷期间，当母线电压超过相应高限值，则发电机应低功率因数运行。（×）

18．新投电容器在额定电压下合闸冲击三次，每次合闸间隔时间 5min，应将电容器残留电压放完时方可进行下次合闸。（√）

19．线路断路器跳闸重合或强送成功后，随即出现单相接地故障时，应首先判定该

线路为故障线路，并立即将其断开。（√）

20．按负荷或油温启、停冷却器时，应保证所选冷却器对称运行。（√）

21．在进行操作的过程中，遇有断路器跳闸时，可继续操作。（×）

22．主变压器并、解列操作可以使用隔离开关进行。（×）

23．无载调压变压器分接头的调整可以进行遥控操作。（×）

24．发生拒动的断路器未经处理只能列为备用。（×）

25．变压器的分接头位置在模拟图板上应标出，监控机内不必显示，标出的应与实际相符。（×）

26．在220kV系统中，采用单相重合闸是为了满足系统静态稳定的要求。（×）

27．对空线路冲击时，冲击侧高频保护允许单侧投入。（√）

28．双母线带旁路母线接线的厂站，不论旁路开关的保护是何种类型，转代操作的步骤是相同的。（×）

29．出厂检验合格的新变压器正式投运前可以不做冲击试验。（×）

30．电流互感器二次侧可以短路，但不能开路。（√）

31．任何情况下，变压器短路电压不相同，都不允许并列运行。（×）

32．新变压器投入系统运行时，一般需冲击5，大修更换线圈的变压器也需冲击5次。（×）

33．电压互感器二次侧可以开路，但不能短路。（√）

34．变压器的重瓦斯或差动保护之一动作跳闸，在检查变压器外部无明显故障，检查气体、油分析和故障录波器动作情况，证明变压器内部无明显故障后，在系统需要时经变压器所属单位领导批准可以试送一次；有条件时，应尽量进行零起升压。（√）

三、经典案例

1．简述地区电网110kV变电站110kV母线外桥接线方式的特点及监控注意事项。

答：外桥接线是母联断路器在2台变压器断路器的外侧，靠近进线侧，适用于线路较短和变压器按经济运行需要经常切换的地方。优点是高压断路器数量少，四个回路仅需三个断路器。且在变压器检修时，操作较为简便；缺点是当主变压器断路器外侧的电气设备发生故障时，将造成系统大面积停电；此外，变压器倒电源操作时，需先停变压器，对电力系统而言，运行的灵活性较差。

注意事项：

（1）监控员应掌握外桥接线方式与内桥接线方式的区别，清楚外桥接线方式变电站保护的配置与配合关系。

（2）监控员要明白外桥接线方式相关倒闸操作的顺序和控制措施及注意事项，清楚调度员下令操作意图。

（3）当相关设备出现异常或故障时，能熟练、安全、快速地进行异常或故障处置。

（4）当上一级电源故障跳闸后，会造成怎样的后果，要及时做好安措。

2．2019年12月10日4时25分，王村站110kV王村T接线1552断路器“SF_6气压低告警”动作，通知运维班现场检查，8时12分，“SF_6气压低告警”复归。8时52分运维人员到达王村站检查反馈“SF_6气压低告警”信号复归，压力为0.51（告警值为0.50）。监控要求现场向检修工区申请补气处置，运维人员以压力正常为由拒绝，监控也未汇报领导及相关专业人员协调处置，21时59分，1552断路器“SF_6气压低告警”频繁动作，影响监控正常监视；23时25分，“SF_6气压低闭锁”，造成停电范围扩大。试分析遇有上述情况监控员应如何处置？

答：通过上述案例分析得出：北方地区冬季寒冷天气，晚上气温急剧降低，会造成SF_6充气设备压力降低至“告警”值，当白天气温回暖后，SF_6气压恢复正常。若此种天气下遇有 SF_6充气设备存在泄漏轻微缺陷时，可能促使气压持续降低造成闭锁，影响设备分合闸操作，从而导致停电范围扩大。

因此监控员在处置时，首先应结合天气情况及历史缺陷记录进行初步辨识、判断，给予现场运维人员建设性处置意见；同时应实时跟踪缺陷处置整个过程，汇报相关领导、调度及专业人员协调处置；加强设备监视，做好应急操作准备。

3．某日，18时02分地调下令恢复××站110kV双母线正常运行方式，18时32分现场运维人员进行双母线接线方式热倒母线操作后，智能监控系统告警窗“110kV母差保护互联运行”信息动作后未复归，监控员以为现场在进行倒母线操作，未对此信息引起重视，19时00分监控交接班后由接班人员巡视发现进行处置。试问，现场运维人员进行双母线接线方式热倒母线操作前后，监控员应注意什么？

答：双母线接线方式倒母线操作前后，监控员注意以下事项：

（1）掌握倒母线操作前后会产生哪些伴生信息，避免遗漏重要异常监控信息。

（2）监控员应根据检修工作批准时间、操作票系统及时掌握现场倒闸进度。

（3）在现场倒母线操作前，加强与现场沟通，要求在倒闸操作前后及时监控进行联系。

（4）加强现场有运维人员倒母线操作变电站的监控画面和告警信号的重点监视。

（5）在确定现场操作完毕后，及时对变电站对应间隔进行检查，确定无遗留异常信息。

4．由于各种原因，部分地区110kV末端负荷变电站（大多数内桥接线）110kV电源进线未配置110kV线路保护，当本线路发生永久性故障时，由电源侧线路保护跳闸切除故障点，本侧一般由配置的110kV备用电源自动投入装置跳故障线路断路器，投入备用电源线路开关，实现故障隔离恢复送电的自动切换；当本线路发生瞬时性故障时，通过电源侧线路保护的自动重合闸功能恢复送电，110kV备用电源自动投入装置通过延时躲过重合闸动作时间。试分析110kV变电站电源进线未配置线路保护的优缺点。

答：考虑电网合环操作时要求合环时间尽量短及末端负荷馈线线路不作为联络线运行等原因，为了减少投资，一般在末端负荷变电站侧不设置线路保护。

（1）优点：①节省投资；②倒闸方式操作时减少了保护的投退。

（2）缺点：①合环倒闸操作时要求合环时间短，否则可能出现因进线线路故障造成全站停电；②110kV 进线因方式改变作为联络线（电源线）时，末端线路故障时需要由最上一级电源保护动作跳闸，扩大停电范围。因此监控员应掌握 110kV 变电站进线配置线路保护的情况，实时掌握相关保护的保护范围及保护动作行为，并且清楚是否配置光纤差动保护（T 接小电厂）及保护投入情况。

5．某日，监控告警窗显示 110kV 变电站“直流母线电压异常”动作，查看直流母线电压由 231V 升高至 241V，通知运维人员现场检查，发现原来为现场蓄电池均横充电状态引起，试说明变电站蓄电池充电分为哪几种状态。

答：变电站蓄电池分为均充和浮充两种状态：

（1）浮充状态：正常工作状态下，蓄电池处于浮充电状态。浮充就是恒压小电流（一般不大于 0.2A）充电，目的一是防止蓄电池自放电；二是增加充电深度。浮充状态时，直流母线电压一般按照 $N\times 2.25$V 计算，假如 102 块电池，$102\times 2.25\approx 231$（V）。

（2）均充状态：电池长期不用或长期处于浮充状态，电池极板的活性物质很容易硫化。定期均衡充电就是恒压大电流（远大于 0.2A）充电，为补充蓄电池大量放电后进行快速补充充电的一种运行方式，对蓄电池进行均衡充电能延长电池寿命和保证容量。均充状态时，直流母线电压一般按照 $N\times 2.35$V 计算，假如 102 块电池，$102\times 2.35\approx 241$（V）。

（3）正常运行浮充状态下每隔 3～6 个月监控系统控制充电模块根据蓄电池运行情况自动转入均充状态运行，按正常充电程序进行充电；在交流电网失压后，蓄电池在不使负载供电中断的情况下大量放电后，及时将蓄电池能量补充至规定的能量，以备下一次放电。

第二章　智 能 变 电 站

一、技术问答

1．什么是智能变电站（smartsubstation）？

答：智能变电站采用先进、可靠、集成、低碳、环保的智能设备，以全站信息数字化、通信平台网络化、信息共享标准化为基本要求，自动完成信息采集、测量、控制、保护、计量和监测等基本功能，并可根据需要支持电网实时自动控制、智能调节、在线分析决策、协同互动等高级功能的变电站。它基于IEC61850标准，体现了集成一体化、信息标准化、协同互动化的特征。

2．什么是IEC61850标准？

答：IEC61850标准是新一代的变电站通信网络和系统协议，适应分层的智能电子装置和变电站自动化系统。应用在变电站自动化系统的设计、开发、工程、维护等各个领域；不仅规范了保护、测控装置的模型和通信接口，而且还定义了电子式互感器、智能式开关等一次设备的模型和通信接口；该标准通过对变电站自动化系统中的对象统一建模，采用面向对象技术和独立于网络结构的抽象通信服务接口，增强了设备之间的互操作性，可以在不同厂家的设备之间实现无缝连接。

IEC61850标准的服务实现主要分为三个部分：MMS服务、GOOSE服务、SMV服务。MMS服务用于装置和后台之间的数据交互；GOOSE服务用于装置之间的通信；SMV服务用于采样值传输。

3．智能变电站“三层两网”的“三层”包括哪些？各层应具备哪些功能？

答：从结构上讲，智能变电站可分为站控层、间隔层、过程层“三层”。

（1）站控层功能：汇总全站实时数据信息；与远方调度进行数据交互；向间隔层、过程层发出控制命令；监视功能。

（2）间隔层功能：汇总本间隔过程层实时数据信息；实施保护控制功能；实施本间隔操作闭锁功能；对数据采集、统计运算、控制命令的发出有优先级别控制；执行数据的承上启下通信传输功能。

（3）过程层功能：实时运行电气量采集；运行设备状态采集；操作控制命令执行。

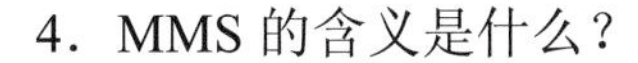

4．MMS 的含义是什么？

答：MMS（Manufacturing Message Specification）即制造报文规范，是 ISO/IEC9506 标准所定义的一套用于工业控制系统的通信协议。MMS 规范了工业领域具有通信能力的智能传感器、智能电子设备（IED）、智能控制设备的通信行为，使出自不同制造商的设备之间具有互操作性（Interoperation）。

5．什么是顺序控制（sequencecontrol）？

答：顺序控制（sequencecontrol）发出整批指令，由系统根据设备状态信息变化情况判断每步操作是否到位，确认到位后自动执行下一指令，直至执行完所有指令。

6．智能变电站过程层设备包括哪些？

答：过程层包括变压器、断路器、隔离开关、电流/电压互感器等一次设备及其所属的智能组件以及独立的智能电子装置。

7．智能变电站站控层设备包括哪些？

答：站控层包含自动化站级监视控制系统、站域控制、通信系统、对时系统等，实现面向全站设备的监视、控制、告警及信息交互功能，完成数据采集和监视控制（SCADA）、操作闭锁以及同量采集、电能量采集、保护信息管理等相关功能。站控层功能应高度集成，可在一台计算机或嵌入式装置实现，也可分布在多台计算机或嵌入式装置中。

8．什么是智能设备（Intelligent Equipment）？

答：智能设备由高压设备和智能组件组成。高压设备与智能组件之间通过状态感知元件和指令执行元件组成一个有机整体。三者之间可类比为“身体”“大脑”和“神经”的关系，即高压设备本体是“身体”，智能组件是“大脑”，状态感知元件和指令执行元件是“神经”。三者合为一体就是智能设备，或称高压设备智能化，是智能电网的基本元件。

根据高压设备的类别和现场要求，控制单元和智能组件的部分功能可以相互转移，或将控制单元的功能全部集中到智能组件中。

9．什么是监测功能组（Monitoring Group）？

答：实现对一次设备的状态监测，是智能组件的组成部分。监测功能组设一个主 IED，承担全部监测结果的综合分析，并与相关系统进行信息互动。

10．什么是 GOOSE（Generic Object Oriented Substation Event）？

答：GOOSE 是一种面向通用对象的变电站事件。主要用于实现在多 IED 之间的信息传递，包括传输跳合闸信号（命令），具有高传输成功概率。

11．智能变电站 GOOSE 网络交换的信息有哪些？

答：GOOSE 网交换的信息主要有保护至智能终端的跳合闸报文；保护之间的相互启动及闭锁报文；测控装置至智能终端的一次设备遥控报文；智能终端至保护的开关位置、气压低闭锁重合闸等；智能终端至测控装置的一次设备遥信、遥测信息。

12．什么是采样值 SV（Sampled Value）？

答：基于发布/订阅机制，交换采样数据集中的采样值的相关模型对象和服务，以及这些模型对象和服务到 ISO/IEC8802-3 帧之间的映射。

13．智能变电站体系分层由哪几部分组成？

答：智能变电站体系分层可分为站控层、间隔层和过程层。

14．与常规变电站相比智能变电站的特点和优势是什么？

答：（1）智能变电站的特点：

1）时间同步成为了智能变电站系统必备要素，采用 IRIG-B 码、时间报文、网络报文协议，实现全站的时间同步，为所有收发信息报文打上统一时标。

2）以太网交换成为了智能变电站的核心，过程层与间隔层之间、间隔层与站控层之间都通过网络实现了数据交换，而对数据交换的速度、数据交换的质量直接影响智能电子设备的功能、性能。

3）软件系统成为了智能变电站智能电子设备运行的重要环节，设备间的依赖关系表现为智能电子设备的配置信息，软件系统提供的配置、使用和操作的灵活性，同时也带来更多出错可能性。

4）新技术的集中应用是智能变电站的特点之一，这些新技术及相关理论尚处在不断完善的过程中，随着应用的验证和技术规范的制定将会更加实用可靠。

5）为了适应智能站技术发展的需要，光、电子式互感器、合并单元、智能终端、继电保护等智能设备的研制也在不断改进、更新和完善，并不断地应用于智能变电站工程建设中。

（2）智能变电站的优势：

1）二次系统建模和通信的标准化。从根本上实现了二次设备信息互通和共享，成为电网实时信息高度共享与集成应用及智能电网应用开放的基础。

2）信息交互的网络化。站内各种采集量值、状态信息及跳合闸命令均在以太网平台上传输，真正实现数据和资源的共享。

3）数据采集的数字化。采用电子（光学）技术研制的互感器，不仅克服了电磁式互感器固有的磁饱和、磁干扰、绝缘、过电压、短路、开路等问题，还为数据精度的提升，甚至为未来测量保护一体化整合奠定了基础。

4）二次系统状态的可视化。二次系统网络化可实现对网络通信状态、运行状态的全过程控制，实现二次系统的状态检修。以状态检修替代传统的定期检修成为不可逆转的趋势。

5）设计、安装及施工的简洁化。可最大限度地取消二次电缆，控制电缆改为光缆，减少了保护屏上大量的接线端子、压板、按钮及把手。

15．什么是全站系统配置文件（Substation Configuration Description）？

答：全站系统配置文件（SCD 文件）应全站唯一，该文件描述所有 IED 的实例配置和通信参数、IED 之间的通信配置以及变电站一次系统结构，由系统集成厂商完成。SCD 文件应包含版本修改信息，明确描述修改时间、修改版本号等内容。

16．什么是变电站系统规格文件（System Specification Description）？

答：系统规格文件（SSD）应全站唯一，该文件描述变电站一次系统结构以及相关联的逻辑节点，最终包含在SCD文件中。

17．什么是变电站IED实例配置文件（Configured IED Description）？

答：IED实例配置文件（CID文件）每个装置有一个，由装置厂商根据SCD文件中本IED相关配置生成。

18．什么是变电站IED能力描述文件（Capability Description）？

答：IED能力描述文件（ICD文件）由装置厂商提供给系统集成厂商，该文件描述IED提供的基本数据模型及服务，但不包含IED实例名称和通信参数。

19．智能变电站虚端子？

答：智能变电站装置之间交互的SV、GOOSE虚端子在调试过程中已确定于SCD中，并下装至装置内部，在不更改SCD的情况下，虚端子连接不发生变化，因此，在已运行智能变电站中，虚端子异常较少出现。

20．什么是智能终端（Smart Terminal）？

答：智能终端是一种智能组件，与一次设备采用电缆连接，与保护、测控等二次设备采用光纤连接，实现对一次设备（如断路器、隔离开关、主变压器等）的测量、控制等功能。

21．什么是合并单元MU（Merging Unit）？

答：合并单元用以对来自二次转换器的电流和/或电压数据进行时间相关组合的物理单元。合并单元可是互感器的一个组成件，也可是一个分立单元。

22．地区电网智能变电站过程层设备合并单元配置原则？

答：智能变电站合并单元配置原则如下：

（1）220kV间隔和主变压器各侧电流互感器合并单元双重化配置。

（2）220kV及110kV母线TV各配置两台合并单元，各采样两段（三段）母线的数据，在合并器内实现TV并列功能。

（3）110kV线路、母联及分段电流互感器合并单元单台配置。

（4）除主变压器间隔外，10kV各间隔互感器采用常规接线。

（5）220kV及110kV间隔的TV切换，在各间隔合并单元实现。

23．智能变电站合并单元主要有哪些功能？

答：智能变电站合并单元的主要功能有：

（1）电压电流合并功能。

（2）模数转换功能，将电压电流模拟量进行AD转换成数字量光信号后，通过光纤输出。

（3）母线合并单元具有电压并列功能。一台合并单元最多可以接收三条母线电压，并通过硬接点开入或GOOSE信号得到母联或分段断路器位置，完成电压并列、解列功能。

（4）间隔合并单元具有电压切换功能，完成双母电压的切换。

（5）自检功能。具有多种硬件和软件自监视措施，以便在远端模块和合并单元发送硬件、软件故障时及时被发现。

24．智能变电站过程层设备智能终端配置原则是什么？

答：智能变电站智能终端配置原则如下：

（1）220kV 线路、母联和主变压器三侧各配置 2 台智能终端，与双重化保护和双跳闸线圈配合（主变压器中、低压侧为单跳闸线圈，配置单操作回路）。

（2）110kV 线路、分段各配置 1 台智能终端。

（3）每台主变压器配置一台本体智能终端。

（4）TV 间隔：220kV 及 110kV 每段母线 TV 配置 1 台智能终端。

25．智能变电站智能终端主要有哪些功能？

答：智能终端的主要功能有：

（1）接收保护跳闸、重合闸等 GOOSE 命令，并提供一组或两组断路器跳闸回路，一组断路器合闸回路。

（2）具有跳合闸回路监测功能。

（3）具有跳合闸压力监视与闭锁功能。

（4）具有多路遥信开入，能够采集包括断路器、隔离开关位置、断路器本体信号内（如压力低闭锁重合闸）的开关量信号。

（5）具有多路遥控输出，能够接收测控装置的遥控命令实现对断路器、隔离开关的控制。

（6）温、湿度测量功能，用于测量装置所处环境的温、湿度。

（7）对时功能，可支持 B 码、1588 等多种对时方式。

（8）辅助功能，包括自检功能、直流掉电告警、事件记录（包括开入变位报告、自检报告和操作报告）等。

26．智能变电站数据断链异常的原因主要有哪些？

答：数据断链异常是智能变电站最常见的异常之一，也是危害最大的异常之一。造成数据断链的原因很多，以下为常见原因：

（1）物理回路异常。物理回路异常主要指光纤回路异常，包括光纤终端，光纤衰耗过大等。

（2）物理端口异常。物理端口异常主要指二次设备光端口在长期运行的情况下，出现端口过热、物理松动等原因造成的数据发送问题，与装置的运行环境，产品质量有关。

（3）软件运行异常。软件运行异常主要指二次设备在长时间运行时，程序软件出现运行异常，逻辑 BUG 等造成的数据发送问题。

（4）网络风暴。网络风暴主要指在变电站拓扑中，交换机配置、运行出现问题，或网络拓扑结构异常造成的大量数据在网络交互，导致正常数据无法进行处理的异常现象。

27．智能设备装置异常？

答：二次设备装置异常可由多种原因导致，包括光耦电源失电、网络异常、GOOSE

长期输入、插件松动、装置内部通信故障灯。在处理装置异常时，可根据同时发送的其他异常告警报文来确认异常类型；若仅发生装置异常告警，可先确认装置实际面板指示灯与装置异常告警接点是否一致，判断装置异常确实存在，联系设备厂家进行处理。

28．何谓智能变电站交直流一体化电源？交直流一体化电源由哪些子系统组成？

答：交直流控制电源一体化的定义是把直流操作电源、电力用交流不间断电源、通信用直流变换电源组合为一体，共享直流操作电源的蓄电池组和监控装置，实现集中供电并统一监控的成套电源设备。

交直流一体化电源系统在电气方面由直流系统、交流系统、不间断电源系统和通信电源系统四项子系统组成。

29．智能变电站智能辅助设施管理系统包括哪些辅助系统？

答：全站统一的智能辅助设施管理系统，将视频监控系统、安全防卫系统、火灾报警及消防系统、采暖通风系统、空调系统、环境监控系统等各独立辅助系统数据和功能整合起来，实现信息共享和互动。

30．智能变电站保护、合并单元、智能终端装置如何配置硬压板和软压板，各压板投入后的作用是什么？

答：（1）智能变电站保护、合并单元、智能终端装置压板配置如下：

1）保护装置设有“检修硬压板”“GOOSE 接收软压板”“GOOSE 发送软压板”“SV 软压板”和“保护功能软压板”等五类压板。

2）智能终端设有“检修硬压板”“跳合闸出口硬压板”等两类压板；此外，实现变压器（电抗器）非电量保护功能的智能终端还装设了“非电量保护功能硬压板”。

3）合并单元仅装设有“检修硬压板”。

（2）各压板投入后的作用如下：

1）检修硬压板：该压板投入后，装置为检修状态，此时装置所发报文中的“Test 位”置“1”。装置处于“投入”或“信号”状态时，该压板应退出。

2）跳合闸出口硬压板：该压板安装于智能终端与断路器之间的电气回路中，压板退出时，智能终端失去对断路器的跳合闸控制。装置处于“投入”状态时，该压板应投入。

3）非电量保护功能硬压板：负责控制本体重瓦斯、有载重瓦斯等非电量保护跳闸功能的投退。该压板投入后非电量保护同时发出信号和跳闸指令；压板退出时，保护仅发信。

4）GOOSE 接收软压板：负责控制接收来自其他智能装置的 GOOSE 信号，同时监视 GOOSE 链路的状态。退出时，装置不处理其他装置发送来的相应 GOOSE 信号。该类压板应根据现场运行实际进行投退。

5）GOOSE 发送软压板：负责控制本装置向其他智能装置发送 GOOSE 信号。退出时，不向其他装置发送相应的 GOOSE 信号，即该软压板控制的保护指令不出口。该类压板应根据现场运行实际进行投退。

6）SV 软压板：负责控制接收来自合并单元的采样值信息，同时监视采样链路的状态。该类压板应根据现场运行实际进行投退。SV 软压板投入后，对应的合并单元采样值参与保护逻辑运算；对应的采样链路发生异常时，保护装置将闭锁相应保护功能。例如，电压采样链路异常时，将闭锁与电压采样值相关的过电压、距离等保护功能；电流采样链路异常时，将闭锁与电流采样相关的电流差动、零序电流、距离等功能。SV 软压板退出后，对应的合并单元采样值不参与保护逻辑运算；对应的采样链路异常不影响保护运行。

7）保护功能软压板：负责装置相应保护功能的投退。

31．处于“投入”状态的合并单元、保护装置、智能终端是否能投入检修硬压板，若投入后果如何？

答：处于“投入”状态的合并单元、保护装置、智能终端不得投入检修硬压板。

（1）误投合并单元检修硬压板，保护装置将闭锁相关保护功能。

（2）误投智能终端检修硬压板，保护装置跳合闸命令将无法通过智能终端作用于断路器。

（3）误投保护装置检修硬压板，保护装置将被闭锁。

32．智能变电站的采样跳闸模式有哪几种方式，说明其特点和优缺点。

答：由于采用了数字信号，因此数据共享非常方便。故智能化变电站的采样跳闸模式可以有多种灵活的组合方式，主要有直采直跳、网采网跳、直采网跳等方式。

（1）直采直跳模式：

1）特点：保护装置以点对点通信模式和 MU 通信，获取交流采样数据，保护跳闸、保护开入通过保护装置和智能终端点对点通信模式实现。用于测控的信号、告警、位置等信息通过 GOOSE 网收络实现共享。

2）优点：连接可靠，传输延时固定，技术上容易实现。

3）缺点：光纤数量较多，连接复杂，增加工作量；系统可扩展性差，不符合二次设备网络化的方向。

（2）网采网跳模式：

1）特点：保护装置以组网模式和 MU 通信，获取交流采样数据，保护跳闸、保护开入用于测控的信号、告警、位置等信息通过 GOOSE 网收络实现共享。

2）优点：系统可扩展性好，符合二次设备网络化的方向，节省大量光纤和光纤接口，成本降低。

3）缺点：交流采样依赖于外部时钟同步，且交换机网络延时不固定，对采样实时性与 GOOSE 跳闸时间有影响。

（3）直采网跳模式：

1）特点：保护装置以点对点模式和 MU 通信，获取交流采样数据，保护跳闸、保护开入用于测控的信号、告警、位置等信息通过 GOOSE 网收络实现共享。

2）优点：节省保护装置和智能终端的光纤连接盒光纤接口，成本降低保证了交流采

样的可靠性。

3）缺点：系统可扩展性差，不符合二次设备网络化的方向，对 GOOSE 跳闸时间有影响。

直采直跳方案是现阶段主推模式直采网跳方案属于过渡方案当二次设备厂家特别是交换机技术成熟运行很可靠时，网采网跳是一种最理想的方案。

33．智能变电站设备如何对时？

答：合并单元、智能终端、保护装置可通过 IRIg-B（DC）码对时，也可采用 IEC 61588（IEEE1588）标准进行网络对时，对时精度应满足要求。

34．简述智能变电站与集控站主站测量、控制、保护、遥信信息流。

答：为实现智能变电站运行监视、控制功能，了解异常告警监控信息原因，监控员应掌握智能变电站与调度主站监控业务相关测量、控制、保护、遥信信息流。

（1）智能变电站与集控站主站测量信息流见图 1-2-1。

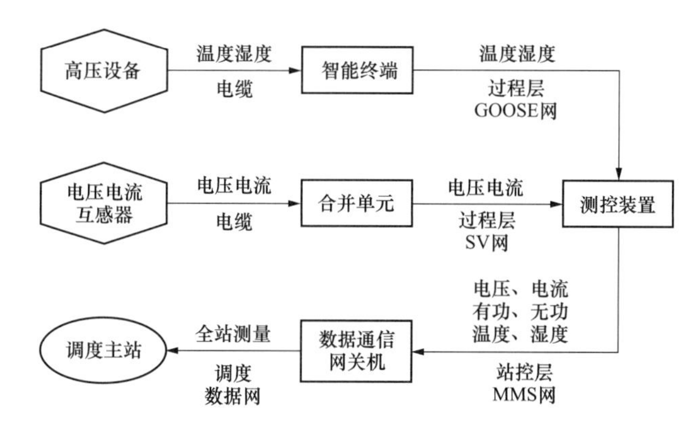

图 1-2-1　智能变电站与集控站主站测量信息流

（2）智能变电站与集控站主站控制信息流见图 1-2-2。

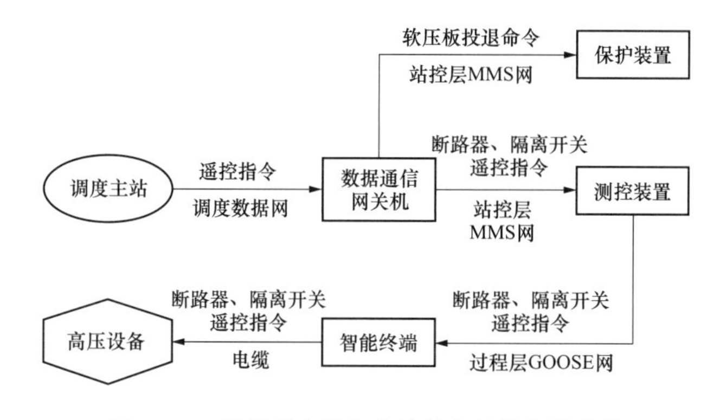

图 1-2-2　智能变电站与集控站主站控制信息流

（3）智能变电站与集控站主站保护信息流见图 1-2-3。

（4）智能变电站与集控站主站遥信信息流见图 1-2-4。

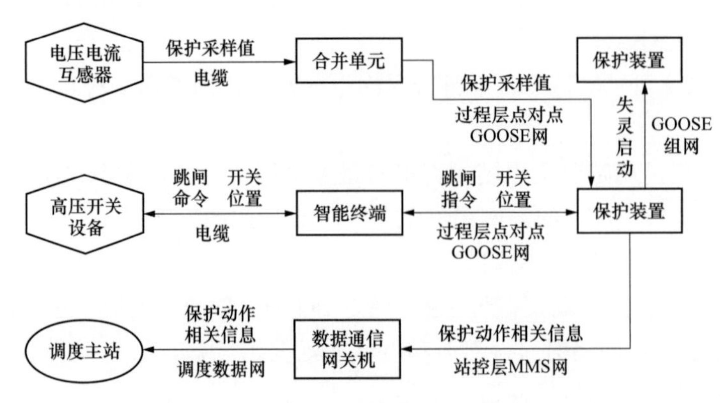

图 1-2-3　智能变电站与集控站主站保护信息流

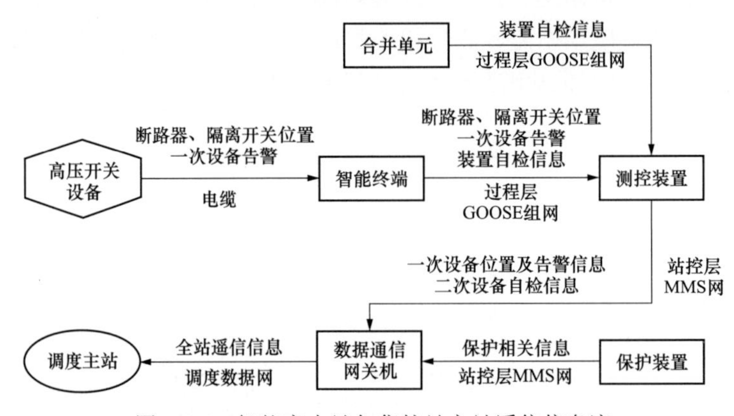

图 1-2-4　智能变电站与集控站主站遥信信息流

35．试述电网监控系统的组成。

答：电网监控系统由以下四大部分组成：

（1）数据采集、处理，命令输出子系统：数据采集、处理，命令输出和数据传输处理等（主要指 RTU 或变电站自动化系统中的测控和通信部分）。

（2）信息传输子系统：数据通信通道部分。

（3）信息收集、处理和命令控制子系统：主要指前置机、系统服务器等。

（4）人机联系子系统：主要指调度员工作站等各种应用工作站、大屏幕投影或模拟屏、打印机等。

此外，还有电网信息测量、变换和命令执行部分。其中测量设备主要包括各类变送器，把各类强电的模拟量信息（电压、电流有效值，有功功率、无功功率等）变换成规范的直流电压（0～5V）或电流（0～1mA/4～20mA）信号。

36．智能变电站合并单元异常有何后果？

答：智能变电站合并单元异常会有以下后果：

（1）向保护装置发出的 SV 信息无效，保护采样不正确，可能导致保护误动。

（2）测控装置接收遥测数值不正常，无法实时监视设备负荷情况，影响检同期合闸操作。

（3）保护装置失去需要电压值判断的相关保护功能。

（4）电压切换功能异常。

（5）计量用电度表电量受到损失。

37．智能变电站与常规变电站相比主要增加了哪些信号？

答：与常规变电站相比，智能变电站继电保护二次回路增加了合并单元、智能终端和网络交换机等有源设备：

（1）合并单元重要告警信息：装置故障、装置异常、对时异常、检修状态投入、SV总告警、SV采样链路中断、SV采样数据异常、GOOSE总告警、GOOSE链路中断等。

（2）智能终端重要告警信息：装置故障、装置异常、对时异常、检修状态投入、就地控制、GOOSE总告警、GOOSE链路中断等。

（3）保护装置重要告警信息：SV总告警、GOOSE总告警、SV采样链路中断、SV采样数据异常、GOOSE链路中断、GOOSE数据异常等。

（4）继电保护用交换机重要告警信息：装置故障等。

38．监控系统应具备哪些安全操作功能？

答：监控系统应具备以下安全操作功能：

（1）应具备对所辖变电站安全进行遥控、遥调等操作功能。

（2）应具备有效区分控制责任区的功能。

（3）应具备有效的口令和校验机制确保运行的安全。宜实现分站、分压、分人、分组控制不同的变电站，并根据责任区的划分分类告警。

（4）应具备集控防误闭锁功能。配置中央监控防误闭锁系统时，应实现对无人值守变电站远方操作的强制性闭锁。

（5）应能够记录各项操作的内容和时间。

39．监控系统可利用人机界面进行哪些操作？

答：监控系统可利用人机界面进行下列操作：

（1）可利用人机界面实现对各变电站的运行监视和遥控、遥调操作。

（2）可监视变电站主接线图和主要设备参数、查看历史数值以及各项定值。

（3）利用人机界面进行报警，确认报警点的退出/恢复。

（4）利用人机界面实现画面、图表和曲线的编辑和打印。

40．SV通道异常、GOOSE通道异常对母线保护的影响有哪些？

答：SV通道异常、GOOSE通道异常对母线保护的影响主要有两点：

（1）当某组SV通道状态异常时装置延时10s发该组SV通道异常报文。SV通道异常闭锁保护。

（2）当某组GOOSE通道状态异常时装置延时10s发该组GOOSE通道异常报文。GOOSE通道异常时不闭锁保护。

41．顺序控制的基本功能要求有哪些？

答：顺序控制的基本功能要求主要有以下几个方面：

（1）执行站内和远端发出的控制指令，经安全校核正确后，自动完成符合要求的设备控制。

（2）应具备自动生成典型操作流程的功能。

（3）应具备投、退保护压板功能。

（4）应具备急停功能。

二、基础题库

（一）选择题

1．合并单元是（ D ）的关键设备。

A．站控层　　B．网络层　　C．间隔层　　D．过程层

2．智能终端是（ D ）的关键设备。

A．站控层　　B．网络层　　C．间隔层　　D．过程层

3．智能变电站间隔层设备包含（ ABCD ）。

A．继电保护装置　　B．故障录波装置

C．稳控装置　　D．测控装置

4．智能变电站中交流电流、交流电压数字量经过（ A ）传送至保护和测控装置。

A．合并单元　　B．智能终端

C．故障录波装置　　D．电能量采集装置

5．智能变电站配置的公用时间同步系统，同步方式优先采用（ B ）。

A．GPS 系统　　B．北斗系统

C．格罗纳斯系统　　D．伽利略系统

6．智能变电站中（ C ）kV 及以上电压等级继电保护系统应遵循双重化配置原则，每套保护系统装置功能独立完备、安全可靠。

A．35　　B．110　　C．220　　D．500

7．一个油浸式变压器应有（ A ）个智能组件。

A．1　　B．2　　C．3　　D．按侧配置

8．对于智能站保护装置“SV 接收软压板”“GOOSE 接收软压板”，以下描述正确的有（BC）。

A．保护装置“SV 接收”退出后，装置显示实际采样值，但不参与逻辑运算

B．保护装置“SV 接收”退出后，装置显示采样值为 0，但不参与逻辑运算

C．保护装置“GOOSE 接收软压板”退出后，装置显示接收的 GOOSE 信号

D．保护装置“GOOSE 接收软压板”退出后，装置不显示接收的 GOOSE 信号

9．IEC61850 解决的主要问题是（ ABCD ）。

A．网络通信　　B．变电站内信息共享

C．变电站内互操作　　D．变电站的集成与工程实施

10．双母线接线方式时，运行中的 220kV 线路某套智能终端装置失电，哪些对应的

相关设备会发出告警信号？（ ABCD ）

A．线路保护　　B．母差保护　　C．线路合并单元　　D．测控装置

11．按照 Q/GDW 441—2010《智能变电站继电保护技术规范》，母线保护 GOOSE 组网接收哪些信号？（BC）

A．保护装置跳断路器信号　　B．保护装置启动失灵信号

C．主变压器保护解复压闭锁信号

12．智能变电站中，GOOSE 技术的应用解决了传统变电站中（AD）的问题。

A．电缆二次接线复杂、抗干扰能力差　　B．采样值精度不准确

C．保护拒动、误动　　D．二次回路无法在线监测

13．下列设备中有 GOOSE 总告警信息的是（ ABCD ）。

A．合并单元　　B．智能终端　　C．保护装置　　D．测控装置

14．GOOSE 报文可以传输（ACD）数据。

A．跳、合闸信号　　B．电流、电压采样值

C．一次设备位置状态　　D．户外设备温、湿度

15．线路保护动作后，对应的智能终端没有出口，可能的原因是（ABC）。

A．线路保护和智能终端 GOOSE 断链了

B．线路保护和智能终端检修连接片不一致

C．线路保护的 GOOSE 出口连接片没有投入

D．线路保护和合并单元检修连接片不一致

16．对智能变电站中的全站系统配置文件（SCD）进行归口管理。

A．设备运维单位　　B．设备检修试验单位

C．调控机构　　D．安质部相关部门

17．合并单元的主要功能是（BCD）。

A．保护跳合闸功能　　B．多路电流电压信号的采集与处理

C．电流电压信号同步　　D．报文处理和发送

18．GOOSE 功能主要有（BCD）。

A．保护跳合闸功能　　B．保护间连锁功能

C．电压并列和切换　　D．断路器、隔离开关的控制

19．智能变电站的基本要求为（ABC）。

A．全站信息数字化　　B．通信平台网络化

C．信息共享标准化　　D．管理运维自动化

20．EMS（能量管理系统）包括以下（ D ）主要功能。

A．SCADA　　B．SCADA＋AGC

C．SCADA＋AGC＋DTS　　D．SCADA＋AGC＋PAS＋DTS

21．变电站计算机监控系统的同期功能只能由（ C ）来实现。

A．远方调度　　B．站控层　　C．间隔层　　D．设备层

22．变电站综合自动化由计算机继电保护和（ B ）两大部分组成。

A．传输系统　　B．监控系统　　C．采集系统　　D．控制系统

23．变电站控制系统的基本结构（ A ）。

A．过程层，间隔层和站控层　　B．间隔层，站控层

C．间隔层，网络层和站控层　　D．网络层和站控层

24．当功率变送器电流极性接反时，主站会观察到功率（ B ）。

A．显示值与正确值误差较大

B．显示值与正确值大小相等，方向相反

C．显示值为 0

D．显示值为负数

25．监控系统以一个变电站的（ D ）作为监控对象。

A．电流、电压、有功量、无功量　　B．主变压器

C．控制室内运行设备　　D．全部运行设备

26．GOOSE 报文可用于传输（ D ）。

A．单位置信号　　B．双位置信号

C．模拟量浮点信息　　D．以上均可以

27．保护装置从智能终端获取的开关位置信号是（ C ）。

A．跳闸位置继电器　　B．合闸位置继电器

C．断路器辅助接点　　D．以上均需要

28．在自动化系统中，信息可以分为哪几大类？（ A ）

A．上行信息和下行信息　　B．校时信息和查询信息

C．遥控信息和遥测信息　　D．收集信息和远传信息

29．遥测是远方测量的简称，它是指被监视厂、站端（　　）远距离传送给调度中心（ D ）。

A．参数　　B．信息

C．模拟量　　D．主要参数变量

30．全面监视是指监控员对所有监控变电站进行全面的巡视检查，330kV 及以上变电站每值至少多少次？330kV 以下变电站每值至少多少次？（ A ）

A．二；一　　B．三；二　　C．四；三　　D．一；一

31．值班监控员遥控操作中，监控系统发生异常或（ C ）时，应停止操作并汇报发令调度员，并通知运维人员到现场检查处理。

A．故障　　B．事故　　C．遥控失灵　　D．缺陷

32．监控系统发生异常，造成受控站部分或全部设备无法监控时，值班监控员应通知（ D ）处理，并要求运维人员恢复有人值班。

A．调度人员　　B．保护人员

C．相关部门　　D．自动化人员

33. 集中监控系统报某站“5031 开关 SF_6 压力低报警”，下列处理正确的为（ C ）。

A. 立即拉开 5031 开关，并报调度

B. 立即拉开 5031 开关，并报调度及设备运维单位

C. 立即通知设备运维单位及调度，并根据现场运维队人员的检查情况做进一步处理（带电补气或拉停）

D. 直接通知运维单位带电补气，无须通知 5031 开关所属调度

34. AVC 指令可分为（ A ）方式。

A. 遥控和遥调　　B. 遥控和遥测

C. 遥信和遥测　　D. 遥调和遥信

35. AVC 系统控制的变电站电容器、电抗器或变压器有载分接开关需停用时，监控员应按照相关规定将（ B ）退出 AVC 系统。

A. 电容器　　B. 相应间隔

C. 电抗器　　D. 变压器有载分接开关

36. 监控巡视时发现受控站某间隔遥测量不刷新，其出现的原因可能为（ C ）。

A. 主站监控系统故障

B. 受控站监控系统故障

C. 受控站该间隔测控装置故障

D. 受控站该间隔 TA、TV 二次回路故障

37.《电网调度自动化系统应用软件基本功能实用要求及验收细则》中规定的电网调度自动化系统应用软件基本功能是指（ B ）。

A. 网络拓扑，状态估计，调度员潮流，短路电流计算

B. 网络拓扑，状态估计，调度员潮流，负荷预报

C. 状态估计，调度员潮流，最优潮流，无功优化

D. 网络拓扑，调度员潮流，静态安全分析，负荷预报

（二）判断题

1. 智能站装置断路器、隔离开关位置采用单点信号，其余信号采用双点信号。（×）

2. 智能变电站中当“GOOSE 出口软压板”退出后，保护装置动作后，不再发送 GOOSE 变位报文。（√）

3. 智能变电站中的电子式互感器的二次转换器（A/D 采样回路）、合并单元（MU）、光纤连接、智能终端、过程层网络交换机等设备内任一个元件损坏，除出口继电器外，不应引起保护误动作跳闸。（√）

4. 保护装置、智能终端等智能电子设备间的相互启动、相互闭锁、位置状态等交换信息可通过 GOOSE 网络传输。（√）

5. 控制柜应具备温度、湿度的采集、调节功能，柜内温度控制在－10～50℃，湿度保持在 80%以下，并可通过智能终端 GOOSE 接口上送温度、湿度信息。（×）

6. 当智能变电站合并单元装置失电时，合并单元发出装置异常信号。（×）

7. 智能变电站要求监控系统具备全站防止电气误操作闭锁功能，无须测控装置具备本间隔的电气闭锁功能。（×）

8. 智能变电站“直跳”是指智能设备间以点对点光纤直联方式并用 GOOSE 网进行跳合闸信号的传输，不经过以太网交换机传输。（√）

9. 智能变电站的保护设计应坚持继电保护“四性”，遵循“直接采样、直接跳闸”“独立分散”“就地化布置”原则，应避免合并单元、智能终端、交换机等任一设备故障时，同时失去多套主保护。（√）

10. 110kV 及以上智能变电站各侧母线 TV 合并单元应采用双重化配置。（√）

11. 主变压器非电量保护不再引入控制室，而是通过本体智能终端就地跳闸。（√）

12. 智能变电站要求各间隔的保护直采直跳，而主变压器跳母联断路器采用网跳。（√）

三、经典案例

1. 220kV 智能变电站（220kV 母线双母分段、110kV 单母分段）保护装置、合并单元、智能终端一般如何配置？

答：按照 220kV 设备、主变压器保护双重化和 110kV 设备单配置原则，一般如下配置：

（1）220kV 设备部分。

1）220kV 母线（母差）、线路、母联保护双套配置；

2）220kV 母线、线路、母联合并单元双套配置；

3）220kV 线路、母联智能终端双套配置；

4）220kV TV 智能终端按 TV 间隔单套配置。

（2）220kV 主变压器部分。

1）220kV 主变压器保护双套配置；

2）220kV 主变压器高压侧合并单元、智能终端均双套配置；

3）220kV 中压侧、低压侧为合并单元、智能终端双套配置或合智一体双套配置；

4）220kV 本体智能终端单套配置。

（3）110kV 设备部分。

1）110kV 母线合并单元双套配置（因主变压器保护的双套配置需求）；

2）110kV 线路合并单元、智能终端单套配置或合智一体单套配置（基本是合智一体）；

3）110kV 分段合并单元、智能终端单套配置；

4）110kV TV 智能终端按 TV 间隔单套配置；

5）110kV 线路、母联、母线保护均单套配置（线路、母联基本为测保一体）。

2. 220kV 东安变电站一次接线图，如图 1-2-5 所示（220kV 母线为双母线接线方式、110kV 和 35kV 母线为单母分段接线方式），请分析智能设备装置通过 SV、GOOSE 网接收其他智能设备的信息情况（只考虑收端侧）。

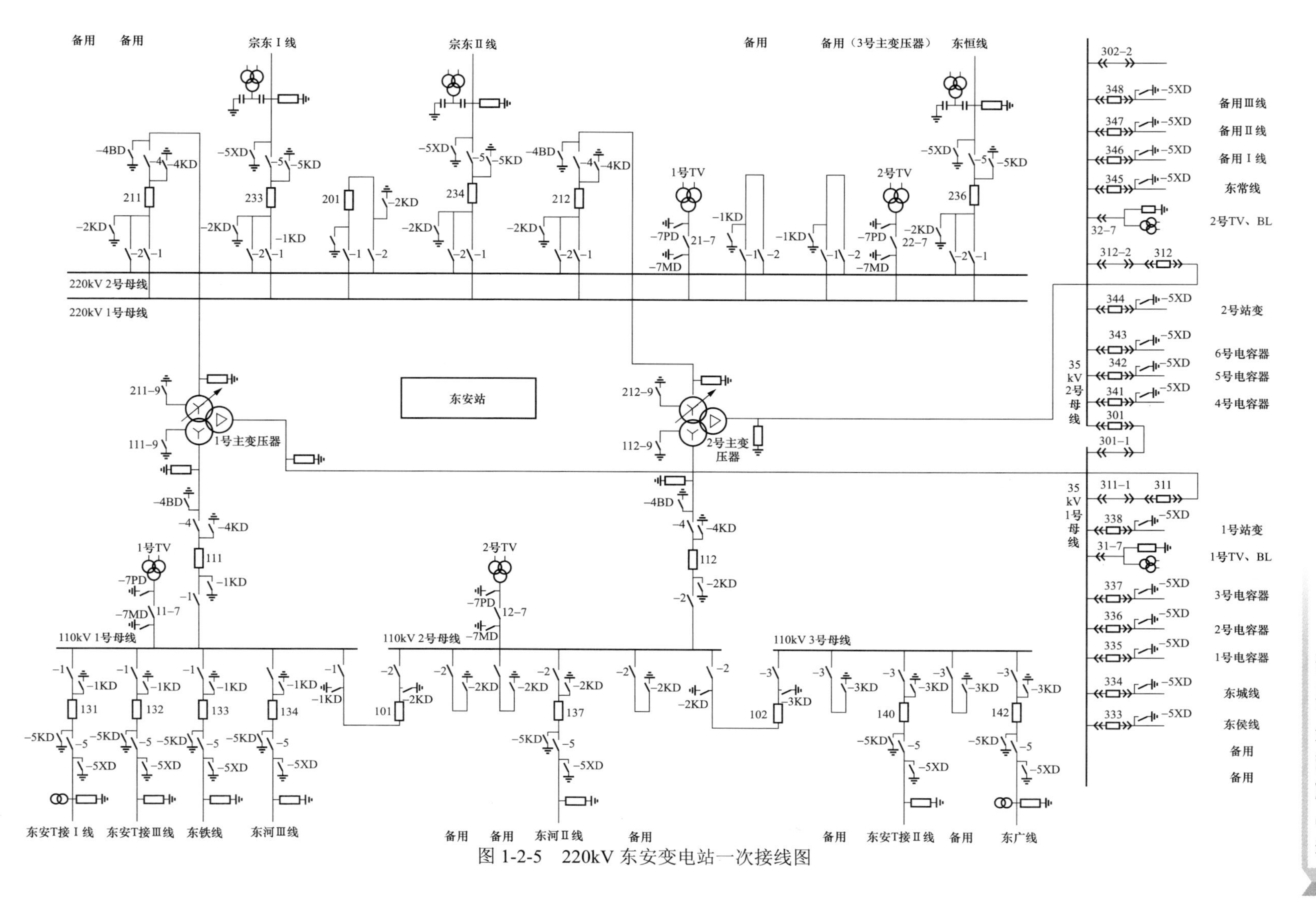

图 1-2-5 220kV 东安变电站一次接线图

答：（1）220kV 线路以宗东 1 线 233 间隔为例。

1）宗东 1 线 233 合并单元如图 1-2-6 所示。

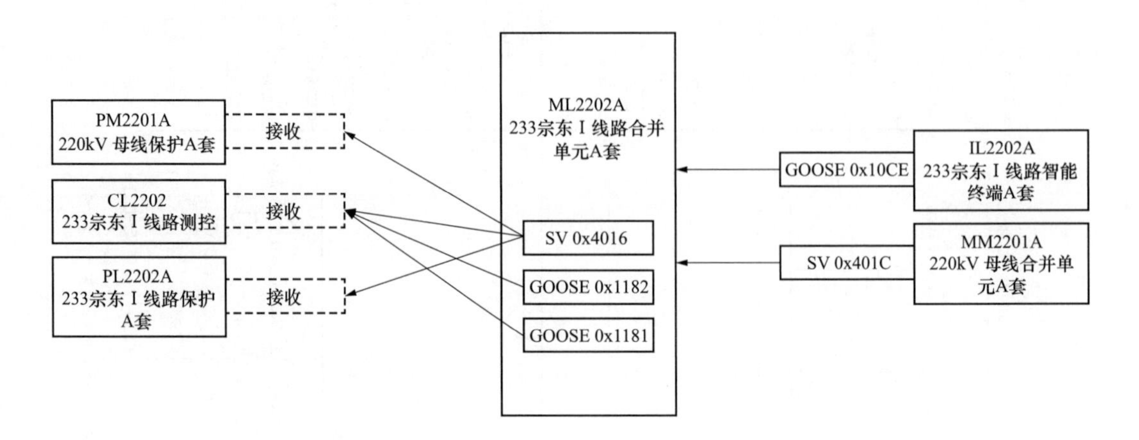

图 1-2-6　220kV 东安变电站宗东 1 线 233 合并单元 A 套 SCD 示意图

①通过 SV 网收 220kV 母线合并单元发送的保护、计量电压。

②通过 GOOSE 网收 233 智能终端发送的母线侧隔离开关位置供电压切换。

2）宗东 1 线 233 智能终端如图 1-2-7 所示。

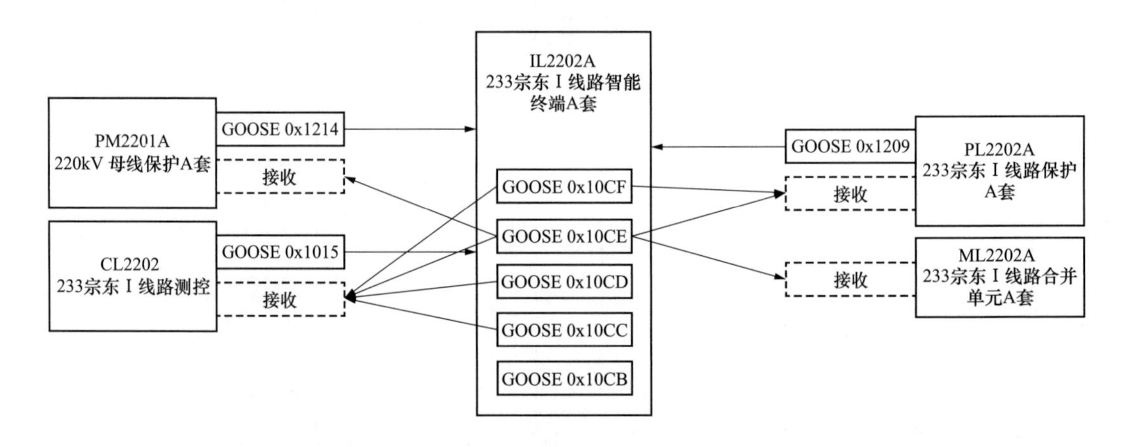

图 1-2-7　220kV 东安变电站宗东 1 线 233 智能终端 A 套 SCD 示意图

①通过 GOOSE 网收宗东 1 线线路保护发送的断路器跳闸及重合闸指令。

②通过 GOOSE 网收 220kV 母线保护发送的断路器跳闸指令（不启动重合闸）。

③通过 GOOSE 网收宗东 1 线 233 测控装置发送的断路器、隔离开关及装置复归遥控指令。区别是由于隔离开关单控制回路，测控装置只向智能终端 A 套发送隔离开关遥控指令。

3）宗东 1 线 233 线路保护如图 1-2-8 所示。

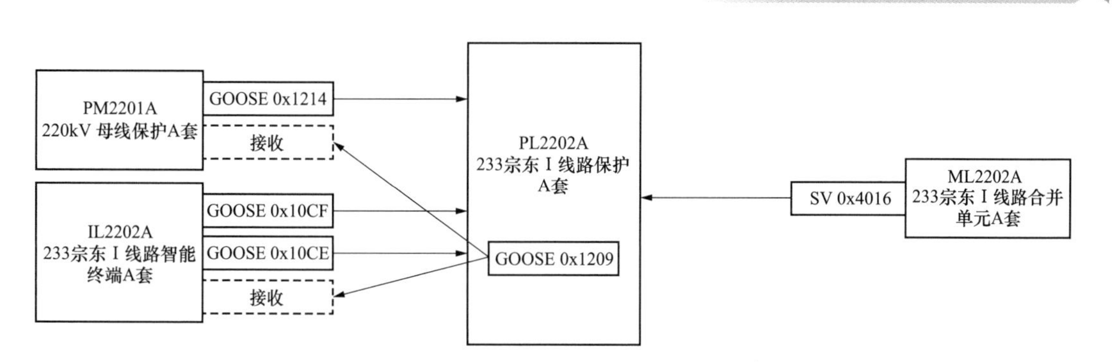

图 1-2-8 220kV 东安变电站宗东 1 线线路保护 A 套 SCD 示意图

①通过 GOOSE 网收 220kV 母线保护发送的远传（信号）和其他保护动作信息（跳闸命令）。

②通过 GOOSE 网收 233 智能终端发送的断路器位置及相关闭锁重合闸信息，作用是启动重合闸（防止断路器偷跳）。

③通过 SV 网收 233 合并单元发送的保护或同期电压。

为了防止保护电压和电流出现异常造成保护误动，分别采集两路保护电压和电流的数值进行相互校对，当某路数值出现异常时，保护装置“双 AD 数据不一致”告警而闭锁保护。

4）宗东 1 线 233 测控装置如图 1-2-9 所示。

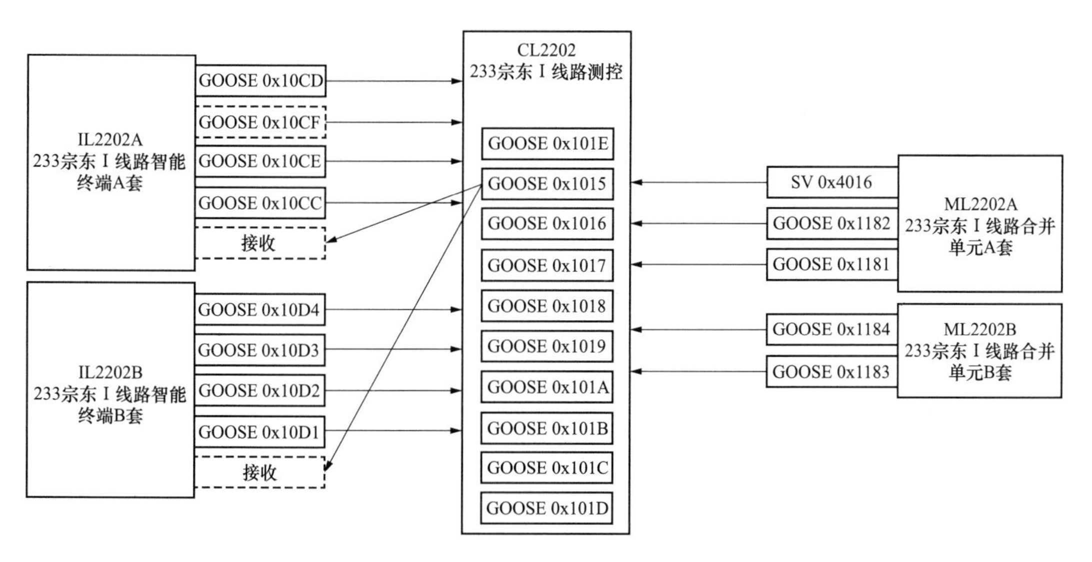

图 1-2-9 220kV 东安变电站宗东 1 线测控装置 A 套 SCD 示意图

①通过 SV 网收 233 线路合并单元发送的测量电压和电流。

②通过 GOOSE 收 233 线路合并单元发送的装置本身自检信息及切换电压信息。区别是测控装置为单套配置，相关测量电压和电流信息只通过合并单元 A 套传送。

③通过 GOOSE 网收 233 智能终端发送的断路器、隔离开关位置及一次设备告警信

息和智能终端本身自检告警信息等。区别是接收智能终端A套的信息比B套多出一些信息，即智能柜温、湿度，远方操作和手合同期开入等。

（2）220kV母联201间隔。

1）母联201合并单元如图1-2-10所示。与233合并单元的区别是母联201开关无需电压切换，因此无需收智能终端发送的隔离开关位置信息；母联充电保护无需电压值，因此无需收母线合并单元发送的保护电压。

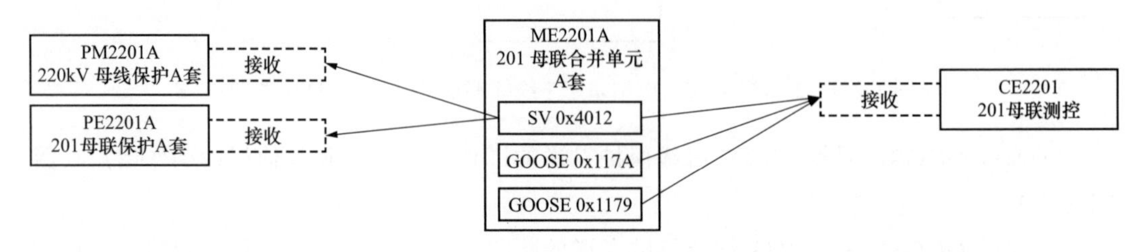

图1-2-10　220kV东安变电站220kV母联201合并单元A套SCD示意图

2）母联201智能终端如图1-2-11所示。与233智能终端的区别：一是母联201智能终端需接收主变压器高后备保护的跳闸指令（地区电网降压变压器此功能基本不投入）；二是母联201智能终端接收的所有跳闸指令为永跳指令不启动重合闸，233接收线路保护跳闸指令的同时接收重合闸指令。

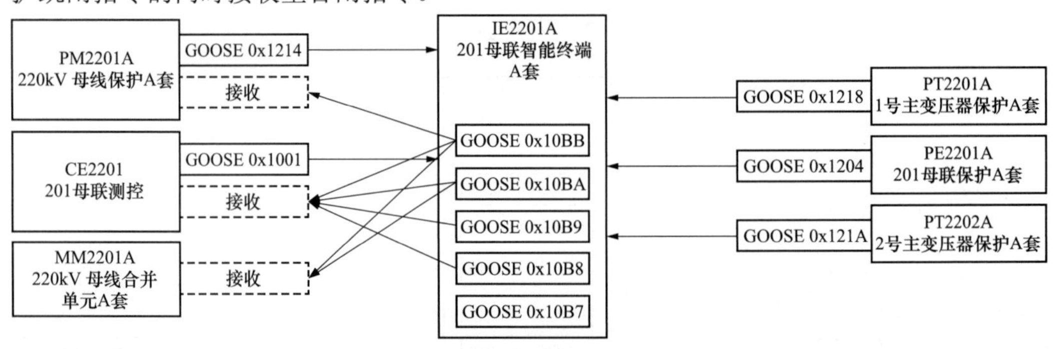

图1-2-11　220kV东安变电站220kV母联201智能终端A套SCD示意图

3）母联201保护如图1-2-12所示。与233线路保护的区别：一是无需接收220kV母线保护的远传和远跳指令；二是无需接收智能终端相关闭锁重合闸信息及开关位置信息，因为母联开关无需启动重合闸和闭锁重合闸功能。

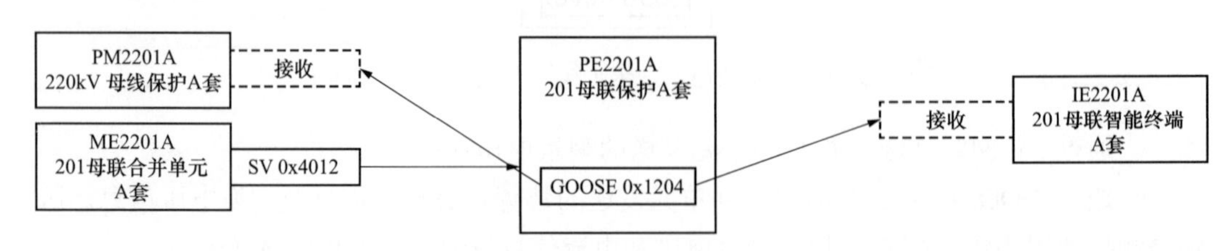

图1-2-12　220kV东安变电站220kV母联201保护A套SCD示意图

4）母联 201 测控装置如图 1-2-13 所示。与 233 测控装置基本一致，区别在于 201 测控装置直接接收母线合并单元电压采样值，无需通过合并单元级联。

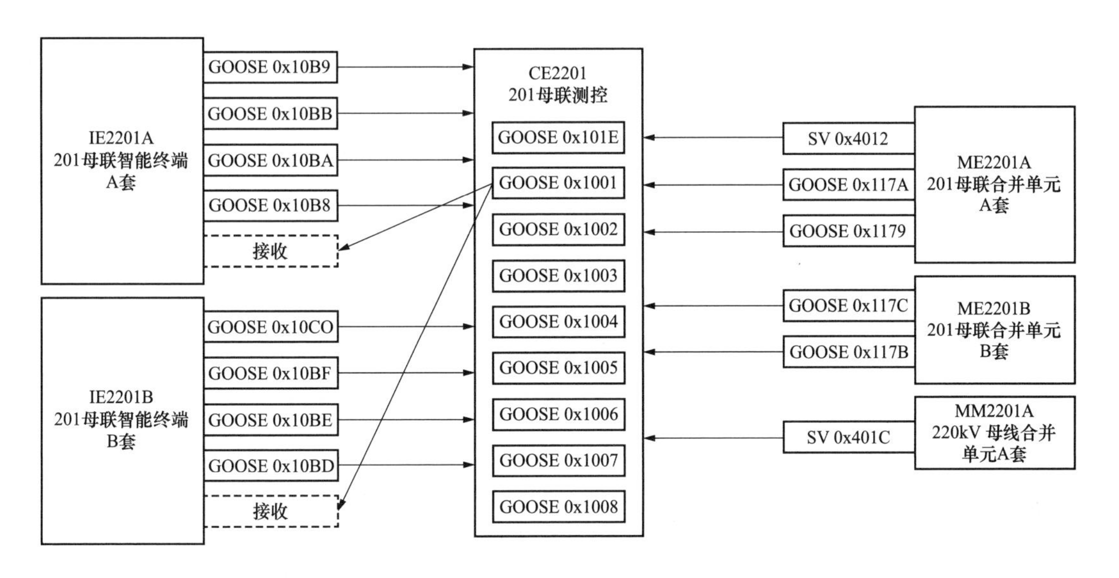

图 1-2-13　220kV 东安变电站 220kV 母联 201 测控装置 SCD 示意图

（3）220kV 母线间隔。

1）220kV 母线合并单元如图 1-2-14 所示。通过 GOOSE 网收 220kV 母联 201 智能终端发送的断路器及隔离开关位置信息，用于母线 TV 并列。

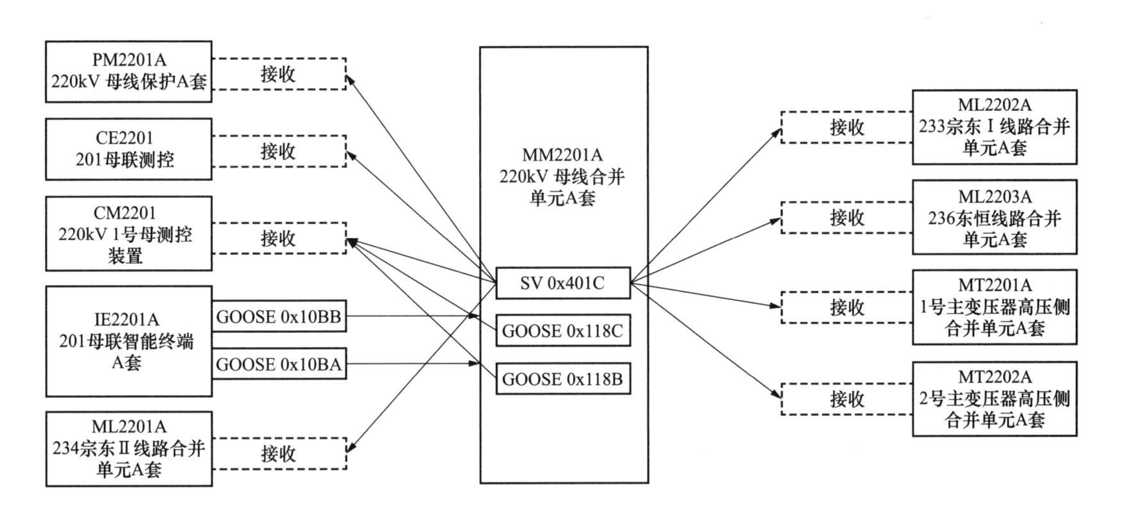

图 1-2-14　220kV 东安变电站 220kV 母线合并单元 A 套 SCD 示意图

2）220kV 母线（TV）智能终端如图 1-2-15 所示。通过 GOOSE 网收 220kV 母线测控装置发送隔离开关及装置复归遥控指令。

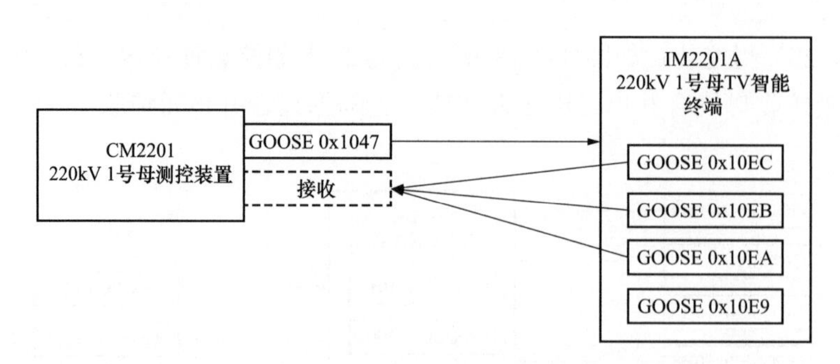

图 1-2-15　220kV 东安变电站 220kV 1 号 TV 智能终端 SCD 示意图

3）220kV 母线保护如图 1-2-16 所示。

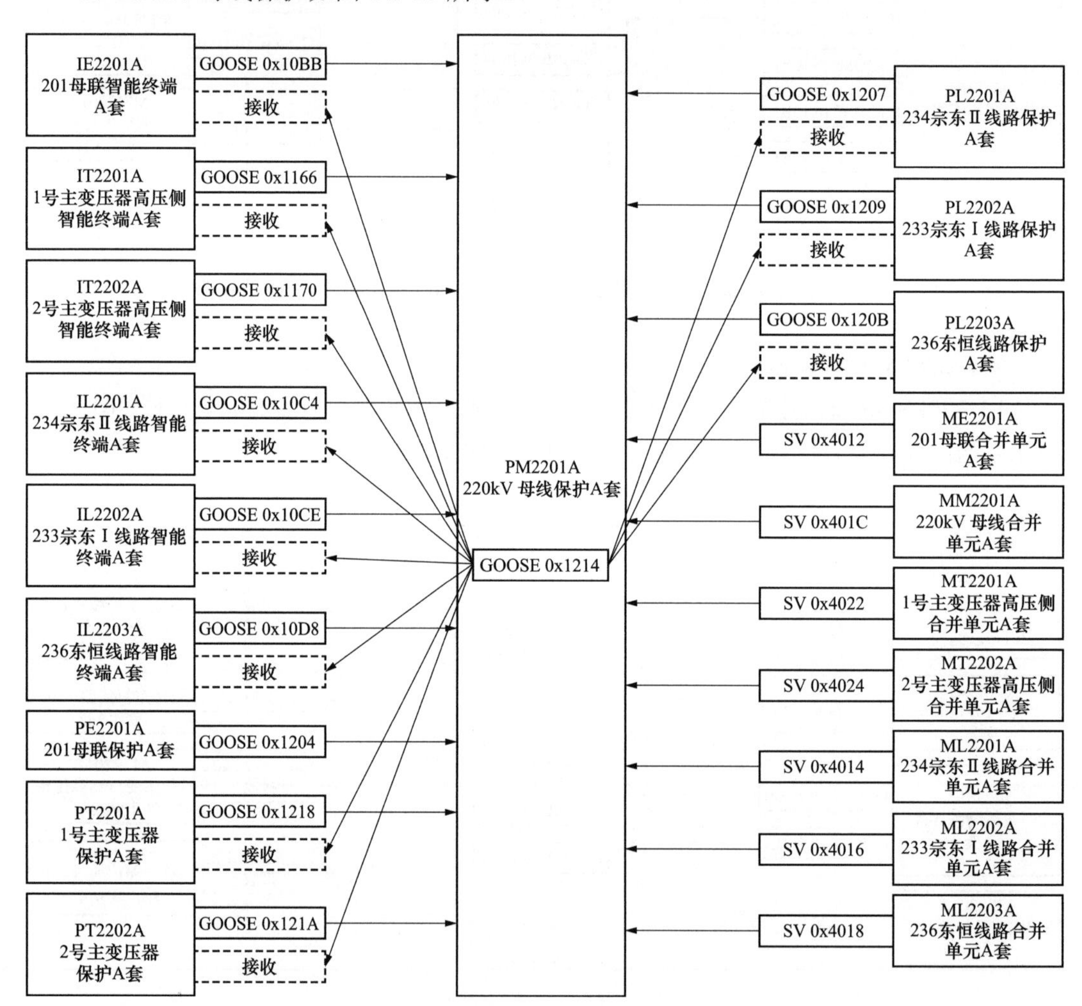

图 1-2-16　220kV 东安变电站 220kV 母线保护 A 套 SCD 示意图

①通过 SV 网收 220kV 母线合并单元发送的 220kV 1、2 母保护用电压。

②通过 SV 网收 220kV 线路、母联、主变压器高压侧合并单元发送的保护用电流。

③通过 GOOSE 网收 220kV 母联智能终端发送的母联断路器位置及手合遥合信息（手合或遥合死区故障时，需要母线保护动作跳母联）。

④通过 GOOSE 网收 220kV 线路、主变压器高压侧智能终端发送的各间隔母线侧隔离开关位置信息供母线保护（作用于母线差动保护判断故障母线）。

⑤通过 GOOSE 网收 220kV 母联保护、主变压器保护发送三相启动失灵信息。

⑥通过 GOOSE 网收 220kV 线路保护发送的 A、B、C 相启动失灵信息。

4）220kV 母线测控装置如图 1-2-17 所示。

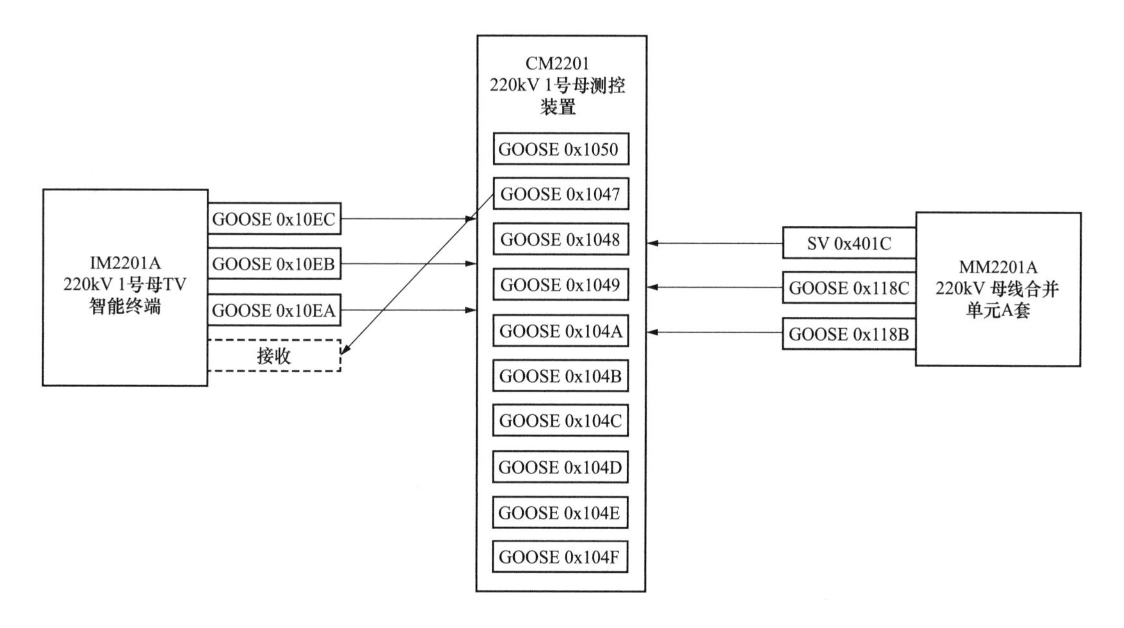

图 1-2-17 220kV 东安变电站 220kV 1 母测控装置 SCD 示意图

①通过 SV 网收 220kV 母线合并单元发送的测量电压。

②通过 GOOSE 网收 220kV 母线合并单元发送的母线合并单元装置自检信息及相关电压并列信息。

③通过 GOOSE 网收 220kV 母线（TV）智能终端发送隔离开关位置及装置自检信息。

（4）主变压器高压侧间隔（以 1 号主变压器 211 为例）。为满足与主变压器保护双重化配置要求，主变压器高压侧间隔的合并单元及智能终端装置均为双重化配置，测控装置只配置一套。

1）主变压器高压侧 211 合并单元如图 1-2-18 所示。

①通过 SV 网收 220kV 母线合并单元发送的保护、计量电压。

②通过 GOOSE 网收 211 智能终端发送的母线侧隔离开关位置供测控切换测量电压。

2）主变压器高压侧 211 智能终端如图 1-2-19 所示。

①通过 GOOSE 网收主变压器保护发送的断路器跳闸（且是永跳）指令。

②通过 GOOSE 网收 220kV 母线保护发送的断路器跳闸指令（不启动重合闸）。

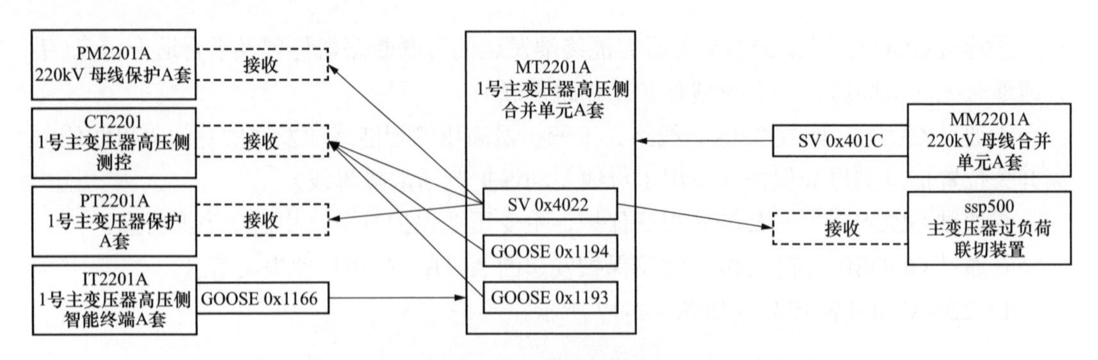

图 1-2-18　220kV 东安变电站 1 号主变高压侧合并单元 A 套 SCD 示意图

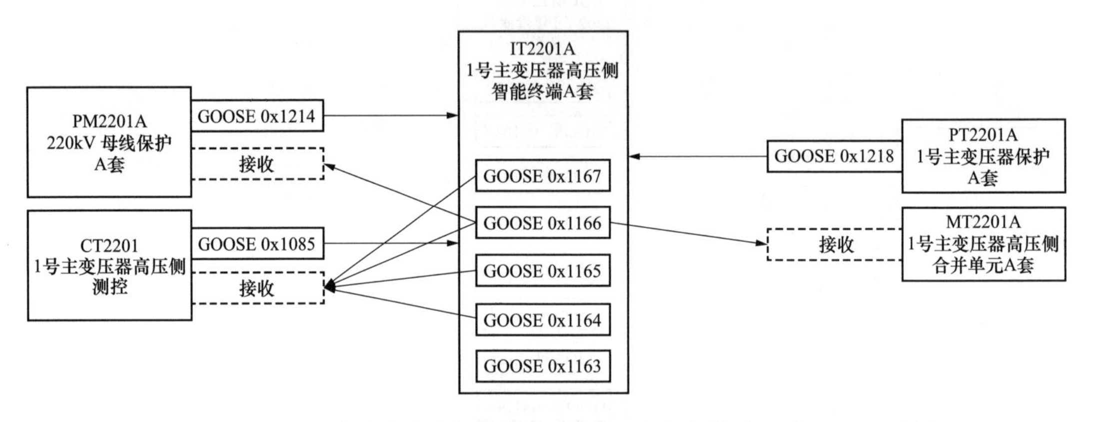

图 1-2-19　220kV 东安变电站 1 号主变压器高压侧智能终端 A 套 SCD 示意图

③通过 GOOSE 网收 211 测控装置发送的断路器、隔离开关及装置复归遥控指令。区别是由于隔离开关单控制回路，测控装置只向智能终端 A 套发送隔离开关遥控指令。

3）主变压器高压侧 211 测控装置如图 1-2-20 所示。

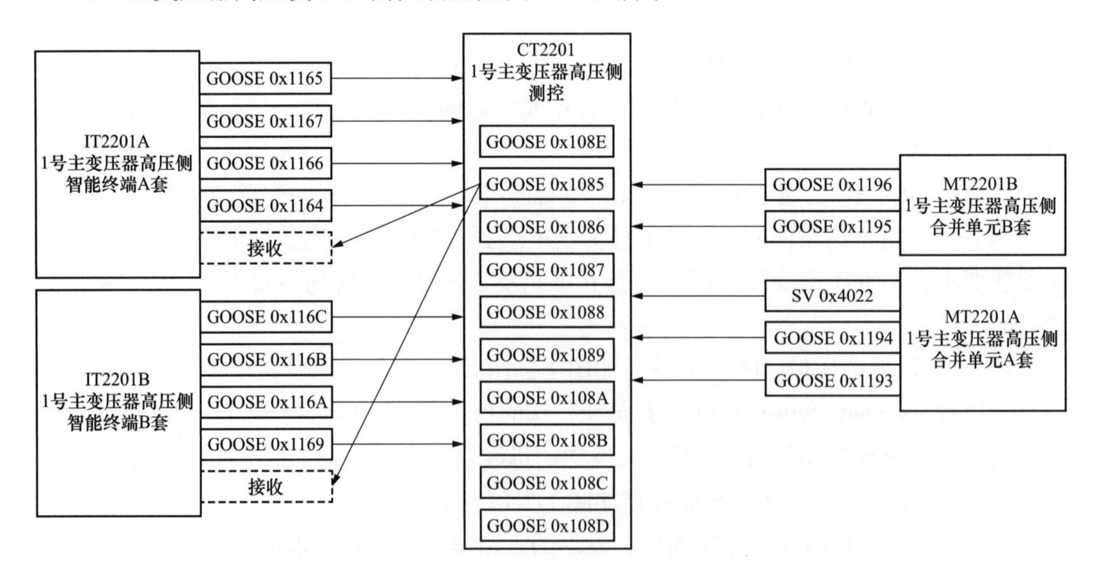

图 1-2-20　220kV 东安变电站 1 号主变压器高压侧测控装置 SCD 示意图

①通过 SV 网收 211 合并单元发送的测量电压和电流。

②通过 GOOSE 收 211 合并单元发送的装置本身自检信息及切换电压信息。

③通过 GOOSE 网收 233 智能终端发送的断路器、隔离开关位置及一次设备告警信息和智能终端本身自检告警信息等。区别是 211 测控装置与线路测控装置无需收同期电压及手合同期开入信息。

（5）主变压器中压侧间隔（以 1 号主变压器中压侧 111 为例）。为满足与主变压器保护双重化配置要求，主变压器中压侧间隔的合智一体装置也为双重化配置，测控装置只配置一套。

1）1 号主变压器中压侧 111 合智一体如图 1-2-21 所示。

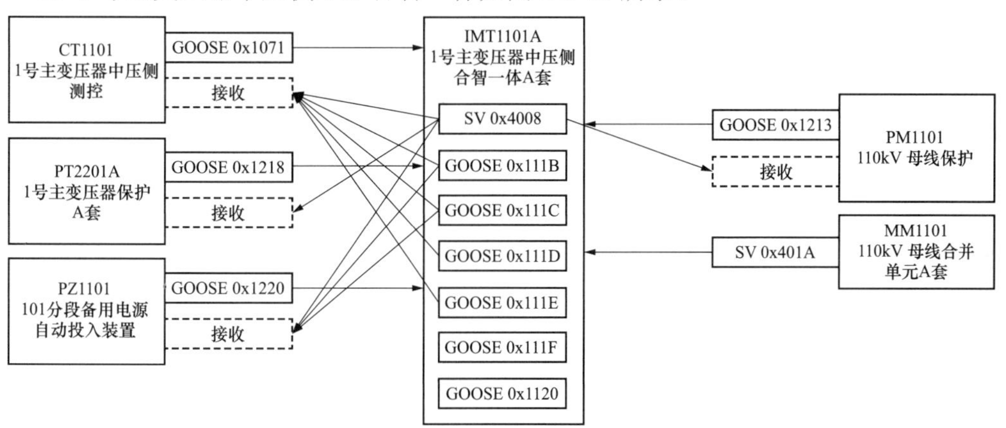

图 1-2-21　220kV 东安变电站 1 号主变压器中压侧合智一体 A 套 SCD 示意图

①通过 GOOSE 网收主变压器保护、110kV 备用电源自动投入装置、110kV 母线（母差）保护发送的跳闸（不启动重合）指令。

②通过 GOOSE 网收 1 号主变压器 111 测控发送的断路器、隔离开关、装置复归遥控信息。

③通过 SV 网收 110kV 母线合并单元发送的对应母线的保护及测量采集电压。

2）1 号主变压器中压侧 111 测控装置如图 1-2-22 所示。

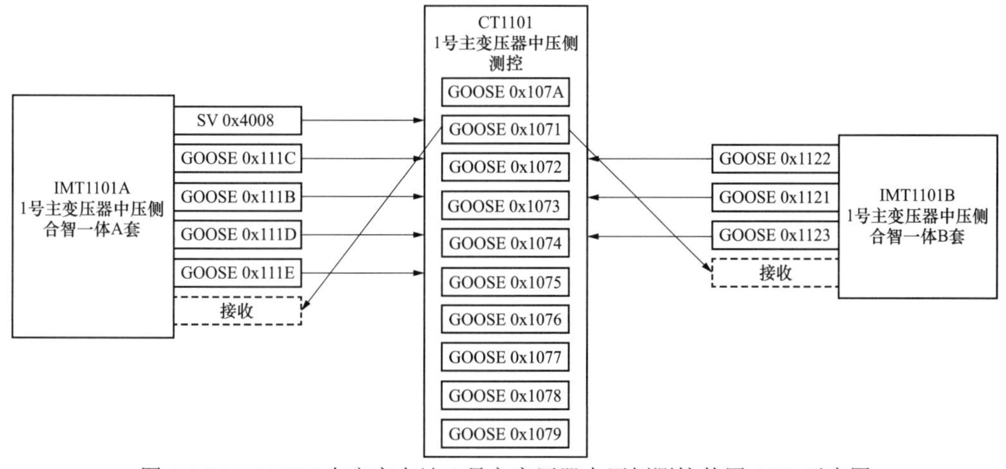

图 1-2-22　220kV 东安变电站 1 号主变压器中压侧测控装置 SCD 示意图

①通过 SV 网收 111 合智一体装置发送的测量电压（级联）、电流。

②通过 GOOSE 网收 111 合智一体装置发送的断路器和隔离开关位置信息、一次设备告警信息及合智装置二次设备告警信息。区别是智能柜的温、湿度是通过合智一体 A 套发送给测控装置的。

（6）主变压器低压侧间隔（以 1 号主变压器低压侧 311 为例）。

1）1 号主变压器低压侧 311 合智一体装置如图 1-2-23 所示。由于 35kV 侧除主变压器间隔外，各间隔不配置合并单元，且 35kV 母线差动保护是常规保护，因此 SCD 示意图与中压侧 111 间隔有一定的区别。

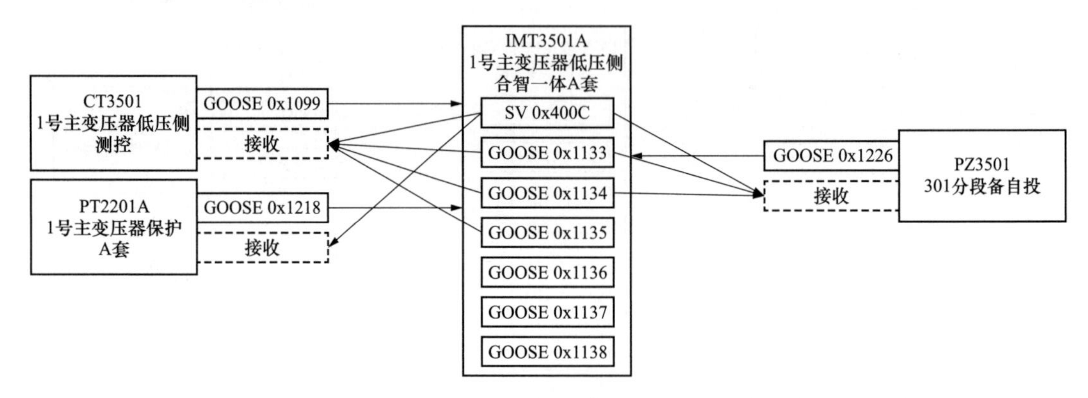

图 1-2-23　220kV 东安变电站 1 号主变压器低压侧合智一体 A 套 SCD 示意图

①通过 GOOSE 网收主变压器保护、35kV 备用电源自动投入（简称备自投）保护发送的跳闸（不启动重合）指令。

②通过 GOOSE 网收 1 号主变压器 311 测控发送的断路器位置、装置复归遥控信息。区别是 35kV 为开关柜设备，手车不能远方遥控操作，因此无隔离开关遥控信息。

2）1 号主变压器低压侧 311 测控装置如图 1-2-24 所示。

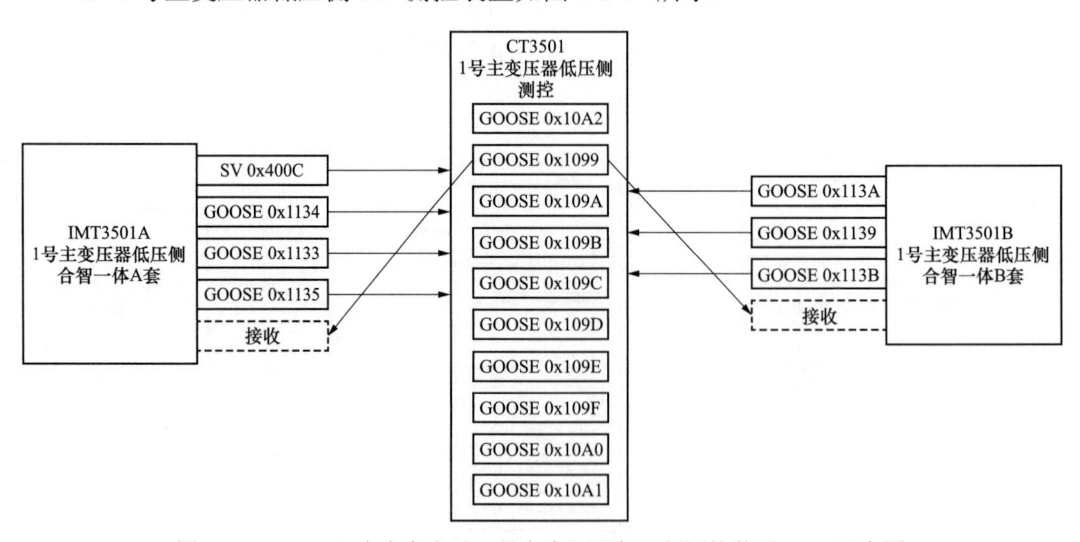

图 1-2-24　220kV 东安变电站 1 号主变压器低压侧测控装置 SCD 示意图

①通过 SV 网收 311 合智一体装置发送的测量电压（级联）、电流。

②通过 GOOSE 网收 311 合智一体装置发送的断路器和隔离开关位置信息、一次设备告警信息及合智装置二次设备告警信息。区别是高压室设备不单独配置温、湿度信息。

（7）主变压器间隔（以 1 号主变压器为例）。

1）1 号主变压器本体合并单元（按照最新设计规范要求，220kV 主变压器保护采集的主变压器中性点间隙和零序的电流值均通过各侧合并单元实现，且主变压器油温信息通过本体智能终端上送，因此本体合并单元与其他智能装置无任何联系）。

2）1 号主变压器本体智能终端如图 1-2-25 所示。通过 GOOSE 网收 1 号主变压器本体测控装置挡位调整、中性点隔离开关、装置复归遥控操作指令。

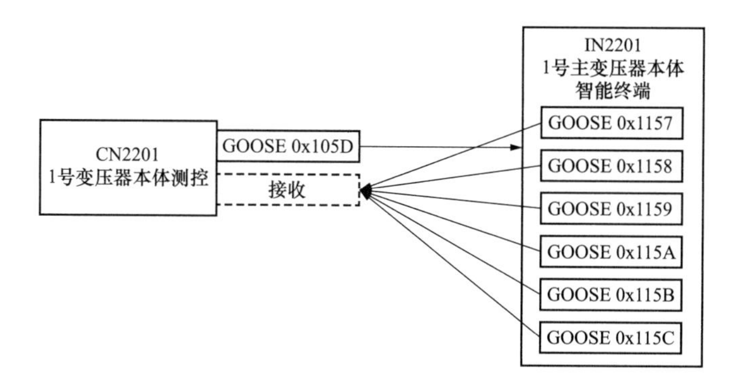

图 1-2-25　220kV 东安变电站 1 号主变压器本体智能终端 SCD 示意图

3）1 号主变压器保护装置如图 1-2-26 所示。

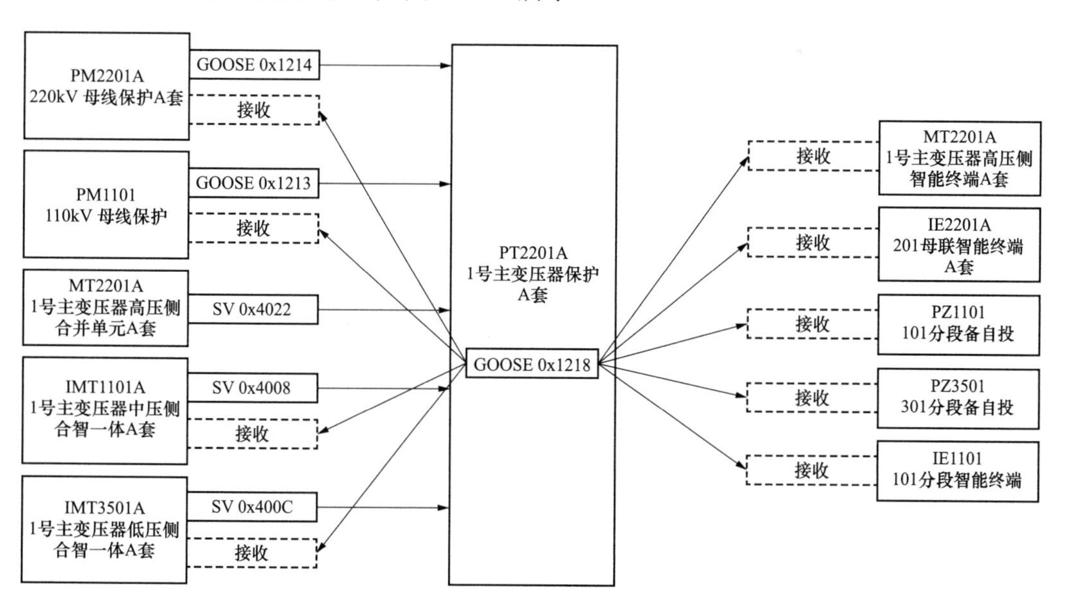

图 1-2-26　220kV 东安变电站 1 号主变压器保护装置 A 套 SCD 示意图

①通过 SV 网收接收 1 号主变压器高压侧合并单元、中压侧及低压侧合智装置保护

电压、电流值。高、中压侧包括中性点间隙和零序电流采样值。

②通过 GOOSE 网收分别接收 220、110kV 母线差动保护的失灵启动信息（地区电网 110kV 失灵启动功能虽配置，但根据现场规定一般不启用）。

4）1 号主变压器本体测控如图 1-2-27 所示。由于主变压器本体智能终端兼主变压器非电量保护功能，因此主变压器本体测控通过 GOOSE 网收本体智能终端的信息包括中性点隔离开关位置、分接头位置、非电量保护、本体智能柜及智能终端本身装置告警等相关信息。

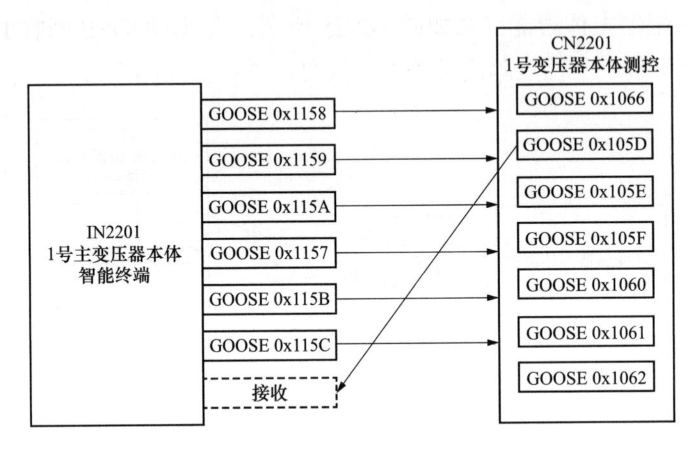

图 1-2-27　220kV 东安变电站 1 号主变压器本体测控装置 SCD 示意图

（8）110kV 线路间隔（以东安 T 接 1 线 131 间隔为例）。按照设计规范要求，110kV 线路间隔合并单元和智能终端集成配置、测控装置和线路保护装置集成配置，因此合智一体装置和测保一体装置的信息传输需综合考虑合并单元、智能终端、测控装置、保护装置四个装置之间的关系。

1）110kV 东安 T 接 1 线 131 合智一体装置见图 1-2-28。

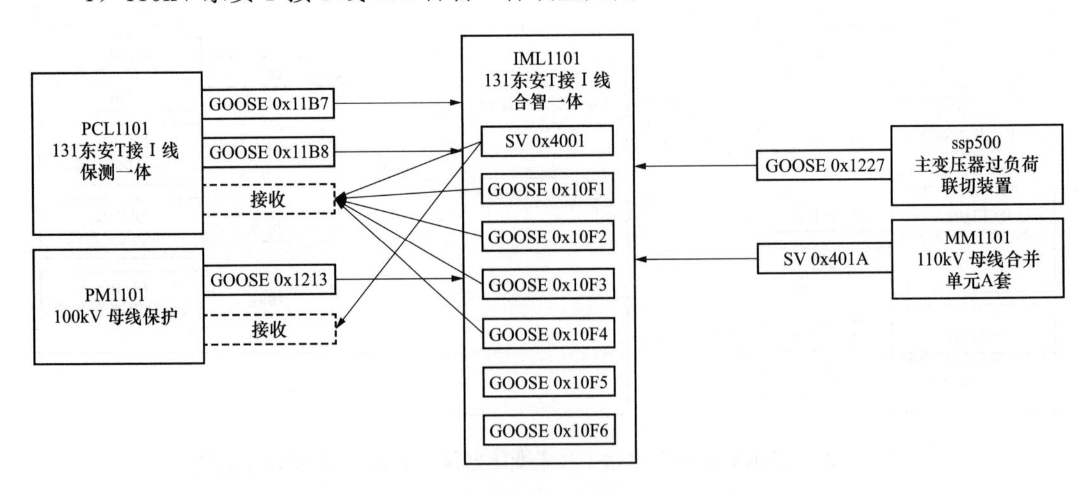

图 1-2-28　220kV 东安变电站 110kV 东安 T 接 1 线合智一体 SCD 示意图

①通过 GOOSE 网收 110kV 母线保护、主变压器过负荷联切装置的跳闸指令（均不启动重合闸）。

②通过 GOOSE 网收 131 测保装置的断路器、隔离开关及装置复归遥控指令（测控功能）和保护跳闸及重合闸指令（保护功能）。

③通过 SV 网收接收 110kV 母线合并单元测量电压值。

2）110kV 东安 T 接 1 线 131 测保一体装置见图 1-2-29。

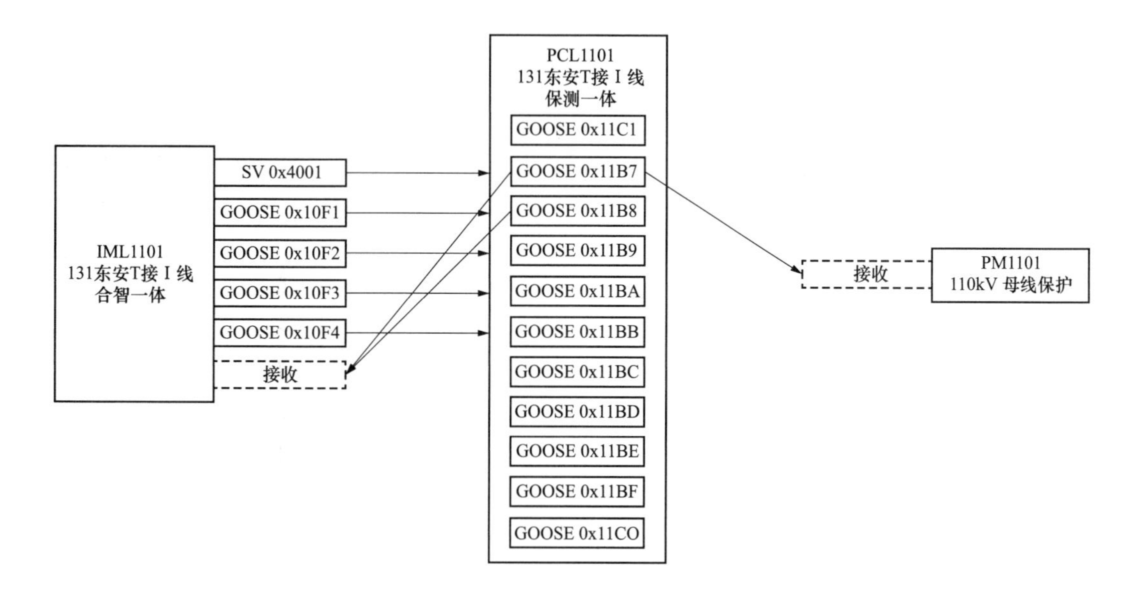

图 1-2-29　220kV 东安变电站 110kV 东安 T 接 1 线 131 测保一体 SCD 示意图

①通过 GOOSE 网收 131 合智装置断路器和隔离开关位置信息、一次设备告警信息及合智一体装置二次自检信息。

②通过 SV 网收 131 合智装置保护及测量电压和电流采样值。

（9）110kV 母线间隔。

1）110kV 母线合并单元见图 1-2-30。由于 110kV 母线配置单独的 TV 并列装置，因此与 220kV 母线合并单元区别在于无需接收母联断路器及隔离开关信息。

2）110kV 母线（TV）智能终端见图 1-2-31（1、2 母线各配置一套）。

通过 GOOSE 网收 110kV 母线测控装置发送隔离开关及装置复归遥控指令。

3）110kV 母线保护见图 1-2-32（单套配置）。

①通过 SV 网收 110kV 母线合并单元发送的保护用电压。

②通过 SV 网收 110kV 线路、分段（母联）、主变压器中压侧合智装置、发送的保护用电流。

③通过 GOOSE 网收 110kV 分段（母联）智能终端发送的母联断路器位置及手合遥

合信息（手合或遥合死区故障时，需要母线保护动作跳母联）。

④通过 GOOSE 网收 110kV 分段保护、主变压器保护发送三相启动失灵信息。

4）110kV 母线测控装置见图 1-2-33（1、2 母线各配置一套）。

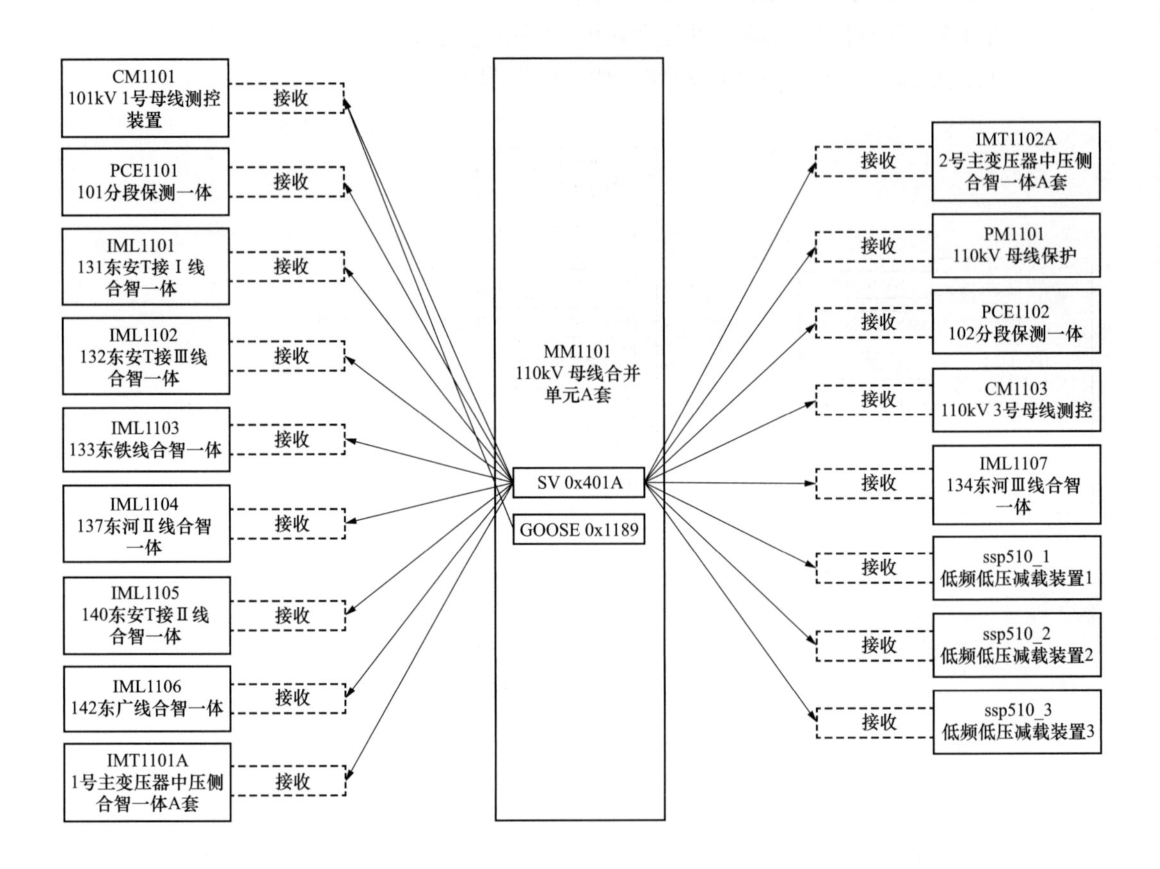

图 1-2-30　220kV 东安变电站 110kV 母线合并单元 A 套 SCD 示意图

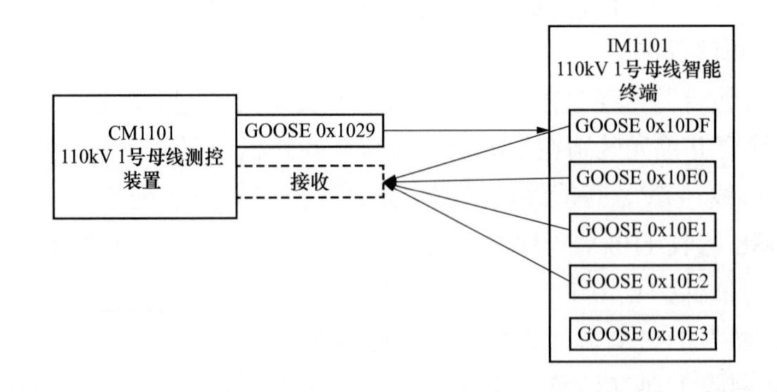

图 1-2-31　220kV 东安变电站 110kV 母线（TV）智能终端 SCD 示意图

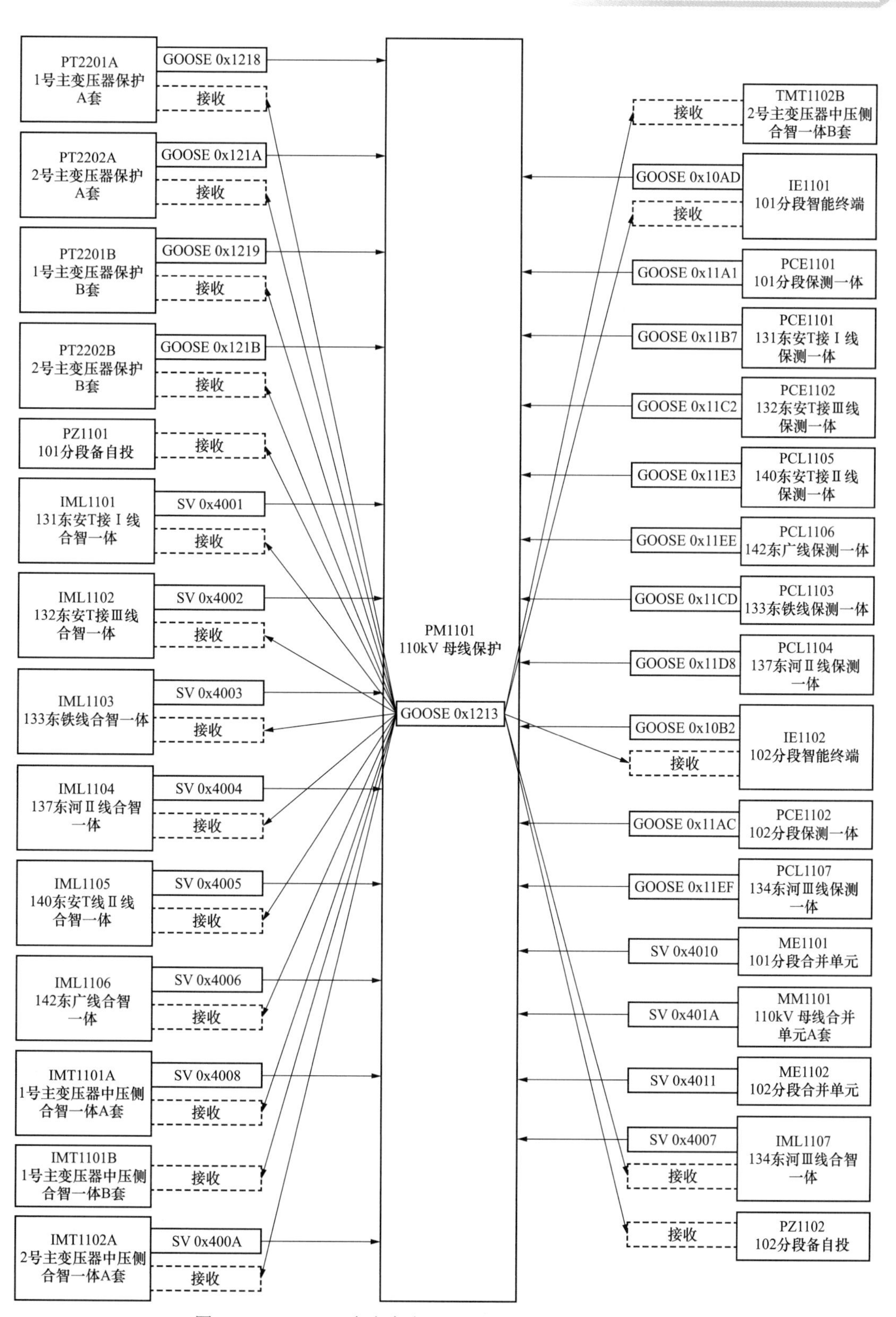

图 1-2-32 220kV 东安变电站 110kV 母线保护 SCD 示意图

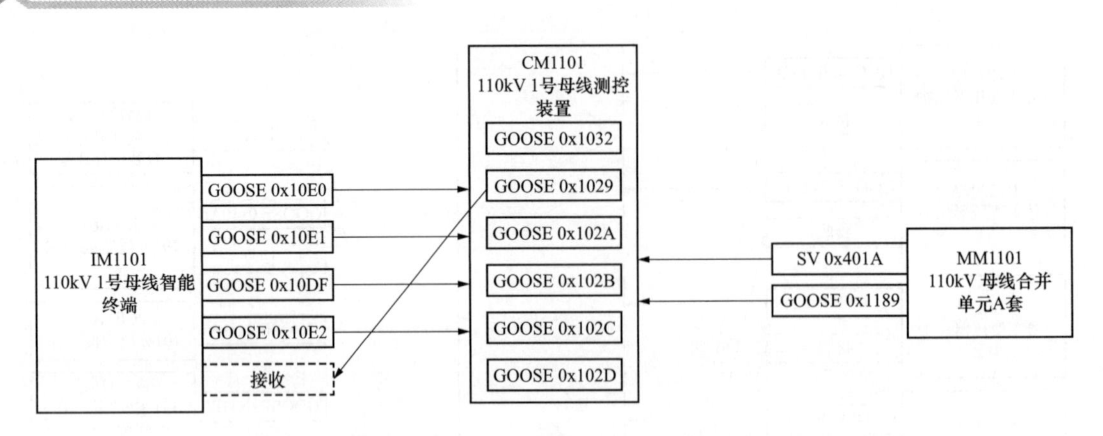

图 1-2-33　220kV 东安变电站 110kV 1 号母线测控装置 SCD 示意图

①通过 SV 网收 110kV 母线合并单元发送的测量电压。

②通过 GOOSE 网收 110kV 母线合并单元发送的母线合并单元装置自检信息及相关电压并列信息。

③通过 GOOSE 网收 110kV 母线（TV）智能终端发送的隔离开关位置及装置自检信息。

（10）110kV 分段 101 间隔。

1）110kV 分段 101 合并单元见图 1-2-34。与 220kV 母联 201 合并单元一样，不接受其他装置发送的信息。

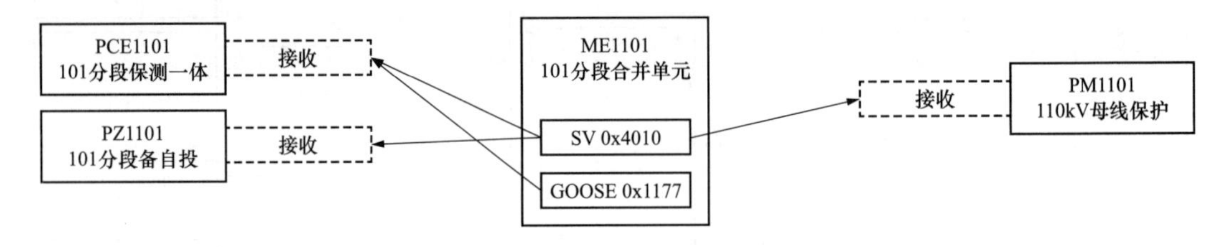

图 1-2-34　220kV 东安变电站 110kV 分段 101 合并单元 SCD 示意图

2）110kV 分段 101 智能终端见图 1-2-35。

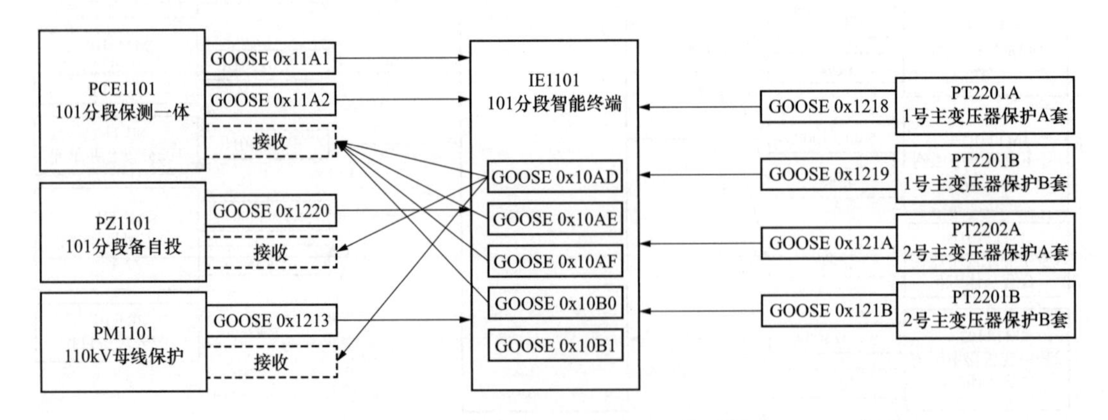

图 1-2-35　220kV 东安变电站 110kV 分段 101 智能终端 SCD 示意图

①通过 GOOSE 网收主变压器保护、110kV 母线保护的跳闸指令。

②通过 GOOSE 网收 110kV 备用电源自动投入装置的跳、合闸指令。

③通过 GOOSE 网收 101 测保装置的跳闸指令（充电保护）和断路器、隔离开关及装置复归遥控指令（测控部分）。

3）110kV 分段 101 测保一体装置见图 1-2-36。

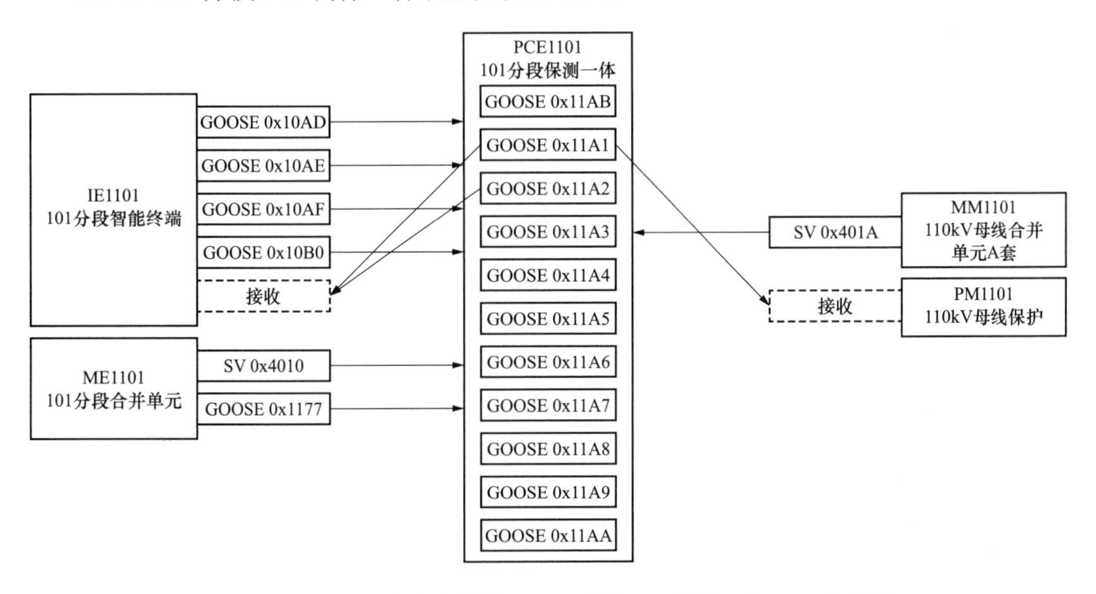

图 1-2-36　220kV 东安变电站 110kV 分段 101 测保一体 SCD 示意图

①作为保护功能通过 SV 网收 101 合并单元保护电流和 110kV 母线合并单元保护电压（检同期用）；作为测控功能通过 SV 网收 101 合并单元测量电流。

②通过 GOOSE 网收接收 101 合并单元发送的装置自检信息。

③通过 GOOSE 网收接收 101 智能终端发送的断路器和隔离开关位置、一次设备告警及智能终端装置自检信息。

（11）110kV 备用电源自动投入装置见图 1-2-37。

1）通过 SV 网分别收 1、2 号主变压器中压侧合智装置 A 套及 101 合并单元的保护用电压、电流采样值。

2）通过 GOOSE 网分别收 1、2 号主变压器中压侧合智一体装置 A 套及 101 智能终端发送的 1、2 号主变压器中压侧和 101 断路器位置及遥控闭锁备用电源自动投入装置信息（智能终端功能）。

3）通过 GOOSE 网分别收 110kV 母线保护、主变压器保护的闭锁备用电源自动投入装置动作信息。

（12）35kV 备用电源自动投入装置见图 1-2-38。

由于 35kV 侧 301 断路器及 35kV 母线是常规配置，因此与 110kV 备用电源自动投入装置相比较，缺少通过 SV、GOOSE 网收 301 间隔的保护用电压、电流采样值、断路器位置及遥控闭锁备用电源自动投入装置信息和35kV母线保护的闭锁备用电源自动投入装置动作信息。

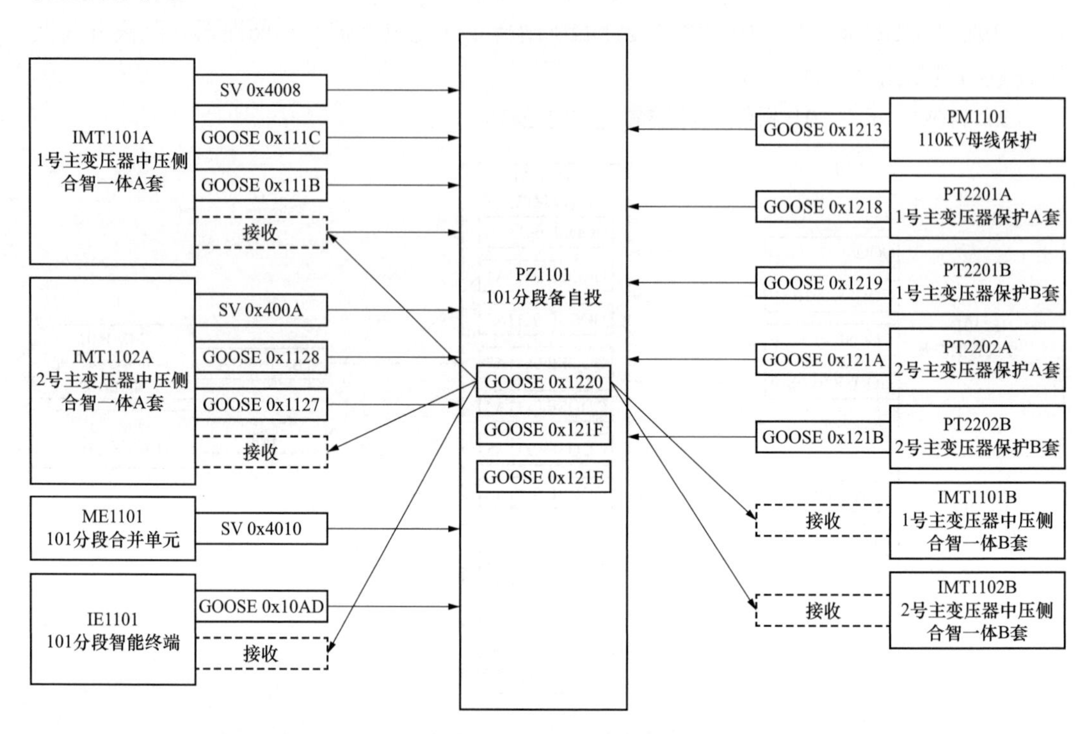

图 1-2-37　220kV 东安变电站 101 分段备用电源自动投入装置 SCD 示意图

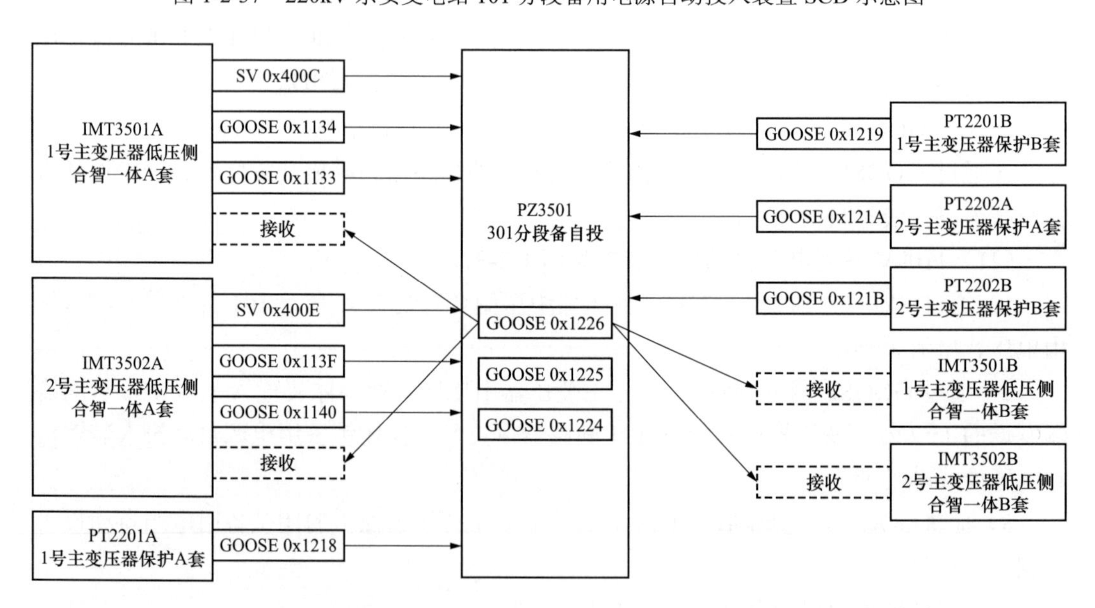

图 1-2-38　220kV 东安变电站 301 分段备用电源自动投入装置 SCD 示意图

（13）主变压器过负荷联切装置见图 1-2-39。通过 SV 网收分别收 1、2 号主变压器高压侧合并单元高压侧电压、电流。

3．110kV 玉兰变电站一次接线图见图 1-2-40（110kV 侧为内桥接线、10kV 侧为单母分段接线方式），请分析智能设备装置通过 SV、GOOSE 网接收其他智能设备的信息情况（只考虑收端侧）。

答：（1）110kV 玉兰变电站 T 接线 1553 间隔。为确保主变压器保护的双重化配置，1553 间隔合智一体装置也双重化配置；由于玉兰变电站为 110kV 末端负荷变电站，因此本站 110kV 线路间隔未配置线路保护。

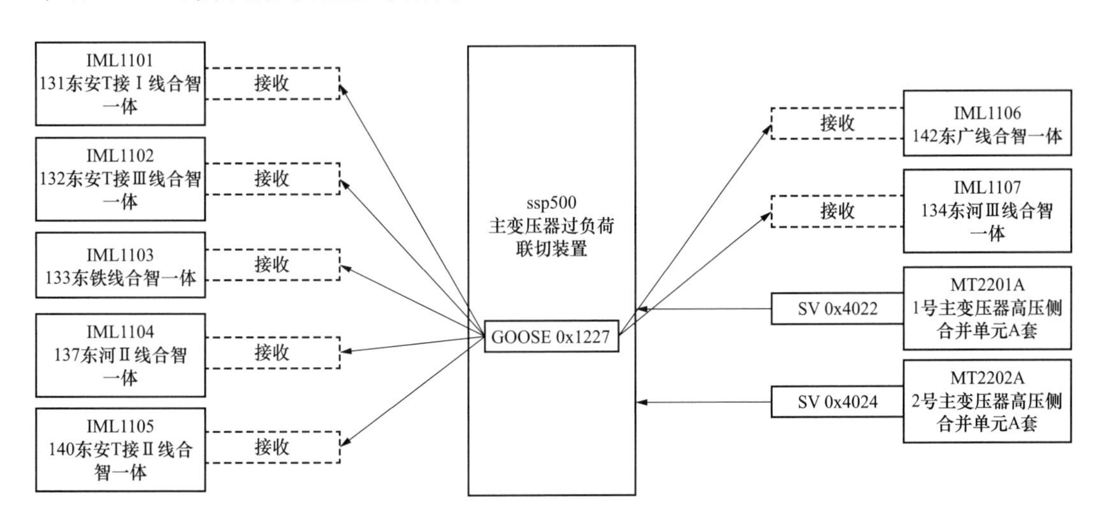

图 1-2-39　220kV 东安变电站主变压器过负荷联切装置 SCD 示意图

1）1553 合智一体装置见图 1-2-41。

①通过 GOOSE 网收 110kV 备自投发送的跳、合闸指令。

②通过 GOOSE 网收 3 号主变压器保护发送的跳闸指令。区别是由于 110kV 线路单跳、合闸回路，B 套不收备自投的跳、合闸指令。

③通过 GOOSE 网收 1553 测控装置发送的断路器、隔离开关及装置远方复归遥控指令。区别是由于 110kV 间隔单遥控回路，B 套只接受装置远方复归遥控指令。

④通过 SV 网收 110kV 母线合并单元发送的 110kV 3 号母线采集的保护及计量电压，保护电压主要供 110kV 备自投判无压用。

2）1553 测控装置见图 1-2-42。

①通过 GOOSE 网收 1553 合智装置发送的断路器和隔离开关位置信息、一次设备告警信息及合智一体装置二次自检信息。区别是 1553 间隔合智一体装置是双重化配置，1553 合智一体装置 A 套与 B 套相互可实现监视另一套装置异常或故障的硬接点信息。

②通过 SV 网收 1553 合智一体装置发送的测量电流及计量电压。

（2）110kV 分段 102 间隔。为确保主变压器保护的双重化配置，102 间隔合智一体装置也双重化配置。

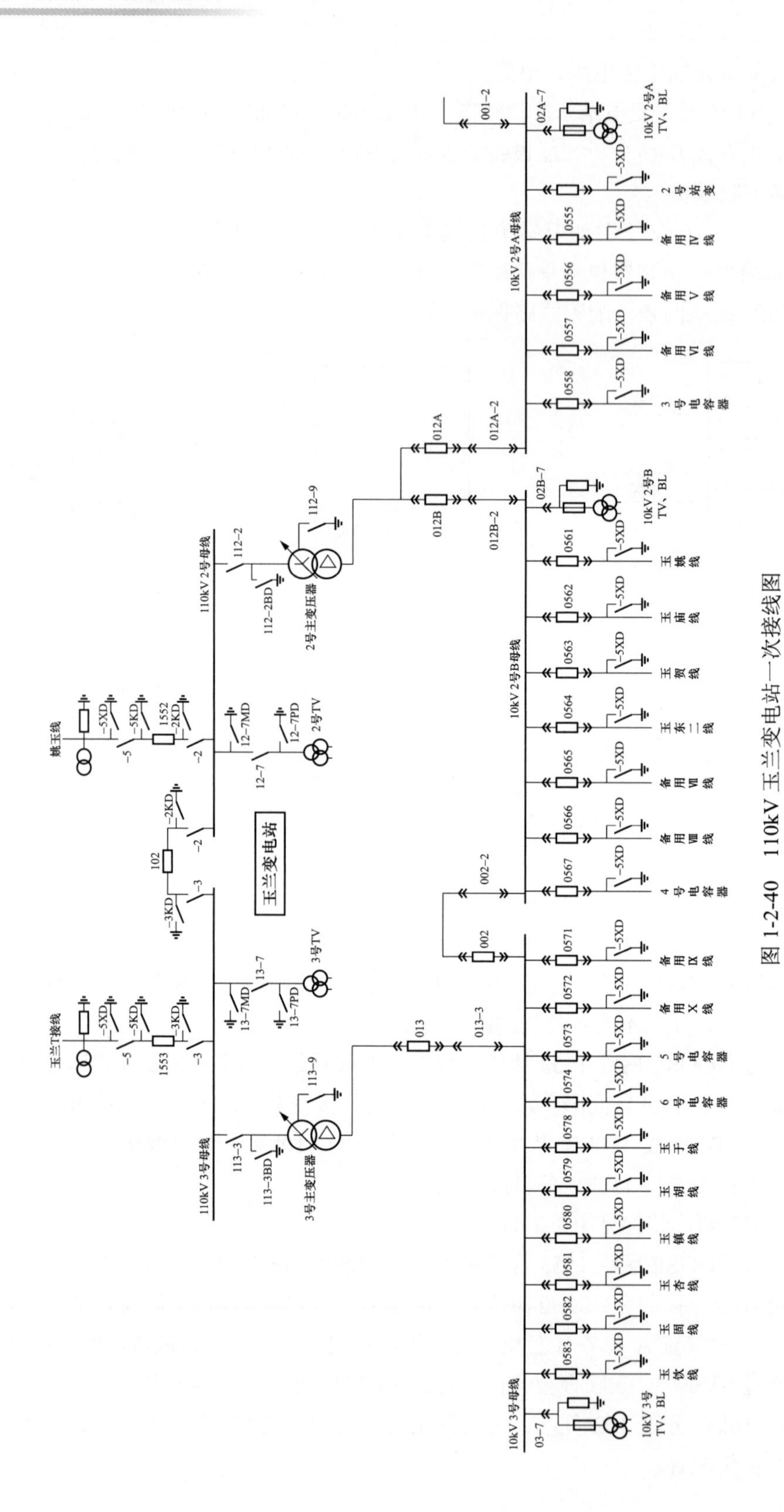

图 1-2-40　110kV 王兰变电站一次接线图

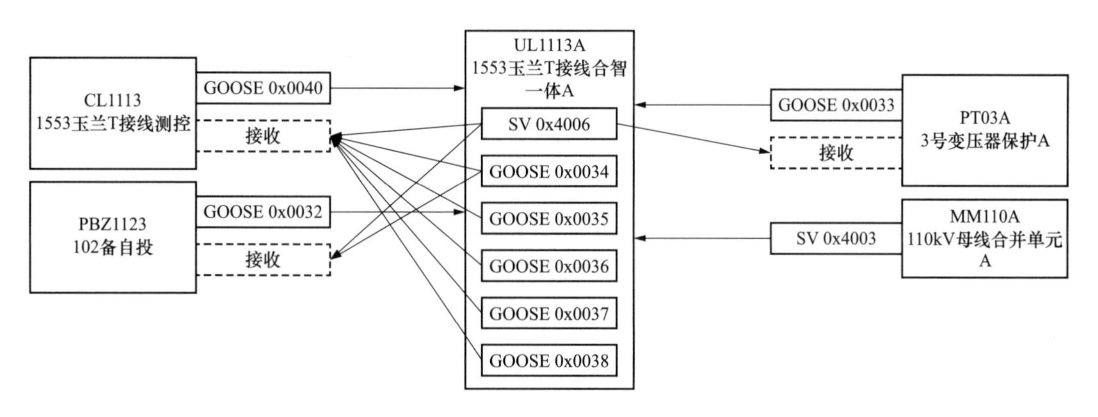

图 1-2-41 110kV 玉兰变电站玉兰 T 接线 1553 合智一体 A 套 SCD 示意图

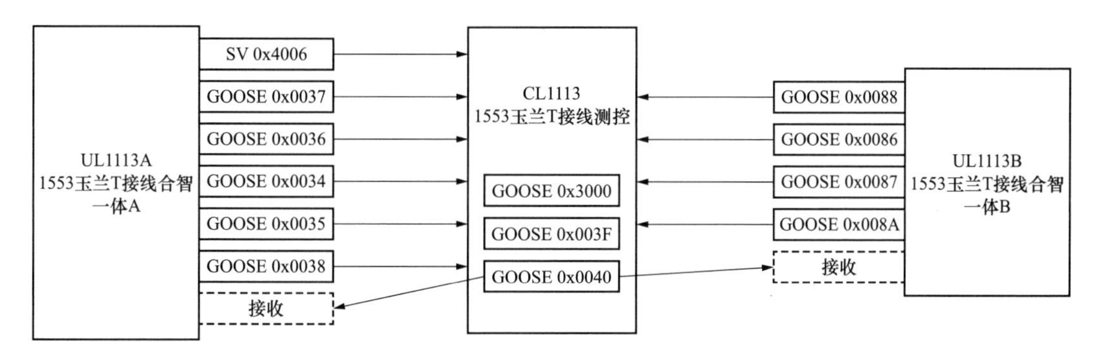

图 1-2-42 110kV 玉兰变电站玉兰 T 接线测控 SCD 示意图

1）102 合智一体装置见图 1-2-43。101 合智装置通过 GOOSE 接收其他装置的信息与 1553 间隔基本一致，区别在于 102 断路器需同时接收 2、3 号主变压器的跳闸指令。

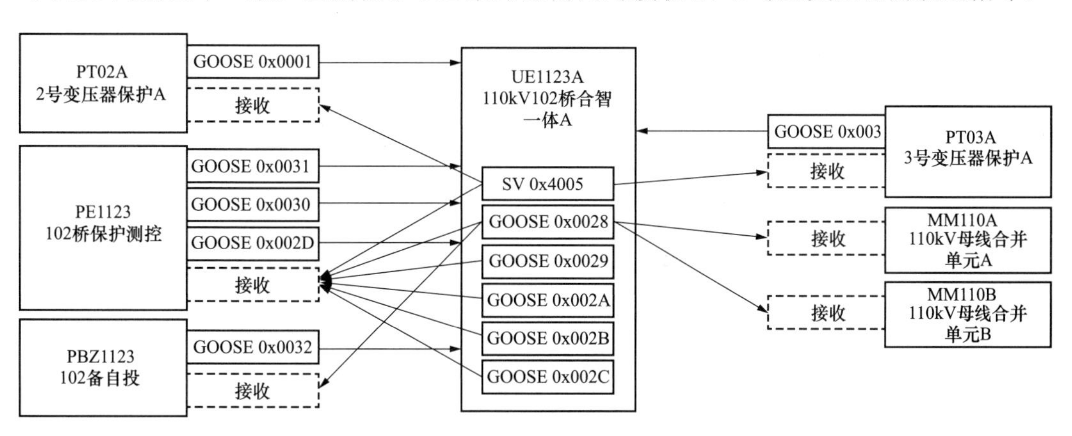

图 1-2-43 110kV 玉兰变电站 102 桥合智一体 A 套 SCD 示意图

2）102 测保一体装置见图 1-2-44。作为测控装置功能与 1553 间隔测控装置接收的 GOOSE 和 SV 信息一致，作为充电保护功能需通过 SV 网收 102 合智一体 A 套装置的保护电流。

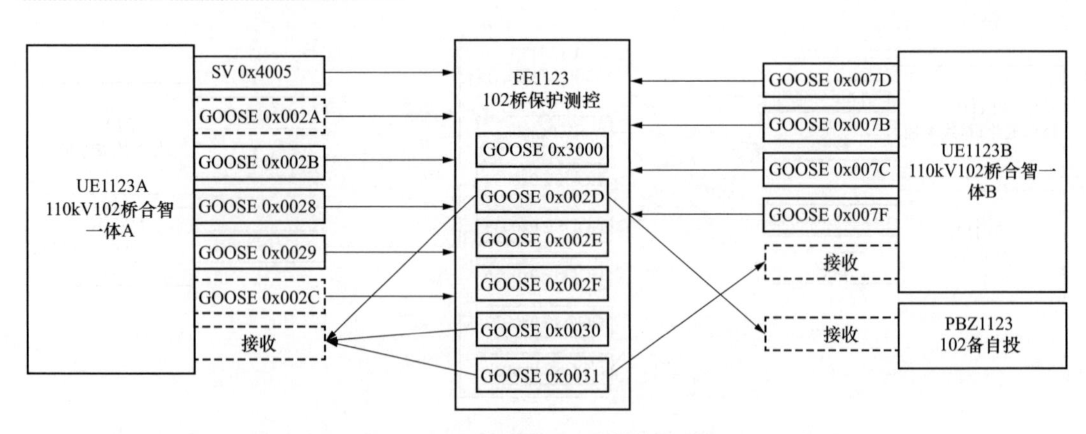

图 1-2-44　110kV 玉兰变电站 102 桥保护测控 SCD 示意图

（3）110kV 母线间隔（为确保主变压器保护的双重化配置，102 间隔合智一体装置也双重化配置）。

1）110kV 母线合并单元见图 1-2-45。通过 GOOSE 网收 110kV 公用测控（包括母线测控功能）的 X 母线强制用 X 母的遥控指令、收 110kV 母线智能终端的 TV 隔离开关位置、102 合智装置的断路器及隔离开关位置信息，作用是实现 TV 二次并列功能。

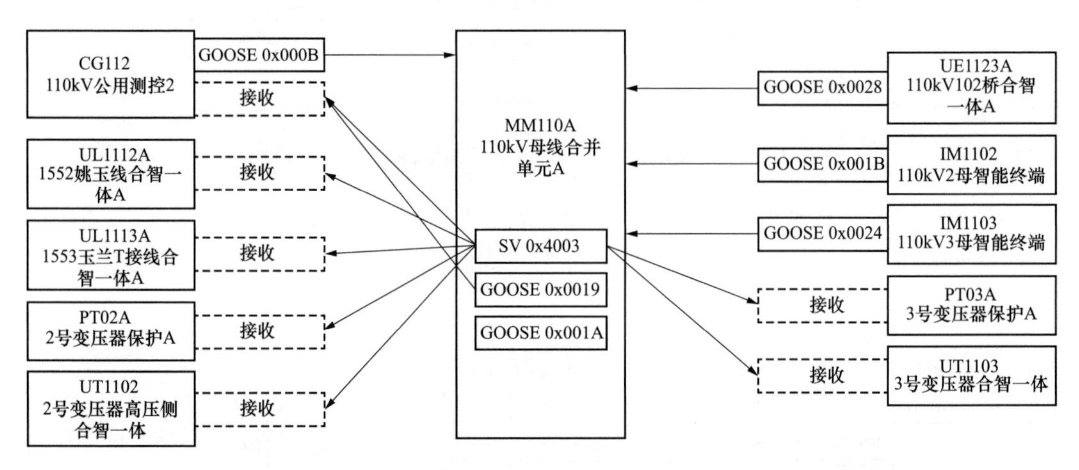

图 1-2-45　110kV 玉兰变电站 110kV 母线合并单元 A 套 SCD 示意图

2）110kV 母线智能终端见图 1-2-46。通过 GOOSE 网收测控装置发送的隔离开关和装置远方复归遥控指令。

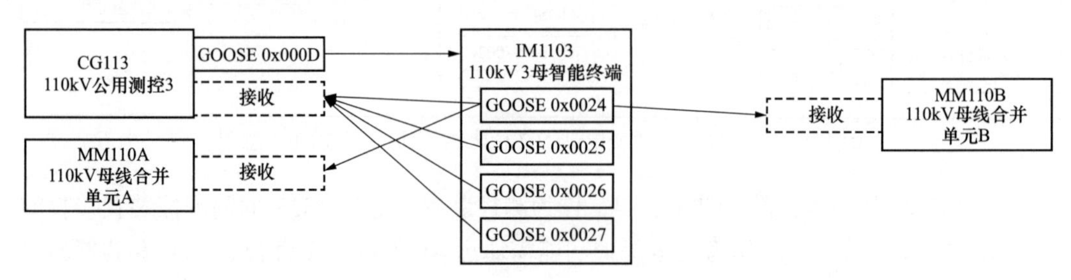

图 1-2-46　110kV 玉兰变电站 110kV 3 母智能终端 SCD 示意图

3）110kV 母线测控装置见图 1-2-47（公用测控 3 包含母线测控功能）。

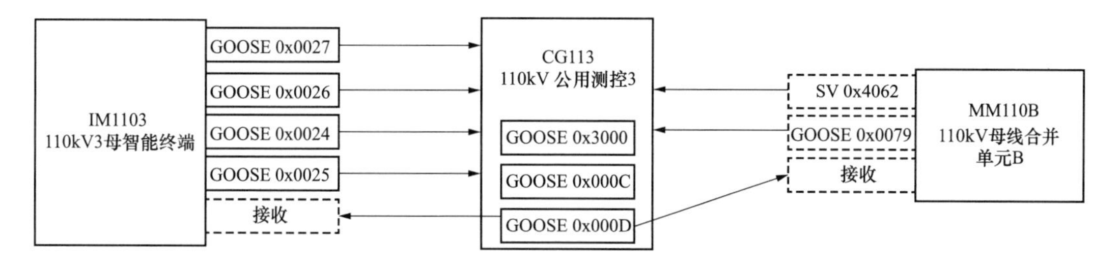

图 1-2-47　110kV 玉兰变电站 110kV 公用测控 3 装置 SCD 示意图

①通过 GOOSE 网收 110kV 母线智能终端发送的隔离开关位置信息、一次设备告警信息及合智一体装置二次自检信息。区别是与 110kV 线路测控相比，缺少开关位置、控制回路、重合闸闭锁相关信息。

②通过 GOOSE 网收 110kV 母线合并单元装置本身自检信息及母线并列相关信息。

③通过 SV 网收 110kV 母线合并单元发送的母线计量电压信息。

（4）110kV 3 号主变压器高压侧间隔。

1）3 号主变压器高压侧合智一体装置见图 1-2-48。

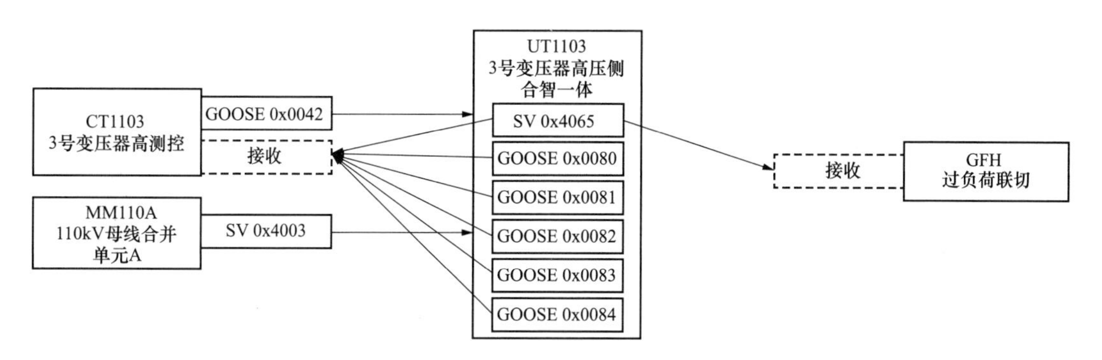

图 1-2-48　110kV 玉兰变电站 3 号主变压器高压侧合智一体 SCD 示意图

①通过 SV 网收母线合并单元发送的保护和测量电压，保护电压主要用于主变压器过负荷联切。

②通过 GOOSE 网收主变压器高压侧测控装置发送的隔离开关、装置远方复归遥控指令。

2）3 号主变压器高压侧测控装置见图 1-2-49。

①通过 GOOSE 网收主变压器高压侧合智装置发送的信息与 110kV 母线测控装置收母线智能终端的基本一致。

②通过 SV 网只接收主变压器高压侧合智装置发送的计量电压、测量电流。

（5）3 号主变压器低压侧 013 间隔。

1）3 号主变压器低压侧 013 合智一体装置见图 1-2-50。

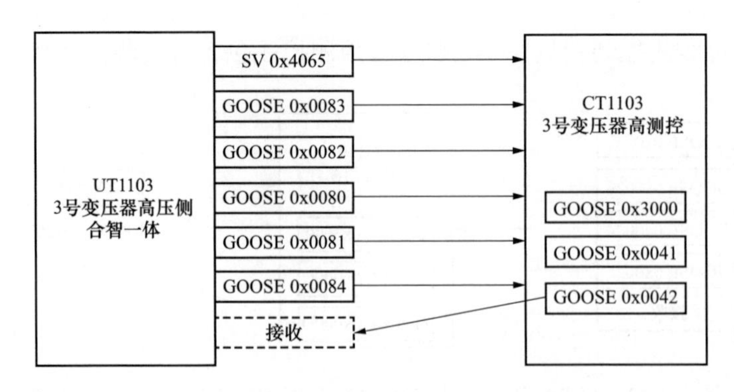

图 1-2-49　110kV 玉兰变电站 3 号主变压器高压侧测控装置 SCD 示意图

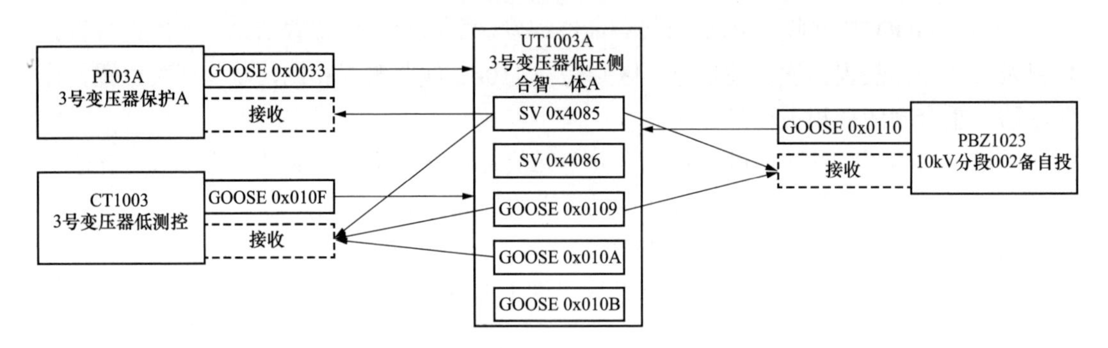

图 1-2-50　110kV 玉兰变电站 3 号主变压器低压侧 013 合智一体 A 套 SCD 示意图

①通过 GOOSE 网分别接收 3 号保护、10kV 备自投发送的跳闸指令。

②通过 GOOSE 网收 013 测控装置发送的断路器位置、装置远方复归遥控指令。

2）3 号主变压器低压侧 013 测控装置见图 1-2-51。3 号主变压器低压侧 013 测控装置通过 GOOSE、SV 网接收的信息与 1553 间隔基本一致：一是只通过 A 套合智装置接收测量电流、电压信息；二是只通过 A 套合智装置接收断路器和隔离开关位置、控制等二次回路信息。

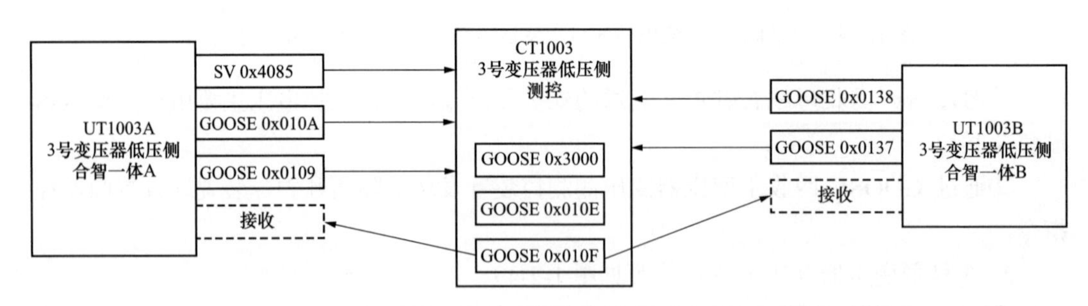

图 1-2-51　110kV 玉兰变电站 3 号主变压器低压侧 013 测控 SCD 示意图

（6）3 号主变压器间隔。

1）本体合并单元见图 1-2-52。与 220kV 变电站主变压器保护是通过主变压器各侧合并单元采集各侧中性点间隙、零序电流原理不同，110kV 变电站主变压器保护是通过本体合并单元采集中性点间隙、零序电流；同时为满足主变压器双重化配置，本体合并单元也为双重化配置。

2）3 号主变压器本体智能终端见图 1-2-53。通过 GOOSE 网收本体测控装置发送的中性点隔离开关、主变压器挡位、装置远方复归操作指令。

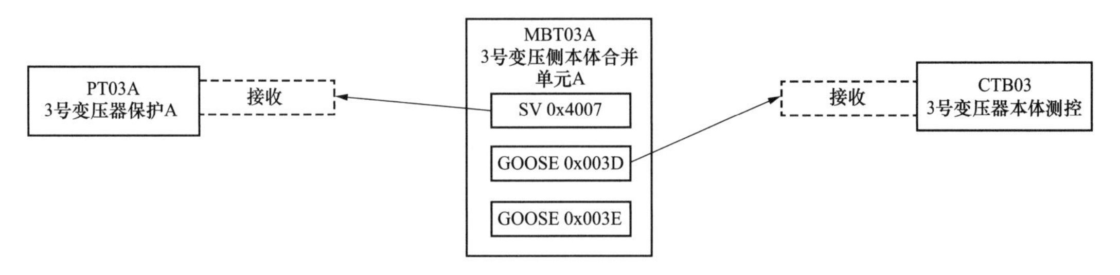

图 1-2-52 110kV 玉兰变电站 3 号变压器本体合并单元 A 套 SCD 示意图

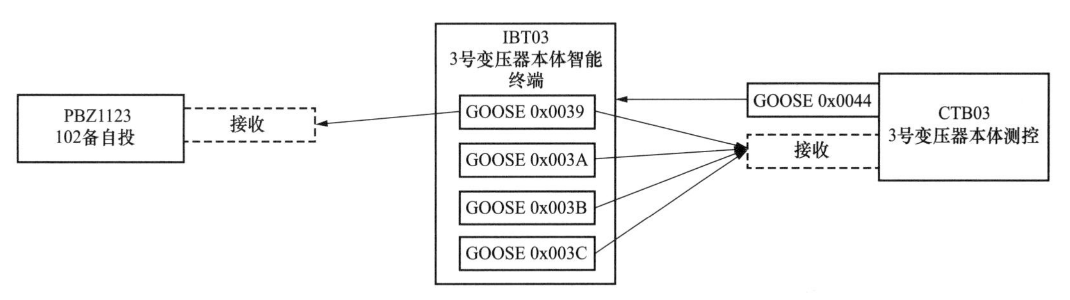

图 1-2-53 110kV 玉兰变电站 3 号变压器本体智能终端 SCD 示意图

3）3 号主变压器本体测控装置见图 1-2-54。

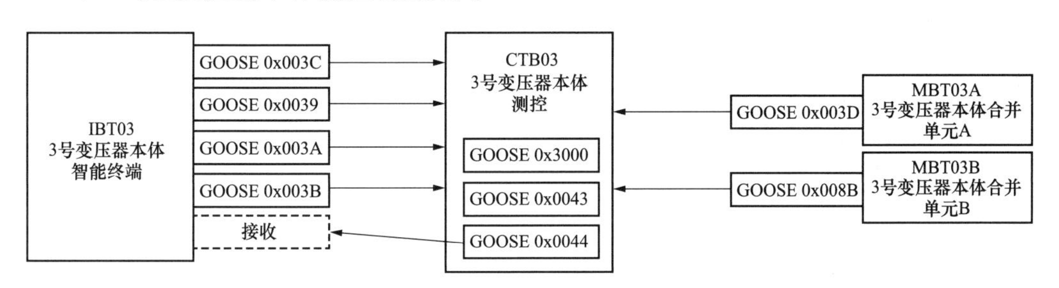

图 1-2-54 110kV 玉兰变电站 3 号变压器本体测控 SCD 示意图

①通过 GOOSE 网收本体智能终端装置发送的自检信息、非电量保护信息、主变压器油温及智能柜温、湿度信息。

②通过 GOOSE 网分别收本体合并单元（A、B 套）发送的装置自检信息。

4）3 号主变压器保护装置见图 1-2-55（双重化配置）。

①通过 SV 网分别收 1553、102 合智装置发送的保护电流。

②通过 SV 网收 110kV 母线合并单元发送的保护电压。

③通过 SV 网收主变压器本体合并单元发送的间隙、零序电流。

④通过 SV 网收 3 号主变压器低压侧合智装置电流、电压（因为低压侧母线未设计

合并单元，因此10kV侧母线电压通过主变压器低压合智装置发送给主变压器保护）。

（7）110kV备自投装置见图1-2-56。

1）通过SV网分别收1553、1552合智一体装置发送保护电流、电压信息。

2）通过GOOSE网分别收主变压器保护、非电量保护、102桥保护闭锁备自投信息。

3）通过GOOSE网分别收1553、1552、102合智一体装置开关位置、KKJ合后位置及STJ闭锁备自投信息。

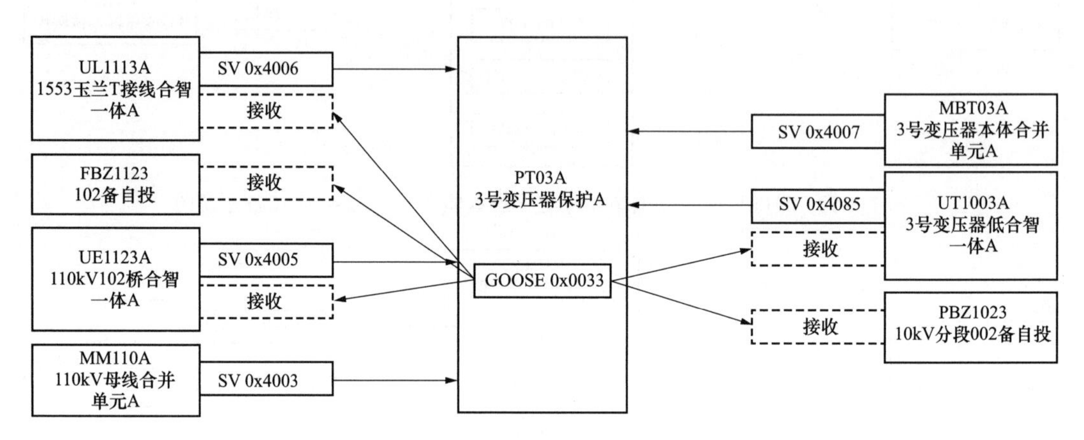

图1-2-55　110kV玉兰变电站3号主变压器保护A套SCD示意图

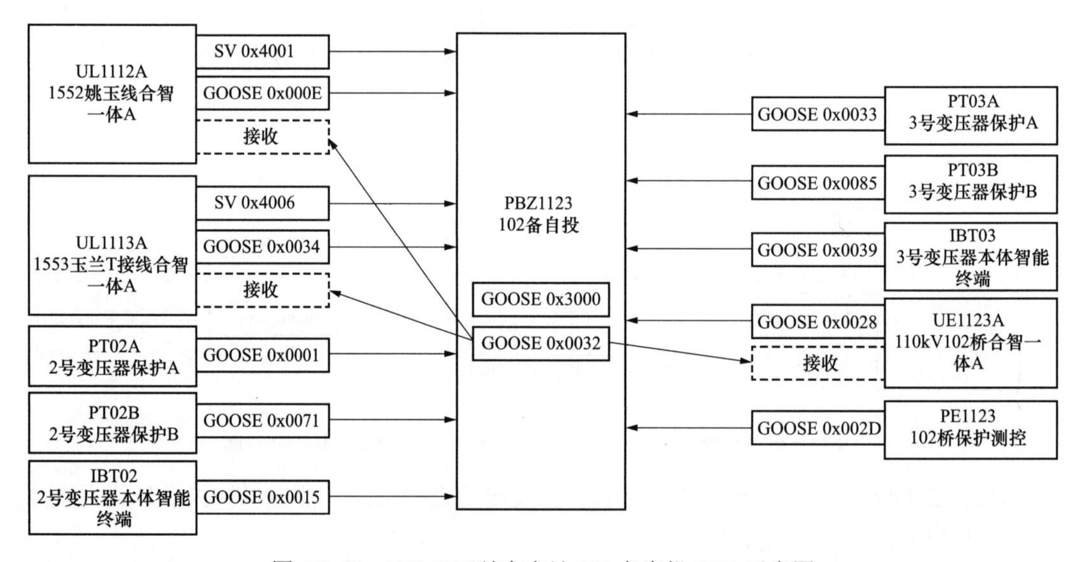

图1-2-56　110kV玉兰变电站102备自投SCD示意图

（8）10kV备自投装置见图1-2-57。由于10kV侧其他信息为常规回路传输，因此SCD虚端子只收主变压器保护和主变压器低压侧合智一体装置信息。

1）通过SV网收主变压器低压侧合智装置保护电流信息。

2）通过GOOSE网收主变压器保护的保护出口跳闸及闭锁备自投信息。

3）通过GOOSE网收主变压器低压侧合智装置。

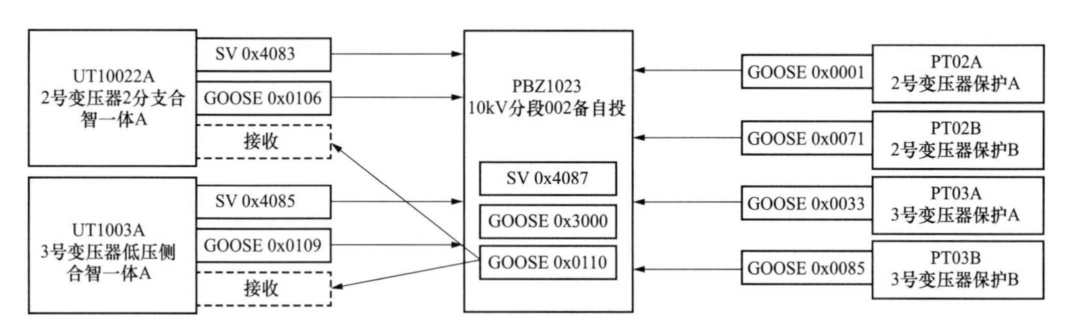

图 1-2-57 110kV 玉兰变电站 10kV 分段 002 备自投 SCD 示意图

4）位置、KKJ 合后位置及 STJ 闭锁备自投信息。

4．2018 年 5 月 18 日，监控系统告警窗是只上送“220kV 大府站天府线 232 断路器 PSL-603U 线路保护 GOOSE 总告警，天府线 232 断路器 PSL-603U 线路保护收 SGB-750 型 220kV 母差保护 GOOSE 断链”。分析可能发生的原因。

答：智能变电站各装置之间的 GOOSE 断链信息一般由收侧发出，因此监控员根据上述情况初步分析有以下原因：

（1）232 断路器 PSL-603U 线路保护装置与 SGB-750 型母差保护装置的光纤故障。

（2）232 断路器 PSL-603U 线路保护或 SGB-750 型母差保护装置两侧的接口松动或故障。

现场处理情况：二次人员现场检查发现 232 断路器 PSL-603U 装置接收 SGB-750 母差装置光纤接口插件故障，更换后正常。

5．2019 年 3 月 2 日，监控系统告警窗上送某智能变电站所有间隔保护、测控、智能终端、合并单元等装置对时异常告警。请分析可能发生的原因和造成的后果。

答：智能变电站装置对时异常表示装置不能准确地实现时钟同步功能，一般装置对时异常有以下原因：①对时系统天线异常；②时钟同步装置异常；③时钟扩展装置异常；④对时装置与设备之间的链路异常；⑤合并单元、智能终端、保护或安自装置对时模块异常；⑥合并单元、智能终端、保护或安自装置守时模块异常；⑦装置板卡不匹配；⑧对时系统光纤误码较高。

装置对时异常后果是将会造成 SV 失步，可能造成保护误动或合并单元异常；发生事故时上送主站 SOE 误差较大。

通过监控告警窗上送信息，说明发生设备异常的源点极有可能在对时装置本身上，因为只有对时装置本身存在异常或故障，才能造成所有装置的对时出现问题。

现场实际处理情况：二次人员检查对时系统，发现对时系统时间与北斗时间差 4min，检查时发现对时信号接收器（天线）存在异常，更换备用对时接收器后对时异常恢复。

6．2014 年 6、7 月，监控系统告警窗频繁上送某 110kV 智能变电站 110kV 各间隔“智能组件柜温、湿度异常”告警信息，严重影响了值班监控员的正常监视。监控员应如何对“温、湿度异常”进行处置？

答：合并单元和智能终端安装在智能组件柜中，智能组件柜温、湿度是智能变电站智能设备运行的一个重要参数，智能柜内温、湿度直接影响到合并单元和智能终端的运行寿命。受天气影响或温、湿度控制器本身异常，将会造成智能柜“温、湿度异常”动作，由于早期投运的智能变电站智能柜内温湿度限值设置不合理，造成“温、湿度异常”在临界值频繁动作，不但失去此设备的监控意义，且严重影响正常监视。

温、湿度异常信息也是一项重要的监视内容，对于此类信息也应重点监视，当“温、湿度异常”频繁告警时，应首先通知运维现场检查核实是因天气影响造成还是温、湿度控制器本身异常造成。若因天气影响造成，要求检修核查造成频发告警原因，是否为限值设置不合理；若温、湿度控制器本身异常应及时更换处理。

如果严重影响正常监视，必要时要求现场临时恢复有人值守加强监视，并在主站端进行抑制处置。

7. 某日，110kV 皇庙站告警窗上送如下信息：贺皇线 1733 开关合智装置异常、合智装置收 3 号主变压器 A 套保护 GOOSE 断链，合智装置 GOOSE 总告警；分段 101 开关合智装置异常，合智装置收 3 号主变压器 A 套保护 GOOSE 断链；110kV 备自投装置 GOOSE 总告警，110kV 备自投收 3 号主变压器 A 套保护 GOOSE 断链；3 号主变压器 013 合智装置收 3 号主变压器 A 套保护 GOOSE 断链、合智装置 GOOSE 总告警；3 号主变压器保护 A 通信中断、3 号主变压器保护 A 装置故障、3 号主变压器保护 A 装置异常；10kV 备自投装置 GOOSE 总告警，10kV 备自投收 3 号主变压器 A 套保护 GOOSE 断链；请根据上述告警信息分析可能出现的问题。

答：从上送告警窗监控告警信息可以得出，所有间隔均报出收 3 号主变压器 A 套保护 GOOSE 断链信息，且 3 号主变压器 A 套保护本身装置通信中断、故障及异常均动作。为验证初步判断的正确性，结合 SCD 示意图描述（见图 1-2-58），初步判定为 3 号主变压器保护装置本身异常或故障，造成与之关联的装置收不到 GOOSE 链路信息，造成大量 GOOSE 断链和总告警信号动作。

现场处置情况：检查为 3 号主变压器 A 套保护装置失电，更换电源插件后恢复正常。

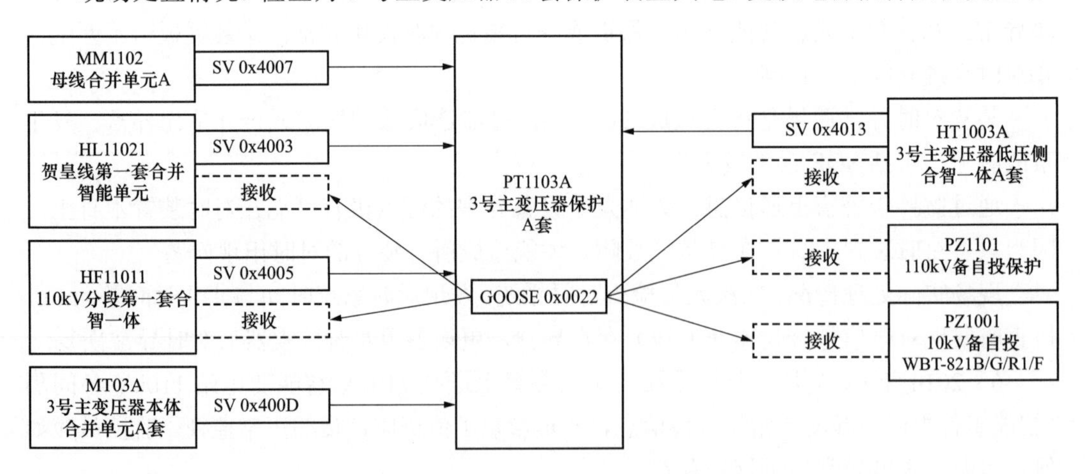

图 1-2-58 110kV 皇庙变电站 3 号主变压器保护 A 套 SCD 示意图

第三章　继　电　保　护

一、技术问答

1．继电保护装置有什么作用？

答：继电保护装置能反映电气设备的故障和不正常工作状态并自动迅速地、有选择性地动作于断路器将故障设备从系统中切除，保证无故障设备继续正常运行，将事故限制在最小范围，提高系统运行的可靠性，最大限度地保证向用户安全、连续供电。

2．过流保护的动作原理是什么？

答：电网中发生相间短路故障时，电流会突然增大，电压突然下降，过流保护就是按线路选择性的要求，整定电流继电器的动作电流的。当线路中故障电流达到电流继电器的动作值时，电流继电器动作，按保护装置选择性的要求有选择性地切断故障线路。

3．地区电网应配备哪些安全自动装置？

答：地区电网配备的安全自动装置包括：

（1）变压器过负荷联切装置。

（2）备用电源自投（互投）装置。

（3）低周、低压解列装置。

（4）低周减载装置。

4．变电站并联电容器组的断路器不允许加装自动重合闸的原因是什么？

答：变电站电容器组的断路器不允许加装自动重合闸的原因为：电容器本身是个储能元件，当电容器组因故障跳闸后，由于电容器组短时间放电不充分造成残留剩余电荷，若再次自动合闸冲击，将形成叠加电压，可能出现 2 倍以上的电压峰值，电容器将产生过电压，同时会出现很大的冲击电流，轻者出现熔丝熔断、断路器跳闸等异常现象；重者则会造成电容器损坏。

5．220kV 主变压器一般配置哪些后备保护？

答：按照 220kV 三绕组变压器的后备保护配置进行说明：

（1）220kV 侧后备保护。

1）复合电压闭锁的无方向过流保护，按躲变压器额定电流整定，时间长于所有短路后备保护的动作时间，一时限跳三侧。复合电压闭锁元件取三侧电压的“或”逻辑。

2）零序方向过流保护，TA 取自外附 TA，方向指向变压器，与变压器中压零序后备保护的第一段配合，一时限跳三侧。

3）无方向零序过流保护，TA 取自变压器中性点 TA，定值取 300A，6s，跳三侧。

4）间隙保护，包括间隙过流和零序过压。间隙过流 TA 取自中性点间隙 TA；零序过压取自开口三角电压。第一时限跳需要跳开的电源线，第二时限跳变压器各侧。

（2）110kV 侧后备保护。

1）方向阻抗保护，靠振荡闭锁元件躲系统振荡，方向指向 110kV 母线。按躲过相邻变压器的低压母线故障及不伸出出线Ⅰ段整定。第一时限跳 110kV 母联及分段，第二时限跳 110kV 侧断路器，第三时限跳三侧。

2）过流快速段保护，无方向，不经复压闭锁，按母线出口故障有灵敏度及不伸出出线距离Ⅱ段整定（极端情况下按不伸出出线所供站主变压器相邻侧整定），第一时限跳 110kV 母联及分段，第二时限跳 110kV 侧断路器，第三时限跳三侧，第三时限不应长于 2s。

3）复合电压闭锁的无方向过流保护，按躲变压器额定电流整定，时间按与出线保护末段配合整定。第一时限跳 110kV 母联及分段，第二时限跳 110kV 侧断路器，第三时限跳三侧。复合电压闭锁元件取三侧电压的"或"逻辑。

4）两段零序过流保护，每段三时限，与 110kV 线路保护配合。TA 宜取自变压器中性点，负荷变压器保护不带方向，联络变压器保护带方向。每段第一时限跳 110kV 母联及分段，第二时限跳 110kV 侧断路器，第三时限跳三侧。第一段第三时限不应长于 2s。

5）无方向的零序过流保护，取自变压器中性点 TA，定值取 300A，6s，跳三侧。

6）间隙保护，包括间隙过流和零序过压。间隙过流 TA 取自中性点间隙 TA，按一次不大于 100A 计算；零序过压取自开口三角电压，按二次不大于 180V 计算。第一时限跳需要跳开的电源线，第二时限跳变压器各侧。

（3）低压侧后备保护。两段无方向过流保护，每段三时限，第一时限跳分段，第二时限跳本侧，第三时限跳三侧。第一段与出线限时速断保护配合（为快速切除主变压器近端故障，本段第三时限一般不超过 2.0s）；第二段与出线过流保护配合，躲过变压器负荷电流。如必须保留电压闭锁时，需注意在 TV 停运或断线时，应使保护变为纯过流保护，而不能退出。

6．110kV 及以下主变压器一般配置哪些后备保护？

答：110kV 及以下主变压器配置的后备保护如下：

（1）高压侧后备保护。

1）配置一段复合电压闭锁的无方向过流保护，按躲变压器额定电流整定，时间与中、低压侧后备保护配合，一时限跳各侧（包括分支）。复合电压闭锁元件取三侧电压的"或"逻辑。

2）配置间隙保护，包括间隙过流和零序过压。间隙过流 TA 取自中性点 TA，按一次不大于 100A 计算；零序过压取自开口三角电压。第一时限跳需要跳开的电源线，第

二时限跳变压器各侧。

（2）中、低压侧后备保护。分别配置一段复合电压闭锁的无方向过流保护，每段三时限。第一时限跳分段，第二时限跳本侧，第三时限跳各侧。复合电压闭锁元件取本侧电压。

7．110kV 线路一般配置哪些保护？

答：110kV 线路一般配置距离（相间、接地）、零序电流保护和三段式过流保护。

（1）相间距离保护。

1）相间距离Ⅰ段的定值，按可靠躲过本线路末端相间故障整定，一般为本线路阻抗的 0.8 倍。

2）相间距离Ⅱ段定值，按本线路末端发生金属性相间短路故障有规程要求的灵敏度整定；并与相邻线路相间距离Ⅰ段配合，配合有困难时，与相邻线路相间距离Ⅱ段配合整定；并校核是否能可靠躲过所供变压器中压侧并列运行时相间故障。

3）相间距离Ⅲ段定值按可靠躲过本线路最大事故过负荷电流对应的最小阻抗整定，并与相邻线路的相间距离Ⅱ段或Ⅲ段及相邻变压器高后备配合。

4）单侧电源线路的距离保护不经振荡闭锁。

（2）接地距离保护。

1）接地距离Ⅰ段定值，按可靠躲过本线路末端母线接地故障整定。一般不大于本线路阻抗的 0.7 倍。

2）接地距离Ⅱ段定值，同相间距离Ⅱ段。

3）接地距离Ⅲ段定值，按本线路末端发生金属性故障有足够灵敏度整定，并与相邻线路的相接地距离Ⅲ段及相邻变压器高后备配合。

（3）零序电流保护。

1）零序方向过流Ⅰ段定值：按躲过各种常见运行方式本线路区外故障最大三倍零序电流整定。

2）零序方向过流Ⅱ段定值，按与相邻线路零序方向过流Ⅰ段配合整定，躲过相邻线路末端故障。

3）零序方向过流Ⅲ段定值，按本线路末端发生金属性接地短路故障有足够灵敏度整定，并与相邻线路零序电流Ⅱ段定值配合整定。若配合有困难，则与相邻线路零序电流Ⅲ段定值配合整定，并校核能否躲过相邻变压器其他各侧三相故障时的最大不平衡电流。

4）零序电流Ⅳ段定值，作为最末一段一般取 300A，按与相邻线路的零序电流Ⅲ段或Ⅳ段配合整定。

（4）TV 断线后过流保护。

1）TV 断线后过流Ⅰ段：按本线路末端发生金属性相间短路故障有足够灵敏度整定，并校核是否能可靠躲过所供变压器中压侧并列运行时相间故障，动作时间取 0.3～0.6s。

2）TV 断线后过流Ⅱ段：按可靠躲过本线路最大负荷电流整定，并校核是否能可靠躲过所供变压器中压侧并列运行时相间故障，动作时间与相邻变压器高压侧后备配合。

8．35kV 及以下线路一般配置哪些保护？

答：35kV 线路保护一般配置有距离保护，其整定原则同 110kV 线路保护。

（1）速断保护按躲过本线末端最大短路电流整定，但考虑速断保护范围较小，且受系统方式变化影响较大，本段可根据需要投退。对于 220kV 主变压器所带的低压出线，为尽量缩短故障切除时间，本段宜投入。

（2）限时速断保护按与相邻线路限时速断保护配合，按确保线末端有足够的灵敏度整定，并校验是否能躲过所带变压器并列运行时低压侧故障（对于 220kV 主变压器所带的低压侧出线时间控制在 0.5s 以内）。

（3）过电流保护按躲负荷电流整定，并考虑躲最大一台设备启动时的冲击电流，与本站主变压器对应侧后备保护、所带主变压器及下级线路保护配合，如配合有问题时，可考虑投入电压闭锁。

9．并联电容器保护如何配置和整定？

答：并联电容器一般配置不平衡保护、过电压、低电压及过流保护。

（1）电流速断保护定值按电容器端部引线故障时有足够的灵敏系数整定，一般整定为 3～5 倍额定电流。考虑电容器投入过渡过程的影响，速断保护动作时间一般整定为 0.1～0.2s。

（2）过电流保护电流定值躲过电容器组额定电流，整定为 1.5～$2I_E$，时间一般取 0.3s。

（3）过电压保护应按电容器端电压不长期时间超过 1.1 倍额定电压整定，动作时间一般取 7～9s。

（4）低电压定值在电容器所接母线失压后可靠动作，母线电压恢复正常后可靠返回，整定为 0.3～$0.6U_e$，时间一般取 0.2～0.5s。

（5）零压、差压保护按部分电容器损坏，故障相其余电容器所承受的电压不超过 1.1 倍额定电压整定，同时躲过正常运行时不平衡差电压，一般取 3～5V，动作时间 0.1～0.2s。

10．110kV 变电站的 110kV 侧备自投时间如何整定？

答：110kV 变电站的 110kV 侧备自投动作时间应大于本级线路电源侧后备保护至全线有灵敏度段动作时间与重合闸动作时间之和，一般情况下取 3～5s 跳开主供电源，以 0.2s 延时合上备用电源或母联断路器。

11．110kV 变电站高、中、低压侧备自投时间如何配合？

答：110kV 变电站高、中、低压侧均设自投时或低压两个分段均设有自投时，中、低压侧备用电源自投动作时间应大于高压侧动作自投时间，两个低压自投动作时间也应配合，级差取 0.3～0.5s，不考虑中压自投与低压自投的时间配合。

12．哪些情况应闭锁备自投？

答：以下情况应闭锁备自投：

（1）内桥接线形式的高压侧母联自投方式，母差保护、主变压器电量、非电量保护跳高压侧断路器时应闭锁自投。

（2）单母分段（母联）自投方式，母差保护应闭锁自投，主变压器保护不闭锁自投。

（3）中、低压侧母联自投方式，相应母差保护及该侧主变压器后备保护动作应闭锁本侧自投。

（4）考虑电网遥控操作的需要，手跳、遥跳自投装置所涉断路器时应闭锁。

13．什么是自动重合闸？

答：当断路器跳闸后，能够不用人工操作而很快使断路器自动重新合闸的装置叫自动重合闸。

14．变压器中性点接地运行时间隙保护是否必须退出？

答：变压器中性点接地运行时，对间隙过流保护使用独立间隙放电回路的专用电流互感器的，间隙保护可不退出；对间隙过流保护无独立的专用电流互感器的，间隙保护必须退出。

15．什么叫重合闸后加速？

答：当被保护线路发生故障时，保护装置有选择地将故障线路切除，与此同时重合闸动作，重合一次，若重合于永久性故障时，保护装置立即以不带时限、无选择地动作再次断开断路器。这种保护装置叫重合闸后加速，一般多加一块中间继电器即可实现。

16．简述220kV继电保护双重化配置原则。

答：220kV及以上电压等级继电保护系统应遵循双重化配置原则，每套保护系统装置功能独立完备、安全可靠。双重化配置的两个过程层网络应遵循完全独立的原则。双重化配置保护对应的过程层合并单元、智能终端均应双重化配置（包括主变压器中低压侧）。

17．故障录波器有什么作用？

答：故障录波器用于电力系统，可在系统发生故障时，自动地、准确地记录故障前、后过程的各种电气量的变化情况，通过对这些电气量的分析、比较，对分析处理事故、判断保护是否正确动作、提高电力系统安全运行水平均有着重要作用。

18．什么叫距离保护？

答：距离保护是指利用阻抗元件来反映短路故障的保护装置，阻抗元件的阻抗值是接入该元件的电压与电流的比值 $U/I=z$，也就是短路点至保护安装处的阻抗值。因线路的阻抗值与距离成正比，所以叫距离保护或阻抗保护。

19．接地距离保护有什么特点？

答：接地距离保护有以下特点：

（1）可以保护各种接地故障，而只需用一个距离继电器，接线简单。

（2）可允许很大的接地过渡电阻。

（3）保护动作速度快，动作特性好。

（4）受系统运行方式变化的影响小。

20．母差保护的保护范围包括哪些设备？

答：母差保护的保护范围为母线各段所有出线断路器的母差保护用电流互感器之间

的一次电气部分，即全部母线和连接在母线上的所有电气设备。

21．变压器的差动保护是根据什么原理装设的？

答：变压器的差动保护是按循环电流原理装设的。在变压器两侧安装具有相同型号的两台电流互感器，其二次采用环流法接线。在正常与外部故障时，差动继电器中没有电流流过，而在变压器内部发生相间短路时，差动继电器中就会有很大的电流流过。

22．备用电源自投装置在什么情况下动作？

答：在因为某种原因工作母线电源侧的断路器断开，使工作母线失去电源的情况，自投装置动作，将备用电源自动投入。

23．请说明重合闸开始充电需满足的条件。

答：同时满足下述条件，重合闸装置才开始充电：

（1）跳闸位置继电器 TWJ 不动作或线路有流。

（2）保护未启动。

（3）不满足重合闸放电条件。

24．造成断路器失灵故障的原因有哪些？

答：造成断路器失灵故障的原因主要有以下方面：

（1）断路器跳闸线圈断线。

（2）断路器操动机构出现故障。

（3）空气断路器气压降低或液压式断路器液压降低。

（4）直流电源消失。

（5）控制回路故障。

25．重合闸装置在哪些情况时应停用？

答：重合闸装置在下列情况下应停用：

（1）运行中发现装置异常。

（2）电源联络线路有可能造成非同期合闸时。

（3）充电线路或试运行的线路。

（4）经省调主管生产领导批准不宜使用重合闸的线路（如根据稳定要求不允许使用重合闸的）。

26．220kV 电力系统中，母差保护装置有几类？

答：母差保护装置有三类：

（1）电流相位比较式。

（2）母线固定连接式。

（3）比率式。

27．微机保护的零序电流元件如何配置？

答：微机保护的零序电流元件的配置有全相时设置四个灵敏段，即灵敏一段、二段、三段、四段；非全相时设置两个不灵敏段，即瞬时动作的不灵敏一段和带延时的不灵敏二段。

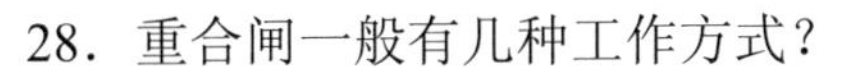

28．重合闸一般有几种工作方式？

答：重合闸有下列工作方式，即综合重合闸方式、单相重合闸方式、三相重合闸方式、停用重合闸方式。

综合重合闸方式。单相故障，跳单相重合单相，重合于永久性故障跳三相；相间故障跳三相，重合三相，重合于永久故障跳三相。

单相重合闸方式。单相故障，跳单相重合单相，重合于永久故障跳三相；相间故障，三相跳开后不重合。

三相重合闸方式。任何类型故障跳三相，重合三相，永久故障再跳三相。

停用重合闸方式。任何故障跳三相，不重合。

29．简述继电保护的基本原理和构成方式。

答：继电保护主要利用电力系统中元件发生短路或异常情况时的电气量（电流、电压、功率、频率等）的变化，构成继电保护动作的原理，也有其他的物理量，如变压器油箱内故障时伴随产生的大量气体和油流速度的增大或油压强度的增高。大多数情况下，不管反映哪种物理量，继电保护装置将包括测量部分（和定值调整部分）、逻辑部分、执行部分。

30．什么叫重合闸后加速？

答：当线路发生故障后，保护有选择性的动作切除故障，重合闸进行一次重合以恢复供电。在重合于永久性故障时，保护装置即不带时限无选择性的动作断开断路器，这种方式称为重合闸后加速。

31．纵联保护的信号有哪几种？

答：纵联保护的信号有以下三种：

（1）闭锁信号。它是阻止保护动作于跳闸的信号。无闭锁信号是保护作用于跳闸的必要条件。只有同时满足本端保护元件动作和无闭锁信号两个条件时，保护才作用于跳闸。

（2）允许信号。它是允许保护动作于跳闸的信号。有允许信号是保护作用于跳闸的必要条件。只有同时满足本端保护元件动作和有允许信号两个条件时，保护才作用于跳闸。

（3）跳闸信号。它是直接引起跳闸的信号。此时与保护元件是否动作无关，只要收到跳闸信号，保护就作用于跳闸。

32．变压器差动保护的动作原因有什么？

答：根据变压器差动保护的动作原理和保护范围，造成变压器差动保护动作的原因有：

（1）变压器套管或引出线故障。

（2）变压器内部故障。

（3）直流回路两点接地或二次线碰接引起的保护误动作。

（4）差动保护的电流互感器开路或短路引起的保护误动作。

（5）差动保护本身元件损坏、误整定等原因引起的保护误动作。

33．变压器一般应装设哪些保护？

答：变压器一般应装设以下继电保护装置：

（1）防止变压器油箱内部各种短路故障和油面降低的气体保护。

（2）防止变压器绕组和引出线多相短路、大接地电流系统侧绕组和引出线的单相接地短路及绕组匝间短路的（纵联）差动保护或电流速断保护。

（3）防止变压器外部相间短路并作为气体保护和差动保护（或电流速断保护）后备的过电流保护（或复合电压启动的过电流保护、负序过电流保护）。

（4）防止大接地电流系统中变压器外部接地短路的零序电流保护。

（5）防止变压器对称过负荷的过负荷保护。

（6）防止变压器对称过励磁的过励磁保护。

34．距离保护运行中出现哪些信号时需停用？

答：当发出“交流电压回路断线”“装置总闭锁”“直流消失”“振荡闭锁动作”不复归和“装置异常”信号时，应立即停用距离保护。

二、基础题库

（一）选择题

1．下列说法错误的是（ A ）。

A．运行人员的误操作造成的失压，备自投装置不应动作

B．远方遥控断开工作电源时，备自投装置不应动作

C．当备用电源不满足电压条件时，备自投装置不应动作

2．某 220kV 母差一个支路 SV 接收压板退出时，母差应（ AB ）。

A．不计算该支路电流　　B．该支路不发出 SV 中断告警

C．闭锁差动保护　　D．发出装置告警

3．高压线路自动重合闸装置的动作时限应考虑（ ABD ）。

A．故障点灭弧时间　　B．断路器操作机构的性能

C．保护整组复归时间　　D．电力系统稳定的要求

4．220kV 以上变压器各侧的中性点电流、间隙电流应（ B ）。

A．各侧配置单独的合并单元进行采集　　B．于相应侧的合并单元进行采集

C．统一配置独立的合并单元进行采集　　D．其他方式

5．某智能变电站合并单元只通过组网口和测控、智能终端进行 GOOSE 通信，若该合并单元组网口到交换机的光纤损坏，则可能造成的影响有（ ACD ）。

A．测控无法收到合并单元的告警信号

B．无影响

C．若该合并单元为间隔合并单元，将无法实现 TV 切换功能

D．若该合并单元为 TV 合并单元，将无法实现 TV 并列功能

6. Q/GDW 1161—2014《线路保护及辅助装置标准化设计规范》规定，重合闸方式为“停用重合闸”时，（ C ）。

A. 闭锁重合闸，但选相跳闸　　B. 不闭锁重合闸，选相跳闸

C. 闭锁重合闸，并沟通三跳　　D. 禁止本装置重合，不沟通三跳

7. 继电保护双重化配置的要求是（ ACD ）。

A. 取自不同的电压互感器、电流互感器绕组

B. 两套保护装置的直流电源取自相同的直流母线段

C. 两套保护装置与其他保护设备配合的回路应遵循相互独立的原则

D. 两套保护之间无电气联系，其中一套停用或检修不影响另一套保护的运行

8. 主接线为3/2接线，重合闸采用单相方式，当线路发生瞬时性单相故障时，（ A ）。

A. 线路保护动作，单跳与该线路相连的边断路器及中断路器，并启动其重合闸，边断路器首先重合，然后中断路器再重合

B. 线路保护动作，单跳与该线路相连的边断路器及中断路器，并启动其重合闸，中断路器首先重合，然后边断路器再重合

C. 线路保护动作，单跳与该线路相连的边断路器及中断路器，并启动其重合闸，边断路器及中断路器同时重合

D. 线路保护动作，三跳与该线路相连的边断路器及中断路器，并启动其重合闸，边断路器首先重合，然后中断路器再重合

9. 对于变压器保护配置，下列说法正确的是（ A ）。

A. 220kV变压器电量保护宜按双套配置，双套配置时应采用主后备保护一体化配置

B. 变压器非电量保护应采用GOOSE光纤直接跳闸

C. 变压器保护直接采样，直接跳所有断路器

D. 变压器保护启动失灵、解复压闭锁、闭锁备投等采用GOOSE点对点传输

10. 备自投不具有如下（ D ）闭锁功能。

A. 手分闭锁　　B. 有流闭锁

C. 主变压器保护闭锁　　D. 开关拒分闭锁

11. 110kV三绕组变压器三侧都装过流保护的作用是（ ABD ）。

A. 可以保护变压器任意一侧的母线

B. 能有选择地切除故障，无须将变压器停运

C. 能快速切除变压器内、外部故障

D. 各侧的过流保护可以作为本侧母线、线路的后备保护

12. 110kV及以下电网中，常用备用电源自动投入的方式有（ABC）。

A. 变压器低压侧断路器备用电源自动投入

B. 变压器低压侧分段断路器备用电源自动投入

C. 线路断路器备用电源自动投入

D．内、外桥断路器备用电源自动投入

13．高压线路自动重合闸装置的动作时限应考虑（ ABD ）。

A．故障点灭弧时间　　B．断路器操动机构的性能

C．保护整组复归时间　　D．电力系统稳定的要求

14．变压器间隙保护有0.3～0.5s的动作延时，其目的是（ A ）。

A．躲过系统的暂态过电压　　B．与线路保护Ⅰ段相配合

C．作为变压器的后备保护

15．主保护或断路器拒动时，用来切除故障的保护是（ C ）。

A．辅助保护　　B．异常运行保护

C．后备保护　　D．安全自动装置

16．对电力系统继电保护的基本性能有哪些要求？（ ABCD ）。

A．可靠性　　B．选择性

C．快速性　　D．灵敏性

17．110kV内桥接线的降压变压器，一线带一变运行，低压侧无电源，两台主变压器的差动及高压侧后备保护使用进线开关TA，此时需要闭锁桥断路器备自投的有（ ABCD ）。

A．主变压器差动保护动作　　B．主变压器高压侧后备保护动作

C．主变压器重瓦斯保护动作　　D．进线断路器手动分闸

E．进线断路器偷跳

18．220kV及以上电压等级的继电保护及与之相关的设备、网络等应按照双重化原则进行配置，双重化配置的继电保护应遵循以下要求（ ABCD ）。

A．每套完整、独立的保护装置应能处理可能发生的所有类型的故障。两套保护之间不应有任何电气联系，当一套保护异常或退出时不应影响另一套保护的运行

B．两套保护的电压（电流）采样值应分别取自相互独立的合并单元

C．双重化配置保护使用的GOOSE（SV）网络应遵循相互独立的原则，当一个网络异常或退出时不应影响另一个网络的运行

D．双重化的两套保护及相关设备（电子式互感器、合并单元、智能终端、网络设备、跳闸线圈等）的直流电源一一对应

19．主变压器复合电压闭锁过流保护当失去电压时（ B ）。

A．整套保护就不起作用　　B．失去复合电压闭锁功能

C．保护不受影响　　D．整套保护动作时间变慢

20．出口连接片包括跳闸连接片、合闸连接片、（ B ）、启动失灵保护、启动远跳的连接片。

A．母差保护投入　　B．启动重合闸

C．重瓦斯保护投入

21．运行中发现结合滤波器有打火放电现象时，报告所属调度并退出使用该通道的

（ A ）。

A．纵联保护及重合闸装置　　B．后备保护

C．零序保护　　D．光纤差动保护

22．运行中的变压器不允许失去（ C ）保护。

A．快速　　B．后备　　C．差动　　D．气体

23．当需要断开断路器的控制熔断器时，应（ A ），恢复时与此相反。

A．先断正极、再断负极或同时断开　　B．正极、负极同时断开

C．先断正极、再断负极　　D．先断负极、再断正极

24．用母联断路器向空母线充电时，充电前应投入母联断路器的充电保护（包括用母差保护兼作充电保护），将母差保护投（ B ），充电后应检查充电母线电压指示正常。

A．无选择　　B．有选择　　C．非选择

25．母线倒闸操作时，应先将（ B ），才能进行倒闸操作。

A．母差保护停运　　B．母联断路器的操作直流停用

C．母联断路器充电保护启用

26．母联断路器的充电保护在（ C ）时投入。

A．正常运行　　B．发生故障

C．空充母线　　D．母差保护异常

27．重合闸时间是指（ A ）。

A．重合闸启动开始计时，到合闸脉冲发出终止

B．重合闸启动开始计时，到断路器合闸终止

C．合闸脉冲发出开始计时，到断路器合闸终止

D．以上说法都不对

28．当主保护或断路器拒动时，用来切除故障的保护被称作（ B ）。

A．主保护　　B．后备保护

C．辅助保护　　D．异常运行保护

29．关于变压器气体保护，下列错误的是（ B ）。

A．0.8MVA 及以上油浸式变压器应装设气体保护

B．变压器的有载调压装置无需另外装设气体保护

C．当本体内故障产生轻微瓦斯或油面下降时，气体保护应动作于信号

D．当产生大量瓦斯时，应动作于断开变压器各侧断路器

30．线路保护范围伸出相邻变压器其他侧母线时，保护动作时间的配合首先考虑（ A ）。

A．与变压器同电压侧指向变压器的后备保护的动作时间配合

B．与变压器其他侧后备保护跳该侧断路器动作时间配合

C．与所伸出母线的母线保护配合

D．以上都不是

31．查找二次系统直流接地时（ A ）。

A．禁止在二次回路上工作

B．通过对二次回路的试验进行查找

C．短接需要查找的二次回路

D．退出相应保护后，短接需要查找的二次回路

32．断路器失灵保护在（ A ）动作。

A．断路器拒动时　　B．保护拒动

C．断路器失灵时　　D．控制回路断线时

33．单电源线路速断保护的保护范围是（ B ）。

A．线路的10%　　B．线路的20%～50%

C．线路的60%　　D．约为线路的70%

34．自动低频减载装置动作时采用的延时一般为（ D ）s。

A．0.5～1　　B．1.5～3　　C．3～5　　D．0.15～0.3

35．变压器发生内部故障时的主保护是（ B ）。

A．过流保护　　B．气体保护

C．过负荷保护　　D．差动保护

36．母线单相故障，母差保护动作后，断路器（ B ）。

A．单跳　　B．三跳

C．单跳或三跳　　D．三跳后重合

37．断路器失灵保护是（ C ）。

A．一种近后备保护，当故障元件的保护拒动时，可依靠该保护切除故障

B．一种远后备保护，当故障元件的断路器拒动时，必须依靠故障元件本身保护的动作信号启动失灵保护以切除故障点

C．一种近后备保护，当故障元件的断路器拒动时，可依靠该保护隔离故障点

D．一种远后备保护，当故障元件的断路器拒动时，可依靠该保护隔离故障点

38．电流互感器的零序接线方式在运行中（ A ）。

A．只能反映零序电流，用于零序保护　　B．能测量零序电压和零序方向

C．只能测零序电压　　D．能测量零序功率

39．下列保护属于后备保护的是（ D ）。

A．变压器差动保护　　B．气体保护

C．高频闭锁零序保护　　D．断路器失灵保护

40．当变压器外部故障时，有较大的穿越性短电流流过变压器，这时变压器的差动保护（ C ）。

A．立即动作　　B．延时动作

C．不应动作　　D．短路时间长短而定

41．过流保护是后备保护，它（ A ）。

A．不仅能够保护本线路的全长，而且能够保护相邻线路的全长

B．能够保护本线路全长，不能保护相邻线路全长

C．不能保护本线路的全长

42．快速切除线路与母线的短路电流，可以提高电力系统的（ C ）水平。

A．稳定性　　B．静态稳定

C．暂态稳定

43．两电源间仅一条联络线，重合闸只允许使用（ A ）。

A．单重　　B．三重　　C．综重

44．系统发生两相短路，短路点距离母线远近与母线上负序电压值的关系是（ C ）。

A．与故障点的位置无关　　B．故障点越远负序电压越高

C．故障点越近负序电压越高

（二）判断题

1．断路器或隔离开关闭锁回路不能用重动继电器，应直接用断路器或隔离开关辅助触点。（√）

2．对于 220kV 及以上变电站，宜按电压等级设置网络配置故障录波装置和网络报文记录分析装置。（√）

3．带负荷相量检查是检验二次直流回路正确与否的最后一道防线，保护整组试验是检验二次交流回路正确与否的最后一道防线。（×）

4．距离保护的Ⅰ、Ⅱ、Ⅲ段均受振荡闭锁的控制。（×）

5．当 3/2 断路器接线方式一串中的中间断路器拒动，启动失灵保护，并采用远方跳闸装置，使线路对端断路器跳闸并闭锁其重合闸。（√）

6．距离保护一段的保护范围不受系统运行方式变化的影响，因此保护范围比较稳定。（√）

7．所有保护装置在系统振荡时均不允许动作跳闸。（×）

8．线路上装设了检线路无压、检同期的重合闸装置，检线路无压仅线路一侧投入，检同期线路两侧都投入，检线路无压侧的检同期投入，所起的作用是开关偷跳重合。（√）

9．在某些条件下必须加速切除短路时，可使保护（无选择性）动作，但必须采取补救措施，如重合闸和备用电源自动投入来补救。（√）

10．变压器的气体保护范围在差动保护范围内，这两种保护均为瞬动保护，所以可用差动保护来替代气体保护。（×）

11．继电保护装置是保证电力元件安全运行的基本装备，任何电力元件不得在无保护的状态下运行。（√）

12．为了使用户停电时间尽可能短，备用电源自动投入装置可以不带时限。（×）

13．正常运行时，母线充电保护的投入软压板应在退出位置。（√）

14．不应依赖外部对时系统实现其保护功能，避免对时系统或网络故障导致同时失去多套保护。（√）

15．充电和充电试运行的变压器全部保护均应退出跳闸。（×）

16．电容器组保护动作后严禁立即试送，应根据动作报告查明原因后再按规定投入运行。（√）

17．交流电压回路断线时，应停用振荡解列装置。（√）

18．线路热备用时相应的二次回路不需要投入。（×）

19．变压器差动保护反映该保护范围内的变压器内部及外部故障。（√）

20．变压器中性点零序过流保护和间隙过压保护可同时投入。（×）

21．需退出重合闸的工作，工作前必须得到重合闸已退出的明确答复。（√）

22．电容式重合闸是利用电容器的瞬时放电和长时充电来实现重合的。它能发出两次合闸脉冲。（×）

23．由于运行方式的临时改变，三相重合闸可能出现非同期合闸时，应停运重合闸。（√）

24．系统运行方式和设备运行状态的变化将影响保护的工作条件或不满足保护的工作原理，从而有可能引起保护误动时，操作之后应停用这些保护。（×）

25．继电保护和安全自动装置及其通道的投入和停用，因不影响到一次设备的安全运行，电气值班人员可根据实际情况进行操作。（×）

26．变压器的零序保护是线路的后备保护。（√）

27．线路保护进行改定值工作时，相应保护应退出跳闸。（√）

28．旁路断路器代线路或主变压器断路器前，应先投入旁路“失灵保护启动连接片”。（×）

29．继电保护的“远后备”是指当元件故障，其保护装置或开关拒绝动作时，由各电源侧的相邻元件保护装置动作将故障切开。（√）

30．母线充电保护只在母线充电时投入，何时停用不作要求。（×）

31．零序电流保护常采用两个第一段组成的四段式保护，其中，不灵敏一段是按躲过被保护线路末端单相或两相接地短路时出现的最大零序电流整定的。（×）

32．“近后备”则是指当元件故障而其保护装置或开关拒绝动作时，由各电源侧的相邻元件保护装置动作将故障切开。（×）

33．方向高频保护是比较被保护线路两侧工频电流相位的高频保护。当两侧电流相位相反时保护动作跳闸。（×）

34．在方向比较式的高频保护中，收到的信号作闭锁保护用，叫闭锁式方向高频保护。（√）

35．自动重合闸有两种启动方式：断路器控制开关位置与断路器位置不对应启动方式和保护启动方式。（√）

36．自动重合闸只应动作一次，不允许把开关多次重合到永久性故障线路上。（√）

37．高频保护是由安装在被保护线路两端的两套保护组成。（√）

38．变压器充电时，重瓦斯应投信号。（×）

39．长期对重要线路充电运行时，应投入线路重合闸。（×）

40．双母线接线的厂站一段母线失压后，应按照现场规程规定将微机型母差保护投“非选择”方式。（×）

41．变压器充电前，应将全部保护投入跳闸位置。（√）

42．进行零起升压操作时，被升压的所有设备均应有完善的保护，线路重合闸退出。（√）

43．双母线中的一条母线零起升压时，应确保母差保护可靠投入。（×）

三、经典案例

1．如图 1-3-1 所示，该 220kV 线路 B 相发生单相永久性故障，此时，由于 211 断路器 A 相机构故障，不能正常分闸，保护如何动作？失灵是否能启动？（220kV 线路重合闸方式为单重，211 断路器失灵保护投入）（4 分）

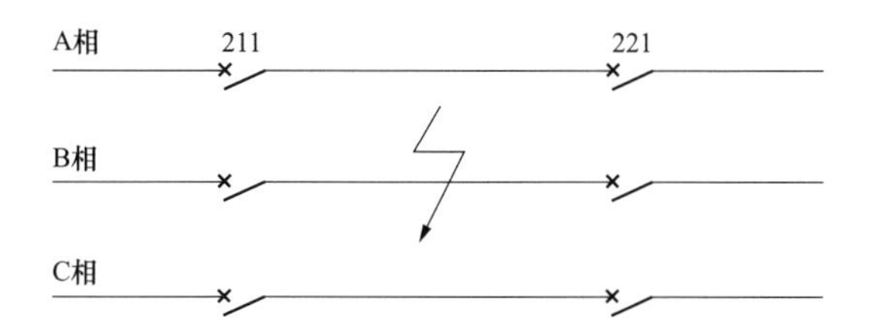

图 1-3-1　220kV 线路永久性故障示意图

答：（1）当 220kV 线路 B 相发生区内单相永久性故障时，两侧线路（211、221）保护动作，B 相跳闸，随后 211、221 断路器启动 B 相重合闸，重合不成功跳开两侧三相开关。此时 211 断路器 A 相机构故障，不能跳闸。

（2）不会启动失灵保护。因为虽然 A 相断路器拒分，但当 211 断路器的 B、C 相和 221 断路器的 A、B、C 相跳开后，两侧不存在故障电流，所以两侧保护返回，不启动失灵保护。

2．中山站为终端负荷站，系统接线如图 1-3-2 所示，110kV 1 号母线、2 号母线、分段 101 断路器运行，高中线 145 运行，韩中线 146 断路器热备用；110kV 备用电源自动投入装置运行，实现进线的备自投。请说明 110kV 备自投装置的充电条件、放电条件和动作逻辑。

答：备自投充电条件：1、2 号母线三相有压，韩中线 146 线路有压，101、145 断路器在合位，146 断路器在分位，无其他闭锁条件，满足以上条件 15s 充电。

备自投放电条件：101、145、146 任一断路器位置异常、手跳、遥跳闭锁、韩中线线路低于有压定值 15s、有外部闭锁备自投开入（母差保护动作、断路器状况异常等）。

备自投动作逻辑：1、2 号母线电压低于有压定值，145 无电流，延时跳开 145 断路器，确认 145 断路器跳开，合 146 断路器。

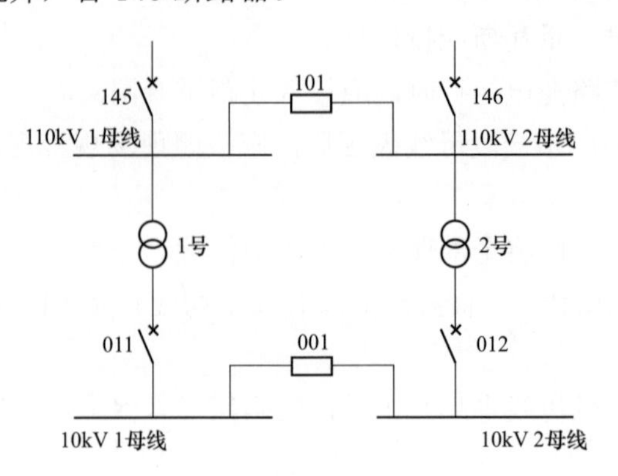

图 1-3-2　系统接线图

3．某站一回 220kV 线路跳闸，信号及保护动作情况如下：发“纵联电流差动保护动作”“纵联方向保护动作”光字牌，保护装置跳 A、跳 B、跳 C、三跳灯亮（相关故障录波器动作，具体保护动作情况见表 1-3-1、表 1-3-2）。该线路保护配置为 RCS-901 线路保护（使用闭锁式通道）和 PSL-603G 纵联电流差动保护，重合闸运行单重方式，时间 0.5s。

表 1-3-1　　RCS-901 保护

序号	动作相	动作相对时间（ms）	动作元件
1	B	35	纵联变化量方向
2	B	35	纵联零序方向
3	A、B、C	322	纵联变化量方向
故障测距结果		48.3km	
故障相别		B	
故障相零电流值		1.6A	
故障零序电流		1.41A	

表 1-3-2　　PSL-603G 纵联电流差动保护

序号	动作相对时间（ms）	动作情况
1	46	差动跳 B 出口
2	46	故障相电流，电流＝1.604A
3	315	差动永跳出口
4	321	综合重合闸复归

两侧保护动作情况一致，而且都动作正确。从保护打印出的故障波形上看，两次故

障的故障过程中都有零序电流。根据以上情况分析线路故障的性质。

答：两套主保护均反映线路开始为单相故障，保护应单相跳闸，单相重合，但从报告上看，约 322ms 后保护再次动作将三相跳开，且并没有重合，此时，不应断定保护动作不正确，应通过察看故障录波器波形等手段进一步对故障过程进行分析，单相跳闸后，重合闸动作时间为 500ms，而三相跳闸发生在 322ms，表明在单相跳开、等待重合的过程中，即 320ms 左右，线路另两相发生了继发性故障，保护再次动作跳开另外两相，重合闸投单相，故不重合。

第二部分

智能技术支持系统

第一章　智能电网监控系统

一、技术问答

1．什么叫监控系统状态估计？状态估计的作用是什么？

答：状态估计就是利用实时量测系统的冗余性，应用估计算法来检测与剔除坏数据，提高数据精度及保持数据的前后一致性，为网络分析提供可信的实时潮流数据。运用状态估计必须保证系统内部是可观测的，系统的量测要有一定的冗余度。在缺少量测的情况下作出的状态估计是不可用的。

2．什么是监控系统网络拓扑分析？

答：电网是由若干个带电的电气岛组成，每个电气岛又由许多母线及母线间相连的电气元件组成，而每个母线又由若干个母线路元素通过断路器、隔离开关相联而成，电网的拓扑结构就是描述电网中各电气元件的图形连接关系。网络拓扑分析是根据电网中各断路器、隔离开关的遥信状态，通过一定的搜索算法，将各母线路元素连成某个母线，并将母线与相连的各电气元件组成电气岛，进行网络接线辨识与分析。

3．如何启动和停止监控系统运行？

答：监控系统的启动和停止运行可通过以下两个方法实现：

方法一：单击桌面上自动化设置的“系统启动”和“系统停止”快捷命令来实现，除此之外还可采取下列方法实现；

方法二：系统启动，单击监控机桌面下方的“终端程序 Konsole”图标（灰色的电脑显示器图标）→输入“sys_ctl∪start∪fast-w”→按回车键即可；系统停止，单击监控机桌面下方的“终端程序 Konsole”图标（灰色的电脑显示器图标）→输入“sys_ctl∪stop”→按回车键即可。

注：“∪”符号表示空格。

4．在监控自动化系统中执行遥控操作时，操作人通过遥控认证，将遥控申请发送给监护人后，监控机无法弹出监护遥控操作框，始终显示等待监护状态，此时如何处理？

答：方法一：单击监控机桌面下方的“终端程序 Konsole”图标→输入“sca_guard&”→

按回车键即可。

方法二：通过重新停止和启动监控系统程序。

5．监控自动化系统中启动总控台的命令是什么？

答：方法一：单击监控机桌面下方的"终端程序 Konsole"图标→输入"sys_console"→按回车键即可；

方法二：通过重新停止和启动监控系统程序。

6．监控"综合智能告警"窗口不显示时应如何处理？

答：第一步：单击监控机桌面下方的"终端程序 Konsole"图标（灰色的电脑显示器图标）→输入"Pu"→按"Tab"键→按回车键；第二步：单击监控机桌面下方的"终端程序 Konsole"图标（灰色的电脑显示器图标）→输入"alarm_clIEnt"→按回车键即可。

7．监控自动化系统中如何执行程序遥控操作序列？

答：操作序列执行。在监控系统 SCADA 功能模块下，单击"顺控"图标，随即弹出"序列控制界面"→在该界面中，双击选中并打开拟操作的顺序遥控序列，进行模拟。模拟时检查操作"顺序""设备名称""操作状态""当前状态"的显示内容是否正确→模拟无问题后方可正式进行遥控操作，在"用户登录"对话框中由值长输入用户名和密码进行登录→登录后，检查锁具由闭锁状态变为开启状态→选择"遥控态"→选择执行方式"单步"→选择监护节点机器后（默认为另一台监控机），单击"发送"→监护人在监护操作对话框中输入本人的用户名和密码→监护操作通过后，单击"开始"→"预置"→返校后执行→利用另一台监控机检查设备遥测、遥信→确认该设备已操作到位后，再按照相同流程执行下一个设备。

批量遥控操作序列的编制和执行与顺序遥控操作类似，但执行批量遥控操作序列时"执行方式"应选择为"连续"。

8．监控系统中某画面变为死画面时，如何处置？

答：方法一：单击监控机桌面下方的"终端程序 Konsole"图标（灰色的电脑显示器图标）→输入"kp∪GraphApp"→按回车键即可。

方法二：若画面均为死画面，需联系自动化重新启动本监控服务器。

9．集控站值班监控员需要与现场运维人员核对变电站监控信息时，应如何使用监控系统开展此项工作？集控站值班监控员通过监控系统如何与现场运维人员核对变电站监控信息？

答：(1) 进入该站一次系统画面，通过画面核对变电站运行方式、母线电压、设备负荷、主变压器运行情况等信息。左键单击该厂站目录下的"光字牌"图标，进入"保护信号光字牌"画面，该界面中，间隔光字发亮，即表示该间隔中有处于动作状态的光字；间隔光字未发亮，即表示该间隔中无处于动作状态的光字；核对时，仅需对间隔光字发亮的设备间隔进行核对：将鼠标移至该间隔光字处，按鼠标中键即可进入该间隔细节图，查看具体的动作信息。查阅后，单击该间隔名称即可返回"保护信号光字牌"画面。这样一来，无须再从到一次系统画面进入间隔细节图。

（2）进入设定的该厂站的“××站光字信息”一览表，查看按时间降序设定的未复归监控信息（110kV以上变电站已单独建设）；或根据告警窗告警信息内容直接在对设备上单击中间滚轮进入间隔细节图，查看具体的动作信息。

10．如何实现快读查看监控系统某一画面？

答：方法一：将需要查看的界面固化到监控首页（只针对长期重点关注的）；

方法二：在下面设置快捷方式（建议设置长期巡视和使用的界面，目的是减少画面切换频次及时间，提高巡视效率和质量）。

11．如何在监控系统将实时告警窗内未复归的监控信息移动至临时告警窗？

答：（1）在实时告警窗中选择某条拟转移的监控信息，右键单击该信息，在弹出的快捷菜单中选择“移动未复归告警至”——“临时告警窗”，即可将该信息移动至临时告警窗。移动操作后，该信息可在临时告警窗中显示，实时告警窗中将不显示该信息。

（2）如需要将已移动至临时告警窗的监控信息恢复至原告警窗，可在临时告警窗中选择相应的信息后，进行上述操作后即可。

（3）已移动至临时告警窗的监控信息复归后，若该信息再次动作，则会按正常的告警方式上实时告警窗。

（4）若需批量移动实时告警窗中的监控信息时，需在弹出的快捷菜单中选择“批量移动未复归告警至”即可。

12．如何在监控系统快速查看监控范围内有哪些未复归且未确认的监控信息？

答：左键单击实时告警窗中的“只显示未确认信息”快捷命令图标，则实时告警窗中即可只显示当前监控范围内所有未复归且未确认的监控信息，通过对这些信息加以逐一核实，可有效防止发生信号遗漏的情况。

13．监控系统的实时告警窗中，未复归信息可保留多长时间？

答：监控系统的实时告警窗可显示1万条未复归信息。若未复归信息未达到1万条，则当前所有未复归信息可一直保留。若未复归信息超过1万条，则动作时间最早的未复归信息将不再实时告警窗中显示，也即，实时告警窗中只保留最新的1万条未复归的监控信息。

14．简述电网监控与调度自动化系统的基本结构。

答：电网监控与调度自动化系统按其功能分为四个子系统。

（1）信息采集和命令执行子系统。

（2）信息传输子系统。

（3）信息收集、处理和控制子系统。

（4）人机联系子系统。

15．监控员在监控系统一次系统图上对所辖站设备的遥信、遥测可以进行哪些操作？

答：遥测封锁、遥测解封锁、遥测置数、遥信封锁、遥信解封锁、遥信对位、遥控、遥调、设置标志牌等。

16．请分别解释下列设备的不正常运行状态。

答：（1）开关呈灰色状态：开关进行抑制或悬挂检修牌。

（2）开关呈绿色状态：开关悬挂除“检修牌”以外的其他标志牌或者是进行遥信封锁。

（3）母线或电容器呈白色状态：表示母线或电容器处于退出运行状态。

17．如何启动和停止监控系统运行？

答：监控系统的启动和停止运行可通过单击桌面上的“系统启动”和“系统停止”命令来实现，除此之外还可采取下列方法实现：

（1）系统启动：单击监控机桌面下方的“终端程序 Konsole”图标（灰色的电脑显示器图标）→输入“sys_ctl∪start∪fast -w”→按回车键即可。

（2）系统停止：单击监控机桌面下方的“终端程序 Konsole”图标（灰色的电脑显示器图标）→输入“sys_ctl∪stop”→按回车键即可。

注：“∪”符号表示空格，下同。

18．在监控自动化系统中执行遥控操作时，操作人通过遥控认证，将遥控申请发送给监护人后，监控机无法弹出监护遥控操作框，始终显示等待监护状态，此时如何处理？

答：单击监控机桌面下方的“终端程序 Konsole”图标（灰色的电脑显示器图标）→输入“sca_guard&”→按回车键即可。

19．监控自动化系统中启动总控台的命令是什么？

答：单击监控机桌面下方的“终端程序 Konsole”图标（灰色的电脑显示器图标）→输入“sys_console”→按回车键即可。

20．监控自动化系统不显示“序列推图”窗口时应如何处理？

答：第一步：单击监控机桌面下方的“终端程序 Konsole”图标（灰色的电脑显示器图标）→输入“Pu”→按“Tab”键→按回车键；

第二步：单击监控机桌面下方的“终端程序 Konsole”图标（灰色的电脑显示器图标）→输入“alarm_client”→按回车键即可。

21．监控自动化系统不显示“小电流接地监视界面”窗口时应如何处理？

答：单击监控机桌面下方的“终端程序 Konsole”图标（灰色的电脑显示器图标）→输入“current_warn”→按回车键即可。

22．监控自动化系统中如何编制和执行程序遥控操作序列？

答：以顺序遥控操作为例进行说明：

（1）操作序列编制。在监控系统 SCADA 功能模块下，单击“顺控”图标，随即弹出“序列控制界面”→在该界面中，单击左上角的“用户登录”图标（锁具图标）→在“用户登录”对话框中输入用户名和密码进行登录→登录后，检查锁具由闭锁状态变为开启状态→选择“编辑态”→在画面左半部分的“序列名称”下的空白界面右键单击，在弹出的对话框中选择“添加序列”→输入顺序遥控操作名称（注：名称不能超过 32 个字

符），单击“确定”，此时“序列控制界面”中不显示该新添加的序列名称→单击“退出”按钮，然后再单击“顺控”图标，此时在弹出的“序列控制界面”中能够显示该新添加的序列→重复上述登录操作→登录后，在“编辑态”下，双击拟编辑的序列名称，该界面下部会提示“您选择了×××”→单击画面上部的“新增”图标，每单击一次可增加一个操作项目。若想删除某操作项目，可用鼠标单击该操作项目，单击“删除”图标即可→打开检索器，在SCADA状态下，找到拟遥控操作的设备，并利用鼠标拖拽的方式将该设备填入“序列控制界面”的“设备名称”项处→全部拟操作设备均已填入操作序列中后，在“操作状态”项处选择“控合”或“控分”→在“顺序”项手动输入操作顺序（注：实际执行时，程序将按照输入的顺序编码由1～N依次执行，而非按照生成序列的先后依次执行）→单击“保存”即完成顺序遥控操作序列编制。

（2）操作序列执行。在监控系统SCADA功能模块下，单击“顺控”图标，随即弹出“序列控制界面”→在该界面中，双击选中并打开拟操作的顺序遥控序列，进行模拟。模拟时检查操作“顺序”“设备名称”“操作状态”“当前状态”的显示内容是否正确→模拟无问题后方可正式进行遥控操作，在“用户登录”对话框中由值长输入用户名和密码进行登录→登录后，检查锁具由闭锁状态变为开启状态→选择“遥控态”→选择执行方式“单步”→选择监护节点机器后（默认为另一台监控机），单击“发送”→监护人在监护操作对话框中输入本人的用户名和密码→监护操作通过后，单击“开始”→“预置”→返校后执行→利用另一台监控机检查设备遥测、遥信→确认该设备已操作到位后，再按照相同流程执行下一个设备。

（3）批量遥控操作序列的编制和执行与顺序遥控操作类似，但执行批量遥控操作序列时“执行方式”应选择为“连续”。

23．监控系统中某画面变为死画面时，应输入何种命令杀死该进程？

答： 单击监控机桌面下方的“终端程序Konsole”图标（灰色的电脑显示器图标）→输入“kp∪GraphApp”→按回车键即可。

24．集控站值班监控员需要与现场运维人员核对变电站监控信息时，应如何使用监控系统开展此项工作？

答： 进入该站一次系统画面，通过画面核对变电站运行方式、母线电压、设备负荷、主变压器运行情况等信息。左键单击该厂站目录下的“光字牌”图标，进入“保护信号光字牌”画面，该界面中，间隔光字发亮，即表示该间隔中有处于动作状态的光字；间隔光字未发亮，即表示该间隔中无处于动作状态的光字；核对时，仅需对间隔光字发亮的设备间隔进行核对：将鼠标移至该间隔光字处，按鼠标中键即可进入该间隔细节图，查看具体的动作信息。查阅后，单击该间隔名称即可返回“保护信号光字牌”画面。这样一来，无须再从到一次系统画面进入间隔细节图。

25．监控系统中如何查看设备负载率情况？

答： 一是在监控系统首页可直接查看主变压器负载率和各电压等级的线路负载率。二是从首页开始——左键依次单击SCADA—系统应用—负载率，即可查看主变压器负载率和各电压等级的线路负载率。

26．监控系统中如何查看 220kV 主变压器无功倒送情况？

答：从首页开始，左键依次单击 SCADA—系统应用—无功倒送情况，即可查看 220kV 主变压器无功倒送情况。

27．监控系统中，如何快速地查看到监控范围内哪些设备的遥测值为死数据？

答：从首页开始，左键依次单击 SCADA—系统应用—死数据，即可通过切换分类查看“母线电压”“变压器”“母联”“交流线段”“负荷”的死数据情况。

28．如何在监控系统将实时告警窗内未复归的监控信息移动至临时告警窗？

答：（1）在实时告警窗中选择某条拟转移的监控信息，右键单击该信息，在弹出的快捷菜单中选择“移动未复归告警至”——“临时告警窗”，即可将该信息移动至临时告警窗。移动操作后，该信息可在临时告警窗中显示，实时告警窗中将不显示该信息。

（2）如需要将已移动至临时告警窗的监控信息恢复至原告警窗，可在临时告警窗中选择相应的信息后，进行上述操作后即可。

（3）已移动至临时告警窗的监控信息复归后，若该信息再次动作，则会按正常的告警方式上实时告警窗。

（4）若需批量移动实时告警窗中的监控信息时，需在弹出的快捷菜单中选择“批量移动未复归告警至”即可。

29．如何在监控系统快速查看监控范围内有哪些未复归且未确认的监控信息？

答：左键单击实时告警窗中的“只显示未确认信息”快捷命令图标，则实时告警窗中即可只显示当前监控范围内所有未复归且未确认的监控信息，通过对这些信息加以逐一核实，可有效防止发生信号遗漏的情况。

30．邯郸电网中，可向 500kV 蔺河变电站和辛安变电站的站用变压器供电的分别是哪座变电站的哪条出线？

答：（1）220kV 常赦站的常林线及蔺河 T 接线 356 断路器可向 500kV 蔺河站的站用变压器供电。

（2）110kV 代召站的代东线 368 断路器可向 500kV 辛安站的站用变压器供电。

31．监控系统 AVC 功能模块中各电压参数是如何设置的？

答：AVC 系统中各电压参数设置：220kV 变电站所有 110kV 母线电压设置 114～117kV；110kV 变电站 110kV 母线电压设置 110～117kV；玉林站 35kV 母线电压设置 36.0～36.8kV，时村营、陶二、常赦 35kV 母线电压设置 35.5～37kV，其他变电站 35kV 母线电压设置 35.5～37.7kV，其他变电站 10kV 电压设置为 10.1～10.7kV，6kV 电压设置为 6.1～6.42kV，此电压设置不分时段。

32．试说明监控系统 AVC 功能模块常用告警类型含义及功能设定。

答：（1）量测不刷新：母线类告警信号，当母线线电压量测值连续 20min（可设置）不变化时，认为该母线量测不刷新，遥测异常不可信，闭锁该母线。当电压恢复变化时可自动解锁。

（2）量测坏数据：母线类告警信号，当从 SCADA 读取的母线线电压量测值带有坏数据标志时，认为该母线为量测坏数据，遥测异常不可信，闭锁该母线。量测坏数据标志解除时可自动解锁。

（3）主变压器连续同方向调挡：主变压器类告警信号，为避免量测异常时导致主变压器连续调挡，当 10min 内主变压器连续同方向调挡次数超过 3 次（可设置）时，闭锁该主变压器。此类告警信号必须由人工解锁。

（4）动作次数越限：主变压器、电容器类告警信号，当主变压器和电容器动作次数达到该时段内设定的最大可动作次数时，闭锁相应主变压器和电容器。进入下一个时段或人工修改限值，主变压器和电容器动作次数小于最大可动作次数时，此告警自动解锁。

（5）母线过电压：母线类告警信号，当 6kV/10kV/35kV/110kV 母线电压高于 7.5kV/11.8kV/40kV/125kV（可设置）时，认为母线电压大于正常可调上限值，闭锁该母线。母线电压低于限值时自动解锁。

（6）母线欠电压：母线类告警信号，当 6kV/10kV/35kV/110kV 母线电压低于 5.0kV/9.0kV/32.0kV/100kV（可设置）时，认为母线电压低于正常可调下限值，闭锁该母线。母线电压高于限值时自动解锁。

（7）主变压器过载：主变压器类告警信号，当主变压器高压侧电流值大于限值时，认为该主变压器过载，闭锁该主变压器，限值可由主变压器高压侧额定电流与过载系数（默认 80%）乘积得到，也可人工设定。低于限值时自动解锁。

（8）遥测遥信不匹配：电容器类告警信号，当电容器开关为分，同时电流或无功量测值大于残差，认为该电容器遥测遥信不匹配，闭锁该容抗器，反向亦然。恢复正常时自动解锁。

（9）手工操作：主变压器、电容器类告警信号，当系统检测到有非 AVC 控制的主变压器挡位变化和电容器状态变化时，判为手工操作，闭锁相应设备。此类告警信号必须由人工解锁。

（10）并列主变压器错挡：主变压器类告警信号，当并列运行主变压器挡位不匹配时，闭锁相应主变压器。恢复对应或分列运行时自动解锁。

（11）电容器拒动：电容器类告警信号，在闭环运行时，当对电容器连续 2 次（可设置）自动控制均失败时，判为电容器拒动，闭锁该容抗器。此类告警信号必须由人工解锁。

（12）分接头滑挡：主变压器类告警信号，在闭环运行时，当 AVC 对主变压器的一次调挡命令造成挡位变化大于或等于两挡时，判为主变压器分接头滑挡，闭锁该主变压器。此类告警信号必须由人工解锁。

（13）分接头拒动：主变压器类告警信号，在闭环运行时，当对主变压器连续 2 次（可设置）自动控制均失败时，判为分接头拒动，闭锁该主变压器。此类告警信号必须由人工解锁。

（14）单相接地：母线类告警信号，当检测到母线单相接地时（接地相电压低于 3kV，且非接地相电压偏差小于 0.5kV），闭锁该母线。相电压恢复正常时可自动解锁。

（15）设备挂牌：主变压器、电容器类告警信号，当在厂站一次接线图上对相关主变压器、电容器或主变压器电容器相应开关置检修、接地等标志牌时，AVC 读取该挂牌信息并闭锁相应设备（标志牌定义表中，该类标志牌闭锁遥控时 AVC 才会读取该标志牌）。解除标志牌时可自动解锁。

（16）三相电压不平衡：母线类告警信号，当母线三相电压中最大相电压值与最小相电压值的差值大于相电压基准值的 10%（可设置）时，认为该母线三相电压不平衡，闭锁该母线。相电压恢复正常时可自动解锁。

（17）调挡电压异常：主变压器类告警信号，在闭环运行时，当对主变压器的一次调挡命令造成低压侧母线电压变化量大于理论计算值的 2 倍或小于理论计算值的 0.2 倍时，认为调挡电压异常，闭锁该主变压器。此类告警信号必须由人工解锁。

（18）设备冷备用：主变压器、电容器类信号，当电容器隔离开关为分，主变压器断路器或隔离开关为分时，认为该设备处于冷备用状态，闭锁相应设备。此告警信号可自动解锁。

33．试说明监控系统中 AVC 策略流程。

答：（1）区域电压策略。

1）策略内容：当整个区域内大多数母线电压超过限值时，通过调节枢纽站的主变压器挡位来整体调节区域电压质量。

2）调节判据：一是区域电压高：区域内电压越上限的母线数大于区域内总母线数×0.75 且电压越下限母线不超过 3 条。二是区域电压低：区域内电压越下限的母线数大于区域内总母线数×0.75 且电压越上限母线不超过 3 条。

3）限值条件：

①区域内母线数目不可少于 5 条；

②区域内厂站数目不少于 2 个；

③拓扑相连的母线算作一条母线；

④220kV 站高压侧母线不属于可调母线，不算入母线数量；

⑤母线电压越上限条件：母线电压大于上限值×0.99；母线越下限条件：母线电压小于下限值×1.01。

（2）母线单元电压无功策略。

1）策略内容：遵从九区图原理，见表 2-1-1。

表 2-1-1　　九 区 图 原 理

电压低	无功欠补	优先投电容/退电抗； 当电容器不满足投切条件时升挡
	无功正常	优先投电容/退电抗； 当电容器不满足投切条件时升挡
	无功过补	优先升挡； 当主变压器不满足升挡条件时，且存在可调节电容器时强制投电容/退电抗

续表

电压高	无功过补	优先退电容/投电抗； 当电容器不满足投切条件时降挡
	无功正常	优先降挡； 当主变压器不满足降挡条件时退电容/投电抗
	无功欠补	优先降挡； 当主变压器不满足降挡条件时，且存在可调节电容器：强制退电容/投电抗
电压正常	无功欠补	存在可调节电容器：投电容/退电抗
	无功过补	存在可调节电容器：退电容/投电抗
	无功正常	无需调节

2）策略说明：

①无功越限定义：一是低压侧母线：母线所属主变压器低压侧功率因数越限或无功倒送；二是中压侧母线：母线所属主变压器中压侧功率因数越限或无功倒送。

②主变压器预判条件：

a．存在并列主变压器时，其中一台主变压器闭锁时，与其并列的主变压器都不能调节；

b．主变压器拓扑有错误，不能调节；

c．主变压器存在闭锁（告警闭锁或保护闭锁），不能调节；

d．主变压器未取到遥控点号，不能调节；

e．主变压器距上次调挡未到规定时间间隔（可在 AVC 控制参数表中设定），不能调节；

f．主变压器已调节至极限挡位，不能调节；

g．厂站关口母线电压越下限时，不允许降挡；

h．厂站关口母线电压越上限时，不允许升挡；

i．三卷变压器调节时，当中低两侧母线存在调节冲突（如低压侧电压低时中压侧电压高），不能调节。

③电容器预判调节：

a．电容器存在闭锁（告警闭锁或保护闭锁），不能投退；

b．电容器属于分组容抗，不能投退；

c．电容器未取到遥控点号，不能投退；

d．电容器未到调节间隔时间，不能投退（可在 AVC 控制参数表中设定）；

e．厂站关口母线电压越下限时，不允许退电容/投电抗；

f．厂站关口母线电压越上限时，不允许投电容/退电抗；

g．电容器投退后导致所属母线电压越限，不能投退；

h．电容器投退后导致所属厂站关口无功越限，不能投退（强制投切策略除外）；

i．电容器投退后导致所属区域关口无功越限，不能投退（强制投切策略除外）；

j．电容器极性预判不过（共用同一高压侧母线的电容和电抗器不能同时投入），不能投退。

（3）区域无功策略。

1）策略内容：区域关口（220kV 站主变压器高压侧）的无功越限时，调节属于此区域的容抗器，具体见表 2-1-2。

表 2-1-2　　区域无功策略电容器的调节表

区域关口无功过补	退区域内电容器/投区域内电抗器
区域关口无功欠补	投区域内电容器/切区域内电抗器

2）限值条件：

①区域内厂站没有电容器时，不参与区域无功策略；

②区域内厂站选择 VQC 模式时，不参与区域无功策略。

（4）单站无功策略。策略内容：单站关口（非 220kV 站主变压器高压侧）的无功越限时，调节属于此站的电容器，具体见表 2-1-3。

表 2-1-3　　单站无功策略电容器的调节表

单站关口无功过补	退区域内电容器/投区域内电抗器
单站关口无功欠补	投区域内电容器/切区域内电抗器

34．什么是自动电压控制（AVC）？

答：自动电压控制（Automatic Voltage Control，AVC），是发电厂和变电站通过集中的电压无功调整装置自动调整无功功率和变压器分接头，使注入电网的无功值为电网要求的优化值。从而使全网（含跨区电网联络线）的无功潮流和电压都达到要求，这种集中的电压无功调整装置称之为 AVC。

35．AVC 控制闭锁功能应包括系统级闭锁、厂站级闭锁和设备级闭锁的含义是什么？

答：（1）系统级闭锁是指 AVC 主站整体闭锁，不向所有电厂或变电站发控制命令。

（2）厂站级闭锁是指 AVC 主站对某个电厂或变电站停止发控制命令，其他电厂或变电站正常控制。

（3）设备级闭锁是指对某具体设备停止发控制命令。

36．试说明 VQC 与 AVC 系统的共同点和区别。

答：VQC 装置和 AVC 都是电压、无功自动化控制设备，变电站端电压无功控制原理是类似的。VQC 只是 AVC 功能的一部分，AVC 系统可以实现 VQC 的全部功能，并且可以部署到集控站和调度主站，实现全网和区域电压、无功自动控制策略。

37．试述遥控操作和程序操作的区别和联系。

答：遥控操作是指从调度端或集控站发出远方操作指令，以微机监控系统或变电站

的 RTU 当地功能为技术手段，在远方的变电站实现的操作；程序操作是遥控操作的一种，但程序操作时发出的远方操作指令是批命令。遥控操作、程序操作的设备应满足设备运行技术和操作管理两个方面的技术条件。

38．何谓事件顺序记录 SOE？

答：SOE 反映电力系统中断路器和继电保护装置工作状态的变化，并记录它们的动作时间及区分动作顺序。

39．何谓前置机？

答：对进站或出站的数据，完成缓冲处理和通信控制功能的处理机。

40．如何登录和退出遥视系统？

答：（1）遥视系统登录：单击电脑桌面上遥视系统快捷登录图标→在弹出的登录系统对话框中输入“服务端 IP”“用户名”“密码”（东部遥视机，用户名：dk_dong ，密码：123；西部遥视机，用户名：dk_xi ，密码：123）→单击“确定”后即可登录。

（2）遥视系统退出：单击遥视画面上端“退出系统”图标→在弹出的退出系统对话框窗口中输入“用户名”“密码”（东部遥视机，用户名：dk_dong ，密码：123；西部遥视机，用户名：dk_xi，密码：123）→单击“确定”后即可退出。

41．如何调阅遥视系统录像？

答：单击遥视画面上端“录像浏览”图标→在弹出的“录像浏览”对话框中的“录像模式”中选择“前端设备录像”→在该对话框的左上角选择拟查询的录像节点（摄像头）（鼠标双击该节点名称即可选中）→在该对话框中“按时间段查找”中设置查询时间段（只能设置一天）→单击“查找”，即可查询出该时间段录像资料，若想查看某段录像，用鼠标双击该录像名称即可。

注：遥视系统最多能保存 10～12d 的录像资料；该查询结果调取的是站端遥视系统的录像资料。

42．如何在主站端进行遥视系统录像？

答：在遥视系统正常运行期间，每个遥视画面的左上角均有该画面的名称，正常显示为绿色背景、白色字体→将鼠标移至该字体处，鼠标左键双击该区域，此时会弹出“录像时间设置”对话框，在此对话框中输入欲录像时间后，单击“确定”→此时遥视画面左上角的字体变为红色背景、白色字体，即开始进行主站端录像。

若想停止该画面录像，则再次鼠标左键双击遥视画面左上角的字体区域，此时字体变回绿色背景、白色字体，即停止进行主站端录像。

43．如何登录“输变电设备在线监测系统”并进行信息查询？

答：在浏览器中输入网址“http：//pms.he.sgcc.com.cn/MWWebSite/WebView.jsp？WebView＝LoginView”或从收藏夹选择“生产管理系统-在线监测”，打开在线监测系统登录页面，输入用户名：hd_guosm，密码：gsm2651@^%!。登录后，单击“状态监测”→“监测告警查询”→“变电告警信息查询统计”→直接单击“查询”即可查询出告警信息。

44．如何登录“河北省电力公司电压监测系统”并进行信息查询？

答：在浏览器中输入网址“http：//10.122.6.154/E6000/inde x．jsp”或从收藏夹选择“河北省电力公司电压监测系统”，打开河北省电力公司电压监测系统登录页面，输入用户名：yhy，密码：123456。

登录后，若想查看各电压监测点合格率情况可进行如下操作：单击“电能质量检测”→“电压基础查询”→画面底部的“A类”→即可显示各电压监测点合格率情况（注：当前画面显示的“日合格率”为前一日电压合格率情况）。若想继续查看某一监测点的电压曲线情况，可在该监测点前的单选框中打“√”→单击“历史曲线”，即可显示该监测点电压曲线情况。

登录后，若想下载并查看各电压监测点具体运行数值，可进行如下操作：单击“报表管理”→“报表查看下载”→“各电压监测点运行情况”→“下载”，即可完成“邯郸供电公司—监测点运行情况报表”下载，在该表中可查看A、B、C、D类电压监测点具体运行数值。

登录后，若想在网上直接查看各电压监测点具体运行数值，可进行如下操作：单击“报表管理”→“报表查看下载”→“各电压监测点运行情况”→单位处选择为“变电运维工区”→单击“查询”，即可查看A类电压监测点具体运行数值。若单位处选择为“营销部”→“查询”，即可查看B、C类电压监测点具体运行数值。

45．如何登录河北省调度操作预令系统并签收省调预令？

答：在浏览器中输入网址“http：//10.13.4.81/”或从收藏夹选择“河北电力调度中心调度操作预令系统”，在打开的登录页面中输入用户名：邯调监控，密码：a，单击“登录”后，即可登录该系统→若有待签收操作票，则“待办工作列表”中会显示有“待签收操作票”，单击该待签收操作票，即可浏览该操作票具体内容，在“回签人”处签字，单击“回签”并加以确认后，即可回签成功。

46．如何登录河北省调度操作预令系统并签收地调预令？

答：在浏览器中输入网址“http：//10.13.4.81/”或从收藏夹选择“河北电力调度中心调度操作预令系统”，在打开的登录页面中输入用户名：监控员，密码：a，单击“登录”后，即可登录该系统→若有待签收操作票，则“待办工作列表”中会显示有“待签收操作票”，单击该待签收操作票，即可浏览该操作票具体内容，在“回签人”处签字，单击“回签”并加以确认后，即可回签成功。

47．什么是AVC主站（AVCMaster Station）？

答：AVC主站指安装在各级电力调度中心的计算机系统及软件，用于完成AVC计算分析及下发控制调节指令等功能，同时接收AVC子站的反馈信息。

48．AVC主站功能是什么？

答：AVC主站功能是通过对地区电网实时无功电压运行信息的采集、监视和计算分析，在满足电网安全稳定运行基础上，控制电网中无功电压设备的运行状态，与上下级调度协调控制，维持电压运行在合格范围内，优化无功分布，降低电网损耗。应依次达到：①保证所辖范围内监控电压运行在合格范围内；②降低电网损耗。

49．AVC控制闭锁功能包括的系统级闭锁、厂站级闭锁和设备级闭锁的含义是什么？

答：（1）系统级闭锁是指AVC主站整体闭锁，不向所有电厂或变电站发控制命令。

（2）厂站级闭锁是指AVC主站对某个电厂或变电站停止发控制命令，其他电厂或变电站正常控制。

（3）设备级闭锁是指对某具体设备停止发控制命令。

50．OPEN-3000系统的子系统SCADA的主要功能有哪些？

答：SCADA主要实现以下功能：数据处理、数据计算与统计考核、控制和调节、人工操作、事件和报警处理、拓扑着色、趋势记录、事故追忆及事故反演等。

51．一般情况下，哪些信息不列入信息采集范围？

答：（1）锁具状态信息：如测控装置和GIS设备汇控柜上锁具解锁、联锁信号。

（2）一次设备切换信息，如断路器、隔离开关机构箱内远方就地切换信号。

（3）用于作业现场的提示信息，如母线互联告警、调压开关正在进行中、断路器电机运转、配电室SF_6氧气含量等。

52．监控系统中“系统工况信息”的含义是什么？

答：用于反映自动化系统本身运行情况的信息，包括各厂站投入、退出运行，系统各节点运行情况，系统网络运行情况等信息。

53．哪些信号应设置SOE信号？

答：（1）保护出口动作信号；

（2）自动装置动作信号；

（3）开关位置信号；

（4）事故总信号；

（5）母线接地信号。

54．什么是远动终端？

答：由主站监控的子站，按规约完成远动数据采集、处理、发送、接收，以及输出执行等功能的设备。

55．什么是问答式远动系统？

答：一种远动系统，其调度中心或主站要取得子站的监视信息，需先询问子站，然后子站作出回答。

56．地区电网调度自动化系统实用化基本功能核实的内容是什么？

答：（1）电网主结线及运行工况；

（2）实时用电负荷与计划用电负荷；

（3）重要厂、站的电气运行工况；

（4）异常、事故报警及打印；

（5）事件顺序记录（SOE）；

（6）电力调度运行日报的定时打印；

（7）召唤打印。

57．远动设备主要包括哪些？

答：远动终端（RTU），遥测屏（柜）、遥信屏（柜）、遥控屏（柜），专用电源盘，不间断电源UPS，各种连接电缆，以及厂站内计算机监控系统的远动功能部分。

58．什么是远动通道？

答：传输远动信息的通道是调度主站与厂站端相互传送信息的专用通道，叫做远动通道。

59．变电站自动化系统的结构分层定义是什么？

答：变电站自动化一般结构分为两层：第一层（间隔层），包括继电保护、测量控制和其他电子智能设备；第二层（变电站层）主要指现场总线以上系统总控单元和当地功能部分。

二、基础题库

（一）选择题

1．调度自动化SCADA系统的基本功能不包括（ C ）。

A．数据采集和传输　　B．事故追忆
C．在线潮流分析　　D．安全监视、控制与告警

2．当关口功率因数越下限，而关口下所带电容器本站电压偏高时，AVC系统组合策略会如何控制？（ A ）

A．主变压器分接头降挡，投入电容器
B．主变压器分接头升挡，切除电容器
C．主变压器分接头降挡，切除电容器
D．主变压器分接头升挡，投入电容器

3．调度自动化主站系统数据库分为（ AB ）数据库。

A．实时　　B．历史　　C．关系　　D．图形

4．按照电网调度的核心业务和生产需求，能量管理系统的体系结构可分为（ABC）功能。

A．安全Ⅰ区的调度实时监控类
B．安全Ⅱ区的调度计划类
C．安全Ⅲ区应用
D．安全Ⅳ区办公

5．无功电压优化系统以地区（ AB ）为优化目标，以各节点电压合格为约束条件，遵循安规、运规、调规，进行无功和电压优化计算。

A．电网电能损耗最小　　B．设备动作次数最少
C．电压合格　　D．功率因数合格

6．告警查询界面，每个界面最多显示多少条信息？（ B ）

A．500　　B．1000　　C．1500　　D．100

7．告警窗上哪种类型的信号不上传未复归栏？（ D ）

A．事故　　B．异常　　C．越限　　D．开关变位

E．告知

8．监控系统中主接线图上，通过什么可以将闪烁的开关进行清闪？（ B ）

A．开关遥控　　B．开关遥信对位

C．开关今日变位　　D．光字牌全图确认

9．下列哪些功能是监控系统右键单击主接线图开关弹出的“开关菜单”的内容？（ ABCD ）

A．开关遥控　　B．间隔抑制告警

C．开关抑制告警　　D．设置标志牌

E．调挡操作

10．监控系统中告警抑制分为以下哪些类型？（ABCDE）

A．遥信告警抑制　　B．间隔告警抑制

C．遥测告警抑制　　D．厂站告警抑制

E．设备告警抑制

11．以下监控员在监控系统的操作哪些是错误的？（ ABD ）

A．某站母联001断路器/测保装置异常频发，监控员甲对001断路器进行间隔抑制

B．某站母联001断路器频繁分合，监控员甲对001断路器进行间隔抑制

C．某站母联001断路器频繁分合（正常合位），监控员甲对001断路器进行遥信封锁合

D．某站母联001断路器频繁分合（正常分位），监控员甲对001断路器进行遥信封锁合

12．下面智能电网监控系统启动或停止命令正确的是（ AB ）。

A．系统启动命令 sys_ctl start fast　　B．系统停止命令 sys_ctl stop

C．系统启动命令 sys_start ctl fast　　D．系统停止命令 sys_stop ctl

13．监控系统综合智能告警界面（告警窗）上有全部信息、事故、异常、越限（分事故限和正常限）、开关变位、告知、AVC 告警信息、系统工况等界面（界面可以按照要求定制），哪些在全部信息上进行显示？（ABC）

A．异常　　B．越限（事故限）

C．开关变位　　D．告知

14．事件顺序记录（SOE）是（ A ）。

A．把现场断路器或继电保护动作的先后顺序记录下来

B．把现场事故前后的断路器变化、对应的遥测量变化先后顺序记录下来

C．主站记录遥测量变化的先后顺序

D．主站记录断路器或继电保护动作先后的顺序

15．进行断路器检修等工作时，应能利用调度自动化系统（ B ）功能禁止对此断路器进行遥控操作。

A．闭锁挂牌　　B．检修挂牌
C．人机界面　　D．维护

16．（ A ）是调度自动化系统应用功能中的最基本的功能。它根据遥信信息确定地区电网的电气连接状态，并将网络的物理模型转换为数学模型。

A．网络拓扑　　B．状态估计
C．静态安全分析　　D．调度员潮流

17．下列“四遥”信息描述有错的是（ C ）。

A．遥测指电流，电压，有功，无功，电能测量
B．遥信指断路器位置，隔离开关，保护动作及异常信号
C．遥控指开关分合闸控制及异常跳闸
D．遥脉指电度量的采集

18．测控装置某双位置遥信采用双触点输入方式，开入量采用先合后分的接法，通过逻辑判断分辨开关的状态，比如某断路器双位置遥信值“01”表示（ B ）信号。

A．合位　　B．分　　C．合令　　D．无效

19．当某35kV变电站35kV进线因母线未配置电压互感器，造成有功、无功遥测值未进行采集时，可通过以下哪种方式处置？（ D ）

A．遥测置数　　B．遥测封锁
C．遥测抑制　　D．手动对端代

20．造成光字牌监控画面有显示，而告警窗口无告警显示的原因有哪些？（ ABCD ）

A．责任区设置不正确
B．用户登录责任区选择错误
C．告警方式设置不正确
D．设置告警延时，且在告警延时间内

21．AVC指令可分（ A ）方式。

A．遥控和遥调　　B．遥控和遥测
C．遥信和遥测　　D．遥调和遥信

22．AVC下发到不同厂站的控制命令是（ A ）。

A．并行的　　B．串行的
C．既有串行又有并行　　D．其他

23．OPEN-3000系统中如果选择“（ A ）”，则图形上表示潮流的箭头就不可见，只用跑动的方式表示潮流。

A．显示跑动　　B．显示箭头
C．停止显示潮流　　D．显示跑动箭头

24．OPEN-3000系统中如果选择“（ B ）”，则图形上表示潮流的箭头可见，但是没

有跑动的动态形式。

A．显示跑动　　B．显示箭头

C．停止显示潮流　　D．显示跑动箭头

25．OPEN-3000 系统中如果选择“（ C ）”，则图形上既看不到箭头，也看不到跑动。

A．显示跑动　　B．显示箭头

C．停止显示潮流　　D．显示跑动箭头

26．OPEN-3000 系统中如果选择“（ D ）”，则图形上既用箭头表示潮流，又用跑动的形式动态显示。

A．显示跑动　　B．显示箭头

C．停止显示潮流　　D．显示跑动箭头

27．OPEN-3000 系统分为四态，即实时态、历史态、培训态、研究态。默认方式为（ A ）。

A．实时态　　B．历史态　　C．培训态　　D．研究态

28．（ B ）是告警服务中最基本的要素。

A．告警行为　　B．告警动作　　C．告警类型　　D．告警方式

29．下面属于监控系统的硬接点信号是（ A ）。

A．断路器位置　　B．自检信息

C．VQC 动作信息　　D．CVT 报警信息

30．监控系统中遥测信息的单位规范以下哪个正确？（ B ）

A．有功功率，kW　　B．无功功率，Mvar

C．电流，kA　　D．线路电压、母线电压，V

31．“开关 SF_6 气压低报警”信息属于哪一类告警信息？（ B ）

A．事故信息　　B．异常信息　　C．变位信息　　D．越限信息

32．“××线××重合闸动作”信息属于哪一类告警信息？（ A ）

A．事故信息　　B．异常信息　　C．变位信息　　D．越限信息

33．“本体轻瓦斯发信”信息属于哪一类告警信息？（ B ）

A．事故信息　　B．异常信息　　C．变位信息　　D．越限信息

34．下面属于监控系统软信号的是（ C ）。

A．断路器位置　　B．隔离开关位置

C．CVT 报警信息　　D．继电保护装置的开出信号

35．监控系统中有功和无功的参考方向规定“Ⅰ段母线送Ⅱ段母线为（ A ）值”。

A．正值　　B．负值

C．没有明确规定　　D．没有方向

36．事故信息应区别于其他信息，采用不同的音响报警，其原则是（ A ）。

A．采用语音报警和喇叭报警，其中语音报警不少于两次

B．采用语音报警和警铃报警，其中语音报警不少于两次

C．根据级别采用语音报警和喇叭、警铃，其中语音报警不少于1次

D．不采用音响告警

37．调度自动化系统最基本的功能是（ C ）。

A．安全调度　　　　B．经济调度　　　　C．SCADA

38．SCADA中的字母“C”代表什么意思？（ C ）

A．采集　　　　B．监视　　　　C．控制

39．SCADA中的字母“A”代表什么意思？（ A ）

A．采集　　　　B．安全　　　　C．控制

40．《电网调度自动化系统应用软件基本功能实用要求及验收细则》中规定的电网调度自动化系统应用软件基本功能是指（ B ）。

A．网络拓扑、状态估计、调度员潮流、短路电流计算

B．网络拓扑、状态估计、调度员潮流、负荷预报

C．状态估计、调度员潮流、最优潮流、无功优化

D．网络拓扑、调度员潮流、静态安全分析、负荷预报

（二）判断题

1．监控系统变电站主接线图上，有功功率流入母线为负，流出母线为正。　（√）

2．监控系统综合智能告警界面（告警窗）上有全部信息、事故、（异常）、越限、开关变位、告知、AVC告警信息、系统工况等多个可定制界面。　（√）

3．监控员在监控系统中一次接线图上通过开关（今日变位）查看开关的分合闸情况。　（√）

4．“光字牌全图确认”可将本站画面所有未确认的光字牌信号进行确认，告警窗上对应的光字牌信息也会同时确认。　（√）

5．“快速定位本厂站告警”及“快速定位本间隔告警”在进行“固定滚动条”设置后使用效果最理想。　（√）

6．告警查询窗口的“下一页”查询代表的是查找时间范围内下一组的告警信息，“后一天”查询代表是查找时间范围内下一天的告警信息。　（√）

7．遥测正常限（越上限1和越下限1）和事故限（越上限2和越下限2）均设置后，当遥测越正常限时，遥测只变红不上实时告警窗；当遥测越事故限时，遥测不变红但上实时告警窗。　（×）

8．监控系统上通过中间滚轮可以快速对画面显示窗口进行放大和缩小。　（√）

9．邢台智能电网监控系统规定负荷电流的正负为流入母线为正；流出母线为负。（×）

10．进行遥控分、合操作时，其操作顺序为选择、返校、执行。　（×）

11．电力状态估计可以根据遥测量估计电网的实际开关状态，纠正偶然出现的错误开关状态信息。　（√）

12．SOE中记录的时间是信息发送到SCADA系统的时间。　（×）

13．SCADA系统可以对现场的运行设备进行监视和控制，以实现数据采集、设备

控制、测量、参数调节以及各类信号报警等各项功能。（√）

14. AVC 下发到不同厂站的控制命令是串行的。（×）

15. 若监控员已从总控台 OPEN-3000 系统登录，则打开图形画面时需重新登录。（×）

16. 前置子系统是 OPEN-3000 系统中不同系统之间实时信息沟通的桥梁。（√）

17. 前置厂站信息表中的记录是由 SCADA 触发而来的，需要手工添加。（×）

18. 告警方式简单地讲就是一个告警类型与告警动作之间的一个对应关系。（×）

19. 监控系统中硬接点信号和软信号均具备保持功能。（×）

20. 继电保护及安全自动装置的动作、故障异常等信号宜作为硬件点信息进行采集，并通过远动通信工作站上送。（√）

21. 遥信信息属性规范中保护动作信号表述为“动作”（1）/“复归”（0）。（√）

22. 事故、异常、越限、变位等信息可根据需要设置音响告警，一般为语音、喇叭、警铃三种。（√）

23. 在远动系统中，数字量、脉冲量与模拟量一样，都是作为遥信量来处理的。（×）

24. 调度自动化专业的作用是保证电力系统的“安全、经济”和“高质量”运行。（√）

25. 调度自动化系统主站端远动工作站的功能是数据和信息的采集。（×）

26. 电网调度自动化系统是确保电网安全、优质、经济地发供电，提高调度运行管理水平的辅助手段。（×）

27. 自动化系统是由 EMS/SCADA 系统、计算机数据交换网、调度生产局域网等系统，经由数据传输通道构成的一个整体，EMS/SCADA 系统包括主站和厂站设备。（√）

28. 遥控可分为控制点选择、校验和执行控制三个步骤。（√）

29. 当变电站发生事故总信号时，应停止遥控操作，当判明事故性质与遥控操作无关或操作不影响事故处理时，也应停止遥控操作。（×）

30. 遥控操作人必须严格执行自动化系统登录规定，即必须本人经自动化系统已确认的身份进行登录。（√）

31. 在调度端的双机系统配置中，一台在线运行，一台处于热备用状态；双机之间设有监视切换装置。（√）

32. 调度自动化系统是电网调度必不可少的技术支柱。（√）

33. 调度自动化系统主要是由主站系统、通道、厂站端远动设备组成。（√）

34. 遥测数据不准与厂站端有关而与主站端无关。（×）

35. SCADA 软件包是调度自动化系统的应用软件。（√）

36. 遥信状态与实际相反可以通过在主站端改变极性来解决。（√）

37. 调度自动化系统的数据库分实时数据库和历史数据库。（√）

38. SOE 中记录的时间是信息发送到 SCADA 系统的时间。（×）

39. SCADA 系统包括数据采集、数据传输及处理、计算和控制、人机界面及警告处理等。（√）

40．OPEN-3000 系统，告警客户端的启动可以在终端命令行直接运行 warn。（√）

41．电力系统调度自动化系统中状态估计的遥测量主要来自 SCADA 系统。（√）

42．状态估计实用的根本要求是能计算出可用的结果。（√）

43．地区供电公司及以上调度自动化系统、通信系统失灵影响系统正常指挥即构成电网一类障碍。（√）

三、经典案例

1．某日，监控系统告警窗“备通道补”上送“10kV 电大 1 线 053 开关保护过流 1 段出口、保护重合闸出口”动作信息，由于无开关变位信息，监控员误以为是误发信息，导致 10kV 电大 1 线线路异常情况未及时处置，造成非计划停电时间较长。简述监控告警窗“备通道补”信息的原因及监控员处置措施。

答：为保证变电站数据传输的安全性、可靠性，地区电网 110kV 变电站均配置四个远动通道（A、B 套远动机各有一、二平面）。正常运行时，设定一个主用值班通道（架设未 A 套远动机一平面），其他三个通道均作为备用通道（备用通道正常也传输站端数据）。当主通道因故未上送调度端告警信息超过 10s 时，备用通道会将告警信息调度端告警窗并伴有“备通道补”字段。

遇有“备通道补”上送的告警信息时，监控应按照主通道告警信息处置一样对待，由于备通道补上送信息时可能会存在部分重要信息缺失等问题，因此需通过各方面进行辅助核对，如通知运维现场核实检查、通过用户了解线路故障停电情况、通知自动化核查等。

2．2018 年 5 月 4 日，110kV 天源站现场工作人员汇报站端自动化设备更换后重启，造成变电站全站通信短时中断 5～6min 时间。通道恢复正常后，监控告警窗“全数据判定”上送部分告警信息，监控误以为现场自动化设备重启造成，未对此类信息引起重视，造成“110kV 天泉线 162 开关 SF_6 气压低告警”缓报 20min。简述监控告警窗“全数据判定”信息的原因及监控员处置措施。

答：“全数据判定”上送监控信息可能存在以下两种情况：

（1）调度主站每隔一段时间（15min，间隔时间可设定）向变电站子站下发“召唤全数据”总召指令，当召唤的监控信息在实时状态下未上送时，会将此信息“全数据判定”发送告警窗。

（2）因故造成变电站全站通信中断，当通信恢复正常后，主站下发“召唤全数据”总召指令召唤站端远动机数据，所有动作过的信息上送时均伴有“全数据判定”字段。

遇有“全数据判定”上送的告警信息时，监控员务必引起重视，因为“全数据判定”上送的信息是前一时段缺失的信息，由于在时间上已经造成延缓，因此监控员处置过程中不但要与主通道告警信息处置一样对待，还要在安全的基础上，加快处置效率。

3．某日，王村站 1 号主变压器低压侧遥测数据跳变，通知现场运维到站检查反馈得知现场合并单元异常，缺少备件，暂时无法处置。因此现场专业人员协调自动化人员暂

通过公示替代方式进行解决，自动化人员公式替代后未告知值班监控员，造成现场运维人员到变电站与值班员监控进行核对时，双方人员以为是误发，观察一段时间无问题后误将此缺陷消除。通过上述案例分析存在的问题及注意事项？

答： 上述案例主要反映监控员在沟通、经验及监控系统应用上等存在问题：

（1）监控运行经验不足，也未引起重视，未意识到此种情况的处置方式；需加强监控员培训，提高此类异常情况处置的能力。

（2）监控员巡视不到位，未及时通过监控系统发现王村站 1 号主变压器低压侧遥测数据被公示替代。

（3）自动化专业在流程上存在问题，进行公示替代后未通知监控员。

（4）监控员缺陷管理不规范，在明确反馈缺少备件的情况下，现场无消缺原因反馈情况下就擅自将缺陷消除，严重违反缺陷闭环管理机制。

4．2016 年 9 月 12 日，某 220kV 变电站所供的 110kV 泉源 1 线线路发生瞬时性故障，告警窗只有 110kV 泉源 1 线 172 开关保护出口、重合闸出口动作信息，无泉源 1 线 172 开关变位信息，经自动化查询得知此开关在“抑制”状态，原因为 9 月 2 日 110kV 泉源 1 线 172 开关有检修预试工作造成开关频繁变位，监控员进行“开关抑制告警”操作，同时调度员在此开关上设置“检修”标识牌造成。

答： 监控系统主接线图画面“检修”标识牌具备抑制告警功能，开关在抑制状态呈现“灰色”状态，同时开关变位信息在告警窗上可进行过滤，不影响正常监视。由于监控系统的双重效果，当开关设置“检修”标示牌之前已经进行“开关抑制告警”操作，在“检修”牌拆除后，自动将开关抑制显示状态去除，开关由“灰色”变为“正常色”，但实际开关仍处于开关告警抑制状态，造成监控员误判，从而不能及时解除开关抑制状态。

因此监控员应注意以下事项：

（1）因“检修”标示牌具备挂牌自动抑制功能，所以监控员慎重使用“开关抑制告警”遥信操作功能。

（2）若必须使用“开关抑制告警”功能时，应做好记录，并在工作结束后应结合记录和监控“抑制告警”一览表核对正常设备不处于抑制状态。并每天定期加强监控“抑制告警”一览表的巡视核对。

（3）当开关检修进行传动试验，影响监控监视时，要求调度悬挂“检修”牌，必要时进行“间隔抑制告警”操作。

（4）协调自动化或监控厂家处置监控系统此类“BUG 事件”。

5．简述监控员进行开关遥控操作时出现“遥控闭锁、不可控”。

答： 由于鼠标操作不灵敏或者监控系统卡涩等造成调控人员右键功能使用不当，误点右键快捷“开关遥控闭锁”；设置具备禁止遥控操作的“检修”标示牌；以及自动化未定义遥控功能，均能造成开关遥控操作时出现“遥控闭锁、不可控”。因此监控员需注意以下事项：

（1）熟练掌握监控系统各右键快捷功能“开关遥控闭锁”的使用，遇有“遥控闭锁、不可控”时，应首先查看此功能是否在可选状态。

（2）监控员应清楚设置“检修”“人工闭锁”“冷备用”等标示牌具备禁止开关遥控操作的功能，应先进行遥控试验操作前解除标示牌或者单击右键快捷“开关遥控解闭锁”，若为调度员设置的标示牌，监控员操作前后应告知调度员，经允许后方可操作。

（3）出现“遥控闭锁、不可控”的原因不是上述两种原因造成的，应及时通知自动化进行检查处置。

6．2018 年 6 月 13 日，现场运维人员巡视发现某 110kV 变电站“2018 年 6 月 12 日 18 时 36 分 110kV 天光 1 线 163 开关 SF_6 气压低告警动作”，但主站监控系统未上送此告警信息，经查原因为本站前一日有工作于 20 时 56 分恢复正常运行方式，本站有“全站抑制告警”状态，操作时间为 2018 年 6 月 12 日 14 时 25 分，操作人为县调调控员小李。

答：地区电网 110kV 变电站存在地、县调均有调控管辖范围的设备，县调监视本县域内 10、35kV 出线设备，其他均为地调监控设备。由于变电站县调管辖设备有检修预试工作，县调调控员误将本站进行“全站抑制告警”操作，导致本站监控信息未上送。

上述案例暴露出地、县调调控员问题如下：

（1）地调监控员巡视不到位，未及时通过巡视发现本站“全站抑制告警”。

（2）地调监控员工作流程不规范，在工作结束后未及时与现场核对监控信息和正常运行方式，导致变电站长期处于“全站抑制告警”状态，且遗漏重要信息未发现。

（3）县调调控员监控应用不熟练，将“全站抑制告警”当做“间隔抑制”使用。

（4）监控权限设置不明确，应解除县调调控员 110kV 及以上变电站的“全站抑制告警”操作功能。

第二章　无功电压自动控制系统（AVC）

一、技术问答

1．何谓自动电压控制（AVC）？

答：自动电压控制（Automatic Voltage Control，AVC），是发电厂和变电站通过集中的电压无功调整装置自动调整无功功率和变压器分接头，使注入电网的无功值为电网要求的优化值。从而使全网（含跨区电网联络线）的无功潮流和电压都达到要求，这种集中的电压无功调整装置称之为 AVC。

2．自动电压控制（AVC）主要有哪些功能？

答：AVC 应用主要有以下功能：

（1）在网络模型的基础上，根据 SCADA 实时遥信信息，实时动态跟踪电网运行方式的变化，正确划分供电区域，实现动态分区调压。

（2）根据设定的限值，监视电网内母线电压越限及功率因数越限信息，并给出调节措施。

（3）程序处于闭环运行状态时，将调压指令转化为遥控命令，经监控系统下发到一次设备。

（4）考虑足够的安全措施，辨识电网及监控系统各种异常的运行情况，闭锁调压设备自动控制并给出提示。

（5）具有事件记录功能，可记录调节指令、有载调压装置和无功补偿设备的动作情况和异常报警事件和遥控信息。

（6）在线统计 AVC 系统闭环投运率、控制成功率，统计设定时间段内调压设备的动作次数，便于分析。

3．地区电网 AVC“区域电压控制”如何实现？

答：判断一个区域内所有计算母线的电压越限情况，根据越限母线百分比（65%可人工设置）判断是否需要区域电压控制。如该区域有 10 条计算母线中有 7 条母线越上限，7/10 大于 0.65 则会出策略，该区域电压高（0.7），一般都是关口 220kV 站主变压器降挡，反之一样。

4．地区电网主要采用什么 AVC 控制模式？

答：AVC根据电网电压无功空间分布状态自动选择控制模式并使各种控制模式自适应协调配合，实现全网优化电压调节。优先顺序是“区域电压控制”＞“电压校正控制”＞“区域无功控制”。区域电压偏低（高）时采用“区域电压控制”，快速校正或优化群体电压水平；越限状态下采用“电压校正控制”，保证节点电压合格；全网电压合格时考虑经济运行，采用“区域无功控制”

5．试说明监控系统中AVC“区域电压控制策略”。

答：区域电压控制策略如下：

（1）策略内容：当整个区域内大多数母线电压超过限值时，通过调节枢纽站的主变压器挡位来整体调节区域电压质量。

（2）调节判据：

1）区域电压高：区域内电压越上限的母线数大于区域内总母线数×0.75且电压越下限母线不超过3条；

2）区域电压低：区域内电压越下限的母线数大于区域内总母线数×0.75且电压越上限母线不超过3条。

（3）限值条件：

1）区域内母线数目不可少于5条；

2）区域内厂站数目不少于2个；

3）拓扑相连的母线算作一条母线；

4）220kV变电站高压侧母线不属于可调母线，不算入母线数量；

5）母线电压越上限条件：母线电压大于上限值×0.99；母线越下限条件：母线电压小于下限值×1.01。

6．试说明监控系统中AVC“电压校正控制策略”。

答：电压校正控制策略如下所叙：

（1）策略内容：遵从九区图原理，如表2-2-1所示。

表2-2-1　电压校正调整九区图原理

<table>
<tr><td rowspan="3">电压低</td><td>无功欠补</td><td>优先：投电容/退电抗；
当电容器不满足投切条件时升挡</td></tr>
<tr><td>无功正常</td><td>优先：投电容/退电抗；
当电容器不满足投切条件时升挡</td></tr>
<tr><td>无功过补</td><td>优先：升挡；
当主变压器不满足升挡条件时，且存在可调节电容器：强制投电容/退电抗</td></tr>
<tr><td rowspan="3">电压高</td><td>无功过补</td><td>优先：退电容/投电抗；
当电容器不满足投切条件时降挡</td></tr>
<tr><td>无功正常</td><td>优先：降挡；
当主变压器不满足降挡条件时退电容/投电抗</td></tr>
<tr><td>无功欠补</td><td>优先：降挡；
当主变压器不满足降挡条件时，且存在可调节电容器：强制退电容/投电抗</td></tr>
</table>

续表

电压正常	无功欠补	存在可调节电容器：投电容/退电抗
	无功过补	存在可调节电容器：退电容/投电抗
	无功正常	无须调节

（2）策略说明：

1）无功越限定义：

①低压侧母线：母线所属主变压器低压侧功率因数越限或无功倒送；

②中压侧母线：母线所属主变压器中压测功率因数越限或无功倒送。

2）主变压器预判条件：

①存在并列主变压器时，其中一台主变压器闭锁时，与其并列的主变压器都不能调节；

②主变压器拓扑有错误，不能调节；

③主变压器存在闭锁（告警闭锁或保护闭锁），不能调节；

④主变压器未取到遥控点号，不能调节；

⑤主变压器距上次调挡未到规定时间间隔（可在 AVC 控制参数表中设定），不能调节；

⑥主变压器已调节至极限挡位，不能调节；

⑦厂站关口母线电压越下限时，不允许降挡；

⑧厂站关口母线电压越上限时，不允许升挡；

⑨三绕组变压器调节时，当中低两侧母线存在调节冲突（如低压侧电压低时中压侧电压高），不能调节。

3）电容器预判调节：

①电容器存在闭锁（告警闭锁或保护闭锁），不能投退；

②电容器属于分组容抗，不能投退；

③电容器未取到遥控点号，不能投退；

④电容器未到调节间隔时间，不能投退（可在 AVC 控制参数表中设定）；

⑤厂站关口母线电压越下限时，不允许退电容/投电抗；

⑥关口母线电压越上限时，不允许投电容/退电抗；

⑦电容器投退后导致所属母线电压越限，不能投退；

⑧电容器投退后导致所属厂站关口无功越限，不能投退（强制投切策略除外）；

⑨电容器投退后导致所属区域关口无功越限，不能投退（强制投切策略除外）；

⑩电容器极性预判不过（共用同一高压侧母线的电容和电抗器不能同时投入），不能投退。

7．试说明监控系统中 AVC“无功控制策略”。

答：（1）区域无功控制策略：

1）策略内容：区域关口（220kV 站主变压器高压侧）的无功越限时，调节属于此区域的电容器，具体见表 2-2-2。

表 2-2-2　　区域关口无功控制策略

区域关口无功过补	退区域内电容器/投区域内电抗器
区域关口无功欠补	投区域内电容器/切区域内电抗器

2）限值条件：

①区域内厂站没有电容器时，不参与区域无功策略；

②区域内厂站选择 VQC 模式时，不参与区域无功策略。

（2）单站无功策略：策略内容：单站关口（非 220kV 站高压侧）的无功越限时，调节属于此站的电容器，具体见表 2-2-3。

表 2-2-3　　单站关口无功控制策略

单站关口无功过补	退区域内电容器/投区域内电抗器
单站关口无功欠补	投区域内电容器/切区域内电抗器

上述对电容器进行投切操作时，均考虑“电压校正控制”的电容约束条件。

8．地区电网 AVC 控制模式的约束条件是什么？

答：不论是区域电压控制模式或是电压校正控制模式，为实现调压目的而对主变压器挡位进行升降或对电容器进行投切操作时，均考虑以下约束条件：

（1）针对电容器：投入电容器时进行预判，如果下列条件成立则不投入电容器，上述电容器优先投入动作被过滤：

1）投入电容器时该厂站主变压器或所在区域内 220kV 主变压器无功倒流；

2）该电容器所连母线电压越限；

3）该电容器所属厂站高压侧电压越限；

4）该时段电容器动作次数越限；

5）该电容器已投入；

6）该电容器被切除后时间小于 5min（可设置）。

（2）针对主变压器：调整主变压器挡位时也进行预判，如果下列条件成立则不进行挡位调节，上述主变压器挡位优先动作被过滤：

1）主变压器挡位动作次数越限；

2）主变压器处于极限挡位（最高挡/最低挡）；

3）主变压器所属厂站三侧电压越限；

4）主变压器距上次调整时间小于 2min（可设置）。

（3）并列主变压器调节时考虑如下策略：

1）根据基于断路器、隔离开关状态的拓扑算法判断是否并列运行，如果主变压器无负荷即轻载情况下，主变压器不在 AVC 控制范围内。

2）挡位调整时同步调节，保证挡位的一致性；若并列主变压器中一台调节成功，另一台调节失败，则不将已调节成功的主变压器挡位调节回去，并提示并列主变压器挡位

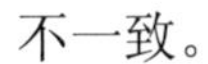

不一致。

9．AVC 控制闭锁功能包括哪些方面，其含义是什么？

答：AVC 控制闭锁功能应包括系统级闭锁、厂站级闭锁和设备级闭锁。

（1）系统级闭锁是指 AVC 主站整体闭锁，不向所有电厂或变电站发控制命令。

（2）厂站级闭锁是指 AVC 主站对某个电厂或变电站停止发控制命令，其他电厂或变电站正常控制。

（3）设备级闭锁是指对某具体设备停止发控制命令。

10．简述 AVC 闭锁信号的分类及定义。

答：AVC 闭锁告警信号：AVC 对设备的运行情况进行监视和分析，出现异常情况时，闭锁设备的自动控制。常用的告警信号有主变压器滑挡、电容器拒动、母线单相接地等。告警信号由 AVC 内部检测并触发。AVC 告警信号是为保证 AVC 安全运行由 AVC 系统定义的一系列告警信号，当此类信号触发时，闭锁相应设备并发出告警信号。此类信号的触发和解除由 AVC 系统完成。AVC 告警信号类别定义在 AVC 告警类型表中，系统根据每个告警类型对应的设备生成具体的告警信号。“是否抑制告警”选为“是”时，将不处理此类告警。

AVC 闭锁保护信号：AVC 保护信号由 SCADA 保护信号关联 AVC 设备生成，当监控系统收到保护动作信号时，可自动闭锁关联的 AVC 设备。保护信号由关联的 SCADA 中保护信号触发生成。AVC 保护信号由维护人员在 SCADA 保护节点表中拖入需闭锁的 AVC 设备而触发生成，一个保护信号最多可闭锁 4 个设备。AVC 接收到保护动作信号时闭锁对应设备，接收到复归信号时可自动复归。常用的保护信号包括主变压器的轻重瓦斯信号、过载信号等，以及电容器的过流、过压保护。由于各站配置的保护不同，需继电保护专业人员提供哪些保护需闭锁主变压器调挡及电容器开关投切，并指定复归方式。保护信号的复归方式默认为人工解锁，可人工改为自动解锁方式。瞬动类型的保护信号禁止设定为自动解锁方式。

AVC 闭锁信号是为了方便监控人员了解 AVC 设备闭锁的原因并进行相应的处理。设备被自动闭锁时，监控人员应及时查看具体的闭锁信号，检查原因并处理。在确认问题已解决后，该设备可以投入 AVC 自动控制时，需及时解锁告警或保护信号。自动复归类型的闭锁信号在问题消失后可自动复归。

11．试说明监控系统 AVC 功能模块常用告警类型含义及功能设定。

答：（1）设备拒动：主变压器、电容器类告警信号，在闭环运行时，当对主变压器/电容器连续 3 次（次数可分别设置）自动控制均失败时，判为主变压器/电容器拒动，闭锁该设备。此类告警信号必须由人工解锁。

（2）主变压器滑挡：主变压器类告警信号，在闭环运行时，当 AVC 对主变压器的一次调挡命令造成挡位变化大于或等于两挡时，判为主变压器分接头滑挡，闭锁该主变压器。为避免量测抖动造成误闭锁，此告警信号仅针对 AVC 调节的主变压器调挡事件，如主变压器有空挡需滑过，可在 AVC 变压器表中“空挡位设置”。此类告警信号必须由人工解锁。

（3）并列主变压器错挡：主变压器类告警信号，当并列运行主变压器挡位不对应时，闭锁相应主变压器。恢复对应或分列运行时自动解锁。

（4）手工操作：主变压器、电容器类告警信号，当系统检测到有非 AVC 控制的主变压器挡位变化和容抗器状态变化时，判为手工操作，闭锁相应设备。此类告警信号必须由人工解锁。

（5）遥测遥信不匹配：电容器类告警信号，当电容器开关为分，同时电流或无功量测值大于残差，认为该电容器遥测遥信不匹配，闭锁该电容器，反向亦然。为避免电容器投切后由于遥信遥测数据变化有先后，而导致本告警频繁地动作和复归，在判断本告警信号动作时增加了延时。电容器冷备用时不会检查本告警。量测恢复正常时自动解锁。

（6）拓扑异常：主变压器、电容器、母线类告警信号，设备在 AVC 下拓扑分区失败，则发此告警，需仔细检查设备到上级正常厂站之间的连接。此告警在拓扑正常时自动解锁。

（7）主变压器过载：主变压器类告警信号，当主变压器高压侧电流值大于限值时，认为该主变压器过载，闭锁该主变压器，限值可由主变压器高压侧额定电流与过载系数（默认 80%）乘积得到，也可人工设定。低于限值时自动解锁。

（8）母线过电压：母线类告警信号，当母线电压高于设定安全上限时，闭锁该母线。各电压等级母线安全上限可在 AVC 全局运行参数表中设置。母线电压低于限值时自动解锁。

（9）母线欠电压：母线类告警信号，当母线电压低于设定安全下限时，闭锁该母线。各电压等级母线安全下限可在 AVC 全局运行参数表中设置。母线电压高于限值时自动解锁。

（10）动作次数越限：主变压器、电容器类告警信号，当主变压器和电容器动作次数达到该时段内设定的最大可动作次数时，闭锁相应主变压器和电容器。进入下一个时段或人工修改限值，主变压器和电容器动作次数小于最大可动作次数时，此告警自动解锁。

（11）冷备用：主变压器、电容器类信号，当电容器隔离开关为分，主变压器开关或隔离开关为分时，认为该设备处于冷备用状态，闭锁相应设备。此告警信号可自动解锁。

（12）电压不刷新：母线类告警信号，当母线线电压量测值连续一段时间（可设置）不变化时，认为该母线量测不刷新，遥测异常不可信，闭锁该母线。当电压恢复变化时可自动解锁。

（13）调挡异常：主变压器类告警信号，在闭环运行时，当对主变压器的一次调挡命令造成主变压器反向调节，或者没有相应方向的电压变化，则认为调挡电压异常，闭锁该主变压器。为避免量测抖动造成误闭锁，此告警信号仅针对 AVC 调节的主变压器调挡事件。此类告警信号必须由人工解锁。

（14）相电压异常：母线类告警信号，当检测到母线单相接地（接地相电压低于门槛值，且非接地相电压偏差小于设定值）或者不平衡（任两相之差大于基准值×不平衡系数）时，闭锁该母线。相电压恢复正常时可自动解锁。

（15）量测坏数据：母线类告警信号，当从 SCADA 读取的母线线电压量测值带有坏数据标志（越合理范围、工况退出、不变化、可疑、未初始化、封锁、置数、非实测）时，认为该母线为量测坏数据，遥测异常不可信，闭锁该母线。量测坏数据标志解除时可自动解锁。

（16）挂牌：主变压器、电容器类告警信号，对设备挂牌时（电容器支持挂牌在开关和电容器上，主变压器仅支持挂在主变压器设备上），AVC 读取该挂牌信息并闭锁相应设备。解除标志牌时可自动解锁。

（17）主变压器连续同方向调挡：主变压器类告警信号，为避免量测异常时导致主变压器连续调挡，若主变压器在设定的时间段内同方向调节次数大于等于设定次数则闭锁，闭锁该主变压器。此类告警信号必须由人工解锁。

12．简述 AVC 控制状态图专业术语及含义。

答：AVC 控制状态图按照变电站进行绘制，主要包括以下内容：

（1）闭环：AVC 由 SCADA 系统获得电网的实时运行状态，分析计算后发出控制指令，电网运行状态变化后反馈回 AVC，形成闭环控制。

（2）开环：AVC 仅对当前电网的运行情况进行分析计算，提出调节建议，但不形成控制指令的运行状态称为开环状态。开环与闭环的区别在于开环不下发遥控，而闭环下发遥控。

（3）自动控制：（设备状态）表示该设备运行正常，无异常告警及保护事件，设备允许 AVC 自动控制。

（4）设备闭锁：（设备状态）表示该设备运行异常，不允许 AVC 自动控制。设备闭锁状态有“人工闭锁”“自动闭锁”和“全闭锁”三种。

1）人工闭锁：调度监控人员指定设备在 AVC 应用下不可控。人工闭锁状态只能由人工解除。

2）自动闭锁：AVC 系统判断设备异常，不可控。自动闭锁状态由告警信号或保护信号触发，当所有告警信号及保护信号复归后，自动闭锁状态可自动解除。

3）全闭锁：设备既有人工闭锁，又有自动闭锁的状态。

13．AVC 闭锁复归方式有哪两种？

答：AVC 闭锁复归方式有自动解锁和人工解锁两种：

（1）自动解锁：当 AVC 检测到触发某类告警或保护闭锁的信号复归时，将自动解除对相关设备的闭锁；对于 AVC 告警信号，还可设置为在告警信号复归后，延时一段时间解锁。

（2）人工解锁：AVC 检测到触发某类告警或保护闭锁的信号复归时，不会自动解除对相关设备的闭锁，而需通过人工确认的方式解除闭锁。

14．简述 AVC 系统的命令类型。

答：AVC 系统的命令类型包括“控制”和“建议”和“提示”三种。

（1）控制：表示本系统对设备进行分析计算，并对其进行直接发命令控制，不需要值班员手动遥控。

（2）建议：表示本系统对设备进行分析计算，但不会对其进行直接发命令控制，只是提示值班员对设备进行操作。

（3）提示：表示本系统对设备进行分析计算，发现设备不具备控制条件，提示值班员检查设备情况。

15．AVC 系统的控制对象原则上包括哪些？

答：AVC 控制对象包括发电机、调相机、电容器、电抗器、有载调压分接头、动态无功补偿设备等，AVC 应能实现上述设备之间的协调控制。

16．监控系统告警查询功能查询的历史记录包括哪些？

答：AVC 在告警查询工具中单独分类，包括 AVC 变压器动作事件、AVC 告警信息事件、AVC 电容器调压事件、AVC 操作信息事件、AVC 调压命令事件。

（1）AVC 变压器动作事件。AVC 变压器动作事件记录了变压器高压侧分接头位置的变化情况。告警状态包括 AVC 操作失败、AVC 操作成功、人工操作等。

（2）AVC 告警信息事件。AVC 告警信息事件记录了所有 AVC 告警信号发生和复归的情况（人工复归记录在 AVC 操作事件中）。告警状态包括三相电压不平衡、主变压器滑挡、主变压器过载等所有告警类型。

（3）AVC 电容器调压事件。AVC 电容器调压事件记录了电容器的投切情况。告警状态包括 AVC 操作失败、AVC 操作成功、人工操作等。

（4）AVC 操作信息事件。AVC 操作信息事件记录了所有在画面上人为的操作信息（数据库中的修改操作不会记录），如闭锁、解闭锁、修改参数等。

（5）AVC 调压命令事件。AVC 调压命令事件记录 AVC 所有发出的调节指令。告警状态包括建议、控制、提示。

17．《国家电网有限公司十八项电网重大反事故措施》AVC 对电容器投切的要求是什么？

答：采用 AVC 等自动投切系统控制的多组电容器投切策略应保持各组投切次数均衡，避免反复投切同一组，而其他组长时间闲置。电容器组半年内未投切或近 1 个年度内投切次数达到 1000 次时，自动投切系统应闭锁投切。对投切次数达到 1000 次的电容器组连同其断路器均应及时进行例行检查及试验，确认设备状态完好后应及时解锁。

18．AVC 控制模式有几种？

答：AVC 控制具有闭环、半闭环和开环三种模式：

（1）闭环：主变压器分接头和无功补偿设备全部投入自动控制。

（2）半闭环：主变压器分接头退出自动控制，由操作员手动调节，无功补偿设备自动调节。

（3）开环：电压无功自动控制退出，可由操作员选择投入或退出。

19．简述电压无功管理。

答：（1）值班监控员负责受控站母线电压的运行监视和调整。

（2）根据电压曲线，受控站电压通过 AVC 系统自动投切电容器、电抗器进行电压调整，自动投切完毕后无须做记录，无须汇报值班调度员。

（3）若 AVC 系统异常，不能正常控制变电站无功电压设备时，监控员应汇报相关调度，将受影响的变电站退出 AVC 系统控制，并通知相关专业人员进行处理。

（4）退出 AVC 系统控制期间，值班监控员应根据华北调控分中心、河北省调发布的电压曲线，在受控站 500kV 电压合格范围内自行投切电容器、电抗器进行电压调整，操作完毕后做好记录，无须汇报省调值班调度员。

（5）若值班监控员已无能力进行电压调整时，应及时汇报相应值班调度员，由值班调度员采取其他调节措施控制电压在合格范围内。

（6）由值班调度员直接发令操作的电容器、电抗器，在投切操作完成两小时后，若值班调度员未做特别说明，则值班监控员可根据电压曲线要求自行投切；在投切操作完成两小时内，值班监控员如需操作，应征得值班调度员同意。

（7）AVC 系统控制的变电站电容器、电抗器或变压器有载分接开关需停用时，监控员应按照相关规定将相应间隔退出 AVC 系统。

（8）受控站 500kV 有载调压变压器的调压操作由运维人员按调度指令执行。

二、基础题库

（一）选择题

1．以下哪种 AVC 控制策略错误？（　B　）

A．2 号主变压器无功欠补：4.22（－0.00～4.16），电压：10.19、10kV 3 号电容器投入

B．2 号主变压器无功欠补：－1.2（－0.00～4.16），电压：10.19、10kV 3 号电容器投入

C．10kV 2 号母线电压高：10.62（10.10～10.60），2 号主变压器高压侧从 5 挡降为 4 挡

D．10kV 2 号母线电压低：10.05（10.10～10.60），2 号主变压器高压侧从 4 挡升到 5 挡

2．以下哪个 AVC 闭锁信息不需要人工进行解锁？（　D　）

A．手工操作　　B．电容器开关低电压保护出口

C．设备拒动　　D．电容器开关测控装置通信中断

3．以下哪个 AVC 闭锁信息需要人工进行解锁？（　BCD　）

A．电容器开关控制回路断线　　B．人工操作

C．电容器开关间隔事故总　　D．主变压器连续同方向调挡

4．自动电压控制（AVC）的作用是（　C　）。

A．调节系统频率和系统潮流　　B．调节系统频率和系统电压

C．调节系统电压和无功功率　　D．调节有功功率和无功潮流

5．自动电压控制系统简称（ C ）。

A．VQC　　B．SVC　　C．AVC　　D．SVG

6．地区电网 AVC 软件应具备对（ C ）控制次数限制功能，以防止频繁操作对设备造成损坏。

A．刀闸　　B．断路器

C．电容器　　D．隔离开关

7．AVC 在优化控制模式下，（ C ）优先级最高。

A．功率因数校正　　B．电压校正

C．网损优化　　D．有功优化

8．从自动化系统主站角度看，自动电压控制（AVC）的控制对象包括（ AC ）。

A．变压器分接头　　B．发电机励磁电流

C．变电站并联电容器和电抗器　　D．线路并联电抗器

9．地区电网 AVC 软件应将省调的下发无功指令作为（ AB ）的约束条件。

A．控制　　B．优化　　C．降压　　D．升压

10．按照无功电压综合控制策略，电压和功率因数都低于下限，应如何控制？（ B ）

A．调节分接头

B．先投入电容器组，根据电压变化情况再调有载分接头位置

C．投入电容器组

D．先调节分接头升压，再根据无功功率情况投入电容器组

11．AVC 控制原则是保证、满足电网（ABC），以降低网损。

A．分层分区平衡　　B．电压合格

C．安全稳定运行　　D．电压波形合格

12．电力系统电压控制目的是（ABC）。

A．向用户提供合格的电能质量

B．保证电力系统安全稳定运行

C．降低电网传输损耗，提高系统运行的经济性

D．保证有功平衡

13．降低电网传地区电网 AVC 控制对象是（ACD）。

A．220kV 及以下变电站电抗器、主变压器分接头

B．变电站变压器各侧电压、母线电压

C．220kV 及以下变电站电容器

D．地区电网的具备控制条件的发电机组

（二）判断题

1．监控系统 AVC 闭锁信息分为告警闭锁信息和保护闭锁信息两种。　　（√）

2．监控系统 AVC 闭锁信息复归方式分为自动解锁和人工解锁两种。（√）

3．在 AVC 功能中，挂在同一条母线上的电容器不允许同时操作。（√）

4．由于无功设备开关性能可靠，故 AVC 控制时无须考虑设备开关动作次数限制。（×）

5．AVC 功能只保证控制厂站电压合格。（×）

6．AVC 数据来源既可以根据状态估计结果也可以直接取 SCADA 量测。（√）

7．AVC 应能动态分区，维持无功分层分区平衡功能。（√）

8．AVC 应优先控制电容器，在电容器不能控制情况下，再控制主变压器分头。（×）

9．AVC 系统主变压器、电容器动作次数越限告警，进入下一个时段此告警自动解锁。（√）

10．主变压器、电容器 AVC“冷备用”告警指的是当电容器刀闸为分，主变压器开关或刀闸为分时，认为该设备处于冷备用状态，闭锁相应设备。（√）

11．AVC 在控制无功设备时，无需考虑该设备的保护动作信号。（×）

12．220kV 降压变电站的主变压器高压侧功率因数应按省调下达的高峰、低谷控制值运行，且高峰不得高于控制值，低谷不得低于控制值。（×）

三、经典案例

1．2018 年 11 月 15 日，110kV 东汪站 1、2 号主变压器 AVC“主变错挡”告警信息动作后，监控值班员通过人工干预将主变压器挡位调整对应关系后，“主变压器错挡”仍无法复归。原因分析：2018 年 11 月 15 日 2 时 29 分，110kV 东汪站 2 号主变压器增容更换完毕，1、2 号主变压器并列运行时 AVC 告警信息显示东汪站 1、2 号主变压器“主变压器错挡”告警。原因为更换后的 2 号主变压器容量、短路阻抗等参数与 1 号主变压器不一致，根据现场提供的 2 号主变压器铭牌等电压参数，调控机构设备监控对 1、2 号主变压器的对应关系表进行明确并提请自动化专业在监控系统内新建东汪站 1、2 号主变压器挡位对应关系表，由于在设置时，1、2 号主变压器的挡位对应关系设置相反，造成 1、2 号主变压器挡位实际运行状态与 AVC 挡位对应关系表不对应，误发“主变压器错挡”告警。根据上述案例简述造成挡位对应关系不一致的原因、监控员注意事项及如何处理。

答：由于并列运行的两台变压器来自不同的厂家、虽然出自同一厂家但不是同一批次或使用的材料不同，在高压侧母线电压一致和主变压器挡位相同的情况下，中低压侧电压不一致，产生环流，占据变压器容量，增加损耗。因此，为了减少损耗，保证变压器并列时经济运行，部分变电站采用并列主变压器挡位不一致运行方式。

注意事项：

（1）监控员应具备“主变压器错挡”告警信息的辨识能力，能够通过监控系统主变压器挡位对应关系表进行初步分析判断。

（2）遇有主变压器扩建、更换后投入运行的情况时，监控员按照主变压器投运措施与现场运维做好主变压器空载调挡试验，做好电压数值的记录。

（3）将主变压器铭牌参数作为主变压器投运前验收的一部分，根据现场变压器铭牌核定电压数值。

（4）确因主变压器本身原因造成并列运行时存在挡位对应关系不一致，协调自动化在监控数据库制定对应站 AVC 并列挡位对应表，保证 AVC 自动调节。并在变电站接线图画面进行挡位对应注释。

（5）当电压越限时，人工干预操作时按照挡位对应关系表进行调节。如果两台并列运行的主变压器存在挡位不一致情况时，及时通知自动化维护 AVC 并列挡位对照表，举例如表 2-2-4 所示。

表 2-2-4　　1、2 号主变压器对应关系对照表

1 号主变压器	1	2	3	4	5	6	7
2 号主变压器	5	7	9	11	13	15	17

设置方法如下：一般选择一台主变压器为标准，比如“1 号主变压器”，则对于参考标准主变压器，1 号主变压器，按实际填写，即“1 挡位”填“1”、“2 挡位”填“2”、“3 挡位”填“3”，依次类推。（自动设为 0）

对应 2 号主变压器，按对应关系填，当实际为多少挡位时对于标准主变压器的挡位值，因此“5 挡位”填“1”、“7 挡位”填“2”、“9 挡位”填“3”，依次类推。每个对应的挡位可都填写为“0”。（并列运行的变压器的容量不同，此例中 2 号主变压器的 1～4 都自动设为 0）

2．2017 年 4 月，对某地区电网 AVC 运行进行统计分析时，发现 6 座 110kV 变电站的主变压器频发 AVC“主变滑挡”告警。简述其原因以及需要注意的事项。

答：“主变滑挡”属于主变压器类告警信号：指在闭环运行时，当 AVC 对主变压器的一次调挡命令造成挡位变化大于或等于两挡时，判为主变压器分接头滑挡，闭锁该主变压器，此类告警信号必须由人工解锁。

220、110kV 有载调压变压器的挡位基本上有 17 个挡位。现场主变压器有载调压机构配置 10 个线圈实现 17 个电压调节（110±8×1.25%、230±8×1.25%），即为 17 个分接头，但实际调压装置设置 19 个挡位，其中两个为过渡挡（9 和 11、9A 和 9B），由于监控数据库主变压器挡位是根据（8±1.25%）自动关联生成最高挡位为 17 挡，即在调挡过程中，若现场主变压器过渡挡上送位置情况下，AVC 触发“主变压器滑挡”闭锁（如挡位位置从 8→10 或 10→8）。过渡挡的两种情况见表 2-2-5。

表 2-2-5　　主变压器过渡挡的两种情况

								过渡		过渡								
1	2	3	4	5	6	7	8	9	10	11	12	13	14	15	16	17	18	19
1	2	3	4	5	6	7	8	9A	9B	9C	10	11	12	13	14	15	16	17

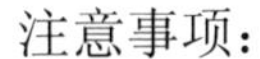

注意事项：

（1）监控员进行 AVC“主变压器滑挡”人工解锁前，应注意重点核对主变压器挡位曲线，记录主变压器滑挡上一挡位和本挡位。

（2）查询 AVC 告警信息和主变压器挡位曲线历史数据，进行综合分析造成“主变压器滑挡”的原因是否一致。

（3）若现场主变压器有上送过渡挡的情况，及时协调自动化对指定主变压器的挡位进行“空挡”设置；同时对并列运行的主变压器设置“挡位对应关系表”，以防主变压器频发“主变错挡”闭锁。

3．简述图 2-2-1 所示 AVC 控制策略详细情况。

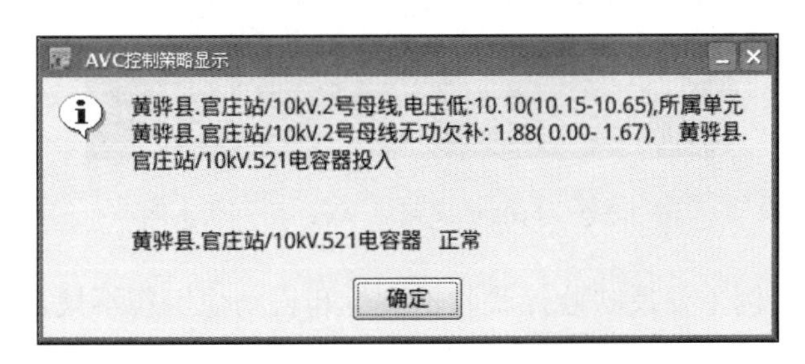

图 2-2-1　官庄站 10kV 母线控制策略详情

答： 当前策略显示官庄站 10kV 2 母电压低，当前电压 10.10kV，电压限值为 10.15～10.65kV，无功欠补，当前无功 1.88Mvar，无功限值为 0～1.67Mvar。需要投入电容。按照容量及动作次数排序，首先考虑官庄站 521 电容，预判通过，最终发控制策略，投入官庄站 521 电容。

4．某日，监控员巡视发现某 110kV 变电站显示母线拓扑失电、设备未连接到母线造成设备冷备用（AVC 软闭锁）。简述造成此类现象的原因。

答： 造成设备冷备用 AVC 告警的原因有：

（1）母线、设备自身就处于冷备用或检修状态；

（2）老旧设备的隔离开关位置未接入监控系统；

（3）由于现场设备辅助触点接触不良、站端远动设备、自动化设备异常造成断路器或隔离开关与实际不一致。

设备处于冷备用时，针对老旧设备，隔离开关位置未接入监控系统的，首先检查监控一次接线图，与现场核对实际运行方式，在不影响安全运行的情况，可以将处于分位的隔离开关或断路器进行临时或长久遥信封锁（若隔离开关位置信息已接入，应立即通知运维现场检查是否为隔离开关辅助接点接触不良等原因造成）。

5．2018 年 2 月 15 日，监控员巡视发现 110kV 凤凰站处于 AVC 开环运行状态（如图 2-2-2 所示），原因为 110kV 凤凰站为 2018 年 2 月 9 日新投运的变电站，自动化人员在制作 AVC 控制状态图时通过复制其他站后进行修改，但未将状态属性修改为凤凰站造成本站控制状态显示“闭环”，实际处于开关运行状态。通过上述案例分析可能存在的其他问题。

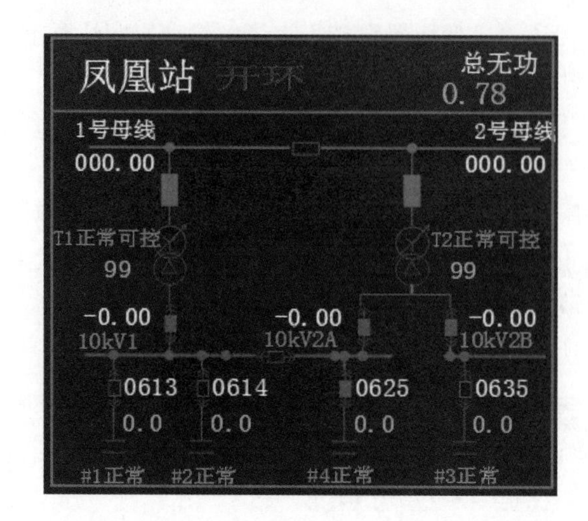

图 2-2-2　110kV 凤凰站 AVC 控制状态图

答：通过上述案例主要反映监控验收不到位和自动化工作不规范的问题。通过复制 AVC 控制状态图修改和监控验收不到位时，可能发生以下问题：

（1）控制状态图显示设备与实际不一致，即只修改了站名，未对设备属性进行修改。

（2）部分设备与实际不一致，即只修改设备编号，未对设备属性进行修改。

（3）状态图显示“闭环”状态，实际为“开环”：运行状态变电站属性未修改，状态图显示的为复制站的变电站运行状态。

（4）状态图显示“开环”状态，实际为“闭环”：运行状态变电站属性未添加，数据库已将本站设置为“闭环”运行状态。

（5）部分设备 AVC 告警自动闭锁或挂牌手工闭锁，状态图显示设备为正常状态：主要原因为闭锁相关属性未及时修改。

6．2016 年 4 月 15 日 19:05，110kV 天水站部分时段电压已经越下限，而 AVC 仍自动切除电容器，分析这一情况的原因。

答：由于某些变电站所带工业负荷、冲击负荷等对电压有特殊要求，需要针对此类站设置特殊的 AVC 策略，确保电压质量满足用户的需求。

110kV 天水站在 4 月 10 日接入某冶炼厂工业负荷，白天高峰负荷时间（7:00～19:00）对电压要求较高，由于考虑不周，提交申请时只提了特殊时段的策略，自动化按照申请要求于 4 月 15 日 9:00 只将本时段策略进行了设置，而其他时间未进行设置造成默认的策略电压数值为零，造成 AVC 策略错误在电压越下限时仍自动切除电容器，造成电压值持续下降。监控员发现及时，避免了电压异常事故。

7．电压已经越限，但是 AVC 没有出策略的原因是什么？

答：（1）母线闭锁时，AVC 不出该母线策略。

（2）该厂站被排出计算。

8．母线经常由于电压不变化，量测坏数据闭锁的原因是什么？

答：母线电压 5min 不变化，或量测质量不好，AVC 会闭锁母线，退出该母线 AVC 控制。该闭锁在量测质量恢复后会自动解锁，不需人工解锁。

9．低压侧母线越下限，应该升挡时，AVC 不动作主变压器的原因是什么？

答：（1）主变压器闭锁。

（2）主变压器预判不通过，如中压侧母线闭锁，或中压侧电压偏高，升挡后会造成中压侧越上限。

10．母线电压高，电容器没有闭锁，但是不能切除的原因是什么？

答：原因是如电容器所在区域高压侧（220kV）母线电压越下限，则该区域内电容器都不能切除，反之 220kV 母线越上限，所有电容器不能投入。

11．简述 AVC 遥控合格率低的原因。

答：（1）如果每次遥控都失败，考虑是设置问题，如 AVC 遥控关系表是否正确填写，同一设备不能有两条记录，否则可能造成遥控失败，SCADA 应用下的相应记录是否选择 AVC 可控等。

（2）如果 AVC 有遥控成功的记录，可能是通道质量问题，可查看前置报文，看 AVC 发的报文是否正确，如报文正确，AVC 遥控仍然失败，则与主站无关，应该怀疑是通道及站端问题。

12．简述右键解除告警后，设备仍闭锁的原因。

答：自动解锁的告警信号，在解除后，如果闭锁条件满足，AVC 会将设备重新闭锁。如果人工解锁的闭锁信号也不能解除，到 AVC 服务器上查看 avc_op 进程是否运行。

第三部分

监控运行技术技能

第一章 电网运行基础知识

一、技术问答

1．地区电网正常运行方式和检修方式安排总则是什么？

答：地区电网正常运行方式检修方式一般按照以下原则安排：

（1）负荷分配及潮流分布尽可能平衡，经济合理，并考虑安全、可靠性。

（2）正常方式下实行分区供电，一般不允许电磁环网运行，特殊情况下需采用电磁环网方式应有相应措施并经有关领导批准。

（3）各县（市）应在本县变电站或规定方式下供电，尽可能避免互相转供，以便于计量和负荷的计算与管理。

（4）有利于系统事故处理。

（5）考虑继电保护和自动装置适应程度。

（6）考虑输变电设备能力限制。

2．地区电网变电站母线正常分配方式原则是什么？

答：地区电网变电站母线正常分配方式按照以下原则进行考虑：

（1）电源分布合理；

（2）送电线路分布合理；

（3）负荷分配合理；

（4）考虑变压器中性点接地方式；

（5）母联开关交换功率较小；

（6）一般情况下单号开关接单号母线，双号开关接双号母线。

3．为什么地区电网部分110kV空充线路备用端开关线路侧刀闸在断位？

答：因电网运行方式需要，110kV 部分联络线路正常运行方式为空充运行，即一端开关运行状态，另外一端或两端为热备用状态。由于热备用端线路侧未配置避雷器，在雷雨季节时，容易遭受雷击损坏电流互感器，因此需断开线路侧刀闸。

4．输电线路在环境温度为 25℃时的允许电流是多少？其对应不同温度下的修正系数是多少？

答：输电线路在环境温度为25℃的允许电流如表3-1-1所示，不同温度的修正系数如表3-1-2所示。

表3-1-1　　25℃环境温度输电线路允许电流

导线型号	允许电流（A）	导线型号	允许电流（A）
LGJ-50	220	LGJQ-300	690
LGJ-70	275	LGJQ-400	825
LGJ-95	330	LGJ-2×185	1020
LGJ-120	380	LGJ-2×240	1220
LGJ-150	445	LGJ-2×300	1380
LGJ-185	510	LGJQ-2×300	1380
LGJ-240	610	LGJQ-2×400	1762
LGJ-4×400	3344	LGJ-4×300	2760
LGJQ-6×400	5286		

表3-1-2　　输电线路不同环境温度对应的修正系数

环境温度（℃）	5	10	15	20	25	30	35	40	45
修正系数	1.2	1.15	1.11	1.05	1.00	0.94	0.88	0.81	0.74

5．变压器的有载调压装置动作失灵是什么原因造成的？

答：有载调压装置动作失灵的主要原因有：

（1）操作电源电压消失或过低。

（2）电机绕组断线烧毁，启动电机失压。

（3）联锁触点接触不良。

（4）转动机构脱扣及销子脱落。

6．试解释以下变电站典型监控信息的含义。

答：“气压低闭锁重合闸”——反映开关操作机构的气压低闭锁合闸操作。

“SF_6气压低闭锁”——反映开关操作机构内的SF_6气体压力不满足操作要求。

“开关/刀闸就地控制”——反映开关/刀闸就地操作把手的位置，可选择就地操作或远方操作。

“开关/刀闸控制、电机消失”——反映开关/刀闸机构的控制操作电源、电机传动电源消失，这些都直接关系开关/刀闸的操作能否顺利执行。

“相间距离Ⅰ，Ⅱ，Ⅲ段动作”——反映线路上发生了多相短路故障。

“接地距离Ⅰ，Ⅱ，Ⅲ段动作”——反映线路上发生了接地短路故障。

“零序Ⅰ，Ⅱ，Ⅲ段动作”——反映线路上发生了接地短路故障。

“××加速段保护动作”——反映线路上有永久性故障，保护装置为了防止故障扩大化，又瞬时发出了跳开断路器的命令。

"光纤差动保护动作"——线路主保护动作，反映线路上有短路故障，保护装置已瞬时动作，并发出跳开开关的命令。

"对时异常"——反映保护装置 GPS 或北斗对时异常，采用点对点直接采样的不闭锁保护，采用网络采样的闭锁保护。

"装置异常（告警）"——反映装置出现异常，但装置功能基本正常。

"装置故障（闭锁）"——反映装置已经被闭锁，不能进行正常逻辑运算和闭锁对继电器的控制。

"装置 GOOSE 链路中断（异常）"——反映 GOOSE 链路通信出错，一般包括物理中断、数据超时、解码出错、采样计数器出错，该链路所有通道数据无效。

"装置 SV 链路中断"——反映 SV 链路物理中断，该链路所有通道数据无法传输。

"保护 TV 断线"——保护电压回路断线，闭锁含电压判据的保护。

"保护 TA 断线"——保护电流回路断线，闭锁部分保护。

"纵联通道告警"——保护装置纵联差动通道中断或异常，闭锁纵联差动保护。

7．什么是 SOE？SOE 的主要功能是什么？SOE 是如何生存的？

答：SOE 即 Sequence of Events，事件顺序记录，SOE 反映电力系统中断路器和继电保护装置工作状态的变化，并记录它们的动作时间及区分动作顺序。[SOE 是在电力系统内发生各种事件时（断路器跳闸、继电保护动作等）按毫秒级事件顺序，逐个记录下来，以利于对电力系统的事故处理时进行事故分析]

SOE 主要功能是记录状态量发生变化的时刻和先后顺序，当远动终端检测到遥信状态变位时记录遥信变位的时刻、变位状态和设备序号，组成事件记录信息向主站传送。

SOE 生成：测控装置通过与时钟同步系统对时，获取当前时间，发现有开关动作时，即按照当前时间（精确到毫秒）记录动作时间，然后通过远动主机发送到主站系统。

8．何谓前置机？

答：对进站或出站的数据，完成缓冲处理和通信控制功能的处理机。

9．调控人员交接班前，接班和交班人员需提前做好哪些工作？

答：交班值调控人员应提前 30min 审核当班运行记录，检查本值工作完成情况，准备交接班日志，整理交接班材料，做好清洁卫生和台面清理工作。

接班值调控人员应提前 15min 到达值班场所，认真阅读调度、监控运行日志，停电工作票、操作票等各种记录，全面了解电网和设备运行情况。

交接班前 15min 内，一般不进行重大操作。若交接班前正在进行操作或事故处理，应在操作、事故处理完毕或告一段落后，再进行交接班。

10．监控系统主接线图个别遥测数据不刷新的原因是什么？

答：（1）信号回路断线，信号继电器的触点卡死。

（2）对应的光电隔离器件损坏。

（3）转发点号未定义或定义错。

（4）画面前置错。

（5）数据库定义错。

（6）设置禁止更新。

（7）前置和数据库不对应。

（8）其他原因。

11. 调控机构监控业务交接内容包括哪些方面？

答：监控业务交接内容应包括：

（1）监控范围内的设备电压越限、潮流重载、异常及事故处理等情况；

（2）监控范围内的一、二次设备状态变更情况；

（3）监控范围内的检修、操作及调试工作进展情况；

（4）监控系统、设备状态在线监测系统及监控辅助系统运行情况；

（5）监控系统检修置牌、信息封锁及限额变更情况；

（6）监控系统信息验收情况；

（7）其他重要事项。

12. 故障停运线路远方试送时，集控站职责是什么？

答：故障停运线路远方试送时集控站职责：

（1）通知输变电设备运维单位线路故障停运情况；

（2）对线路故障情况进行分析判断，确定是否具备行远方试送条件；

（3）执行线路远方试送操作。

13. 地区电网线路故障停运后，监控员在确认满足哪些后，及时向调度员汇报站内设备具备线路远方试送操作条件？

答：线路故障停运后，监控员应在确认满足以下条件后，及时向调度员汇报站内设备具备线路试送操作条件：

（1）线路主保护正确动作、信息清晰完整，且无母线差动、开关失灵等保护动作；

（2）具备工业视频条件的，通过工业视频未发现故障线路间隔设备有明显漏油、冒烟、放电等现象；

（3）没有未复归的影响故障线路间隔一、二次设备正常运行的异常告警信息；

（4）集中监控功能（系统）不存在影响远方操作的缺陷或异常信息。

14. 监控员通过监控系统发现的缺陷应如何管理？

答：监控员发现缺陷后，应加强缺陷处置闭环管理，分为缺陷发起、缺陷处理和消缺验收三个阶段：

（1）缺陷发起：

1）值班监控员发现监控系统告警信息后，应按《调控机构信息处置管理规定（试行）》进行处置，对告警信息进行初步判断，认定为缺陷的启动缺陷管理程序，报告监控值班负责人，经确认后通知相应设备运维单位处理，并填写缺陷管理记录。

2）若缺陷可能会导致电网设备退出运行或电网运行方式改变时，值班监控员应立即汇报相关值班调度员。

（2）缺陷处理：

1）值班监控员收到设备运维单位核准的缺陷定性后，应及时更新缺陷管理记录；

2）值班监控员对设备运维单位提出的消缺工作需求，应予以配合；

3）值班监控员应及时在集控站缺陷管理记录中记录缺陷发展以及处理情况。

（3）消缺验收：

1）值班监控员接到运维单位缺陷消除的报告后，应与运维单位核对监控信息，确认缺陷信息复归且相关异常情况恢复正常；

2）值班监控员应及时在缺陷管理记录中填写验收情况并完成归档。

15．自动重合闸的启动发生有哪几种？各有什么特点？

答：自动重合闸有两种启动方式：断路器控制开关位置与断路器位置不对应启动方式、保护启动方式。

不对应启动方式的优点是简单可靠，还可以纠正断路器误碰或偷跳，可提高供电可靠性和系统运行的稳定性，在各级电网中具有良好的运行效果，是所有重合闸的基本启动方式；其缺点是当断路器辅助接点接触不良时，不对应启动方式将失败。

保护启动方式是不对应启动方式的补充，同时，在单相重合闸过程中需要进行一些保护的闭锁，逻辑回路中需要对故障相实现选相固定等，也需要一个由保护启动的重合闸启动元件。缺点是不能纠正断路器误动。

16．电力生产与电网运行的基本原则是什么？

答：电力生产与电力运行应当遵循安全、优质、经济的原则。电网运行应当连续、稳定，保证供电可靠。

17．调度机构的层级是怎样划分的？

答：调度机构分为五级：国家调度机构，跨省、自治区、直辖市调度机构，省、自治区、直辖市级调度机构，省辖市级调度机构，县级调度机构。

18．事故处理原则是什么？

答：（1）尽速限制事故发展，消除事故根源并解除对人身、设备和电网安全的威胁；

（2）用一切可能的方法保持正常设备继续运行和对用户的正常供电；

（3）尽速对已停电的用户恢复供电；

（4）尽速恢复电网正常运行方式。

19．事故发生后，电力企业和其他有关单位应当怎么做？

答：事故发生后，电力企业和其他有关单位应当按照规定及时、准确报告事故情况，开展应急处置工作，防止事故扩大，减轻事故损害。电力企业应当尽快恢复电力生产、电网运行和电力（热力）正常供应。

20．安规对工作许可人规定的安全责任有哪些？

答：（1）负责审查工作票所列安全措施是否正确、完备，是否符合现场条件；

（2）工作现场布置的安全措施是否完善，必要时予以补充；

（3）负责检查检修设备有无突然来电的危险；

（4）对工作票所列工作内容即使发生很小疑问，也应向工作票签发人询问清楚，必要时应要求做详细补充。

21．工作票的有效期与延期有何管理要求？

答：第一、二种工作票和带电作业工作票的有效时间，以批准的检修期为限。第一、二种工作票需办理延期手续，应在工期尚未结束以前由工作负责人向运行值班负责人提出申请（属于调度管辖、许可的检修设备，还应通过值班调度员批准），由运行值班负责人通知工作许可人给予办理。第一、二种工作票只能延期一次。带电作业工作票不准延期。

22．如有哪些行为之一者，视为违反调度纪律？

答：（1）拖延或无故拒绝执行调度指令；

（2）擅自越权改变省调管辖设备的技术参数或设备状态；

（3）不执行上级调度机构下达的调度计划；

（4）不如实反映本单位实际运行情况；

（5）影响电网调度运行秩序的其他行为。

23．110kV 线路两侧均为开关的线路停电操作一般采用的顺序？

答：（1）拉开线路受端开关；

（2）拉开线路送端开关；

（3）拉开线路各侧开关的两侧刀闸（先拉线路侧刀闸，再拉母线侧刀闸）；

（4）在线路上可能来电的各侧挂地线（或合上接地刀闸）。

24．什么叫双重调度？

答：设备由两个调度机构共同管辖，两调度机构的值班调度员均有权对该设备行使调度职权。但在改变该设备状态前后，双方值班调度员应互相通知对方。

25．电气设备检修时间的计算？

答：电气设备是从地调值班调度员下达设备停运开工令时开始，到设备重新正式投入运行或根据地调要求转入备用为止。投入运行（或备用）的操作时间（包括试验及试运行）均计算在检修时间之内。

二、基础题库

（一）选择题

1．变电站的直流母线电压最高不应超过额定电压的 115%，在最大负荷情况下保护动作时不应低于额定电压的（ B ）。

A．85%　　B．80%　　C．90%　　D．95%

2．某 110kV 变电站，三绕组变压器各侧电压分别为 110、36.5、10.5kV，容量分别为 50、50、31.5MVA，请问各侧的额定电流约为多少？（ A ）

A．262、789、1732A　　B．262、789、2744A

C．262、505、2620A　　C．262、789、2620A

3. 双母线运行倒闸过程中会出现两个隔离开关同时闭合的情况，如果此时Ⅰ母发生故障，母线保护应（ A ）。

A. 切除两条母线　　B. 切除Ⅰ母
C. 先切母联，再切Ⅰ母或Ⅱ母　　D. 切除Ⅱ母

4. 判别母线故障的依据是（ A ）。

A. 母线保护动作、断路器跳闸及有故障引起的声、光、信号等
B. 该母线的电压表指示消失
C. 该母线的各出线及变压器负荷消失
D. 该母线所供厂用电或所用电失去

5. 35～220kV 母线正常运行方式时，电压允许偏差为系统额定电压的多少；事故运行方式时为系统额定电压的多少？（ D ）

A. －7%～＋7%，±15%　　B. －3%～＋7%，±20%
C. －3%～＋3%，±30%　　D. －3%～＋7%，±10%

6. 监视点及控制点的电压偏离省调下达的电压曲线±5%的延续时间不得超过多少？偏离±10%的延续时间不得超过多少？（ A ）

A. 60、30min　　B. 60、60min　　C. 30、60min　　D. 30、30min

7. 某变电站某某开关事故跳闸后，主站收到保护事故信号，而未收到开关变位信号，其原因为（ C ）。

A. 通道设备故障　　B. 保护装置故障
C. 开关辅助接点故障　　D. 主站系统故障

8. 当变比不同的两台升压变压器并列运行时，将在两台变压器之间产生环流，使得两台变压器的空载输出电压（ D ）。

A. 降低　　B. 变比大的降低、变比小的升高
C. 升高　　D. 变比大的升高、变比小的降低

9. SF_6气体在 GIS 设备的隔离开关气室中起（ B ）。

A. 灭弧作用　　B. 绝缘作用　　C. 润滑作用　　D. 冷却作用

10. 消除变压器过负荷的措施有（ BCD ）。

A. 调节变压器分接头　　B. 投入备用变压器
C. 改变接线方式　　D. 拉闸限电

11. 变压器并列运行应符合以下哪些条件？（ ABCD ）

A. 绕组的接线组别相同　　B. 电压比相等
C. 阻抗电压百分数相等　　D. 容量比不大于 3:1

12.（ BC ）保护同时动作而跳闸时，不论其情况如何，未经变压器内部检验，不得将其投入运行。

A. 轻瓦斯　　B. 重瓦斯　　C. 差动　　D. 过流
E. 间隙

13．当中性点不接地系统发生单相金属性接地时，其他两相对地电压是正常运行时相电压的（ C ）倍。

A．1　　B．1.732/2　　C．1.732　　D．2

14．与电压互感器高压侧熔丝熔断无关的因素有（ D ）。

A．低压侧发生短路

B．当系统发生单相间歇性电弧接地故障时

C．电压互感器内部高压或低压绕组发生接地

D．二次接线松动

15．以下保护装置中与电压互感器无关联的是（ C ）。

A．振荡解列装置　　B．备自投装置

C．电流保护装置　　D．低频电压减载装置

16．在小电流接地系统中发出接地线号，一相电压降低，但不到零，两相升高且趋于相等，但不超过线电压，线路发生（ D ）异常故障。

A．单相完全接地　　B．单相不完全接地

C．单相断线　　D．两相断线

17．运行中的电压互感器低压侧：一相电压为零，其余两相不变；线电压两个降低，一个不变，说明（ D ）。

A．低压侧两相熔丝熔断　　B．高压侧一相熔丝熔断

C．高压侧两相熔丝熔断　　D．低压侧一相熔丝熔断

18．电压互感器一、二次熔断器熔断现象正确的有（ ACD ）。

A．电压互感器低压侧一相电压为零，两相不变，线电压两个降低，一个不变，说明低压侧一相熔断器熔断

B．电压互感器低压侧两相电压升高至线电压，一相降低

C．电压互感器低压侧两相电压为零，一相正常，一个线电压为零则说明低压侧两相熔断器熔断

D．电压互感器低压侧两相电压正常，一相降低，线电压两个降低，一个不变，说明高压侧一相熔断器熔断

19. 110kV 变电站 1 号主变压器（三绕组变压器）10kV 侧带一 10kV 线路，如该 10kV 线路故障断路器拒动时，则 1 号主变压器（ B ）动作越级跳闸。

A．高压侧后备保护　　B．低压侧后备保护

C．差动保护　　D．气体保护

20．两台变压器并列运行时，必须绝对满足的条件是变压器的（ B ）。

A．型号相同　　B．联接组标号相同

C．变比相等　　D．短路电压相等

21．电网并列的条件是（ ABCD ）。

A．相序、相位必须相同

B．频率相等，无法调整时频率偏差不得大于 0.3Hz，并列时两系统频率必须在 50±0.2Hz 频率范围内

C．电压相等，无法调整时 220kV 及以下电压差最大不超过 10%，500kV 时最大不超过 5%

D．并列操作必须使用同期并列装置

22．恢复电网运行和电力供应，应当优先保证（ A ）、重要输变电设备、电力主干网架的恢复。

A．重要电厂厂用电源　　B．各个大电厂的用电

C．重要地区企业用电　　D．重要企业的用电

23．特殊情况下，经组织事故调查组的机关批准，特别重大事故和重大事故的调查期限可适当延长，但延长的期限不得超过（ B ）d。

A．30　　B．60　　C．90　　D．100

24．特殊情况下，经组织事故调查组的机关批准，较大事故和一般事故的调查期限可适当延长，但延长的期限不得超过（ D ）d。

A．15　　B．20　　C．30　　D．45

25．事故发生后，有关单位和人员应当妥善保护事故现场以及工作日志、工作票、操作票等相关材料，及时保存故障录波图、（ C ）、发电机组运行数据和输变电设备运行数据等相关资料，并在事故调查组成立后将相关资料移交事故调查组。

A．设备各项参数　　B．设备电源参数

C．电力调度数据　　D．事故现场视频图像

26．根据事故的具体情况，电力调度机构可以发布开启或者关停发电机组、调整发电机组有功和无功负荷、调整电网运行方式、调整供电调度计划等电力调度命令，（ B ）应当执行。

A．运行值班员、检修人员　　B．发电企业、电力用户

C．监控部门、发电企业　　D．运行值班员、发电企业

27．事故应急指挥机构或者电力监管机构应当按照有关规定，（ D ） 发布有关事故影响范围、处置工作进度、预计恢复供电时间等信息。

A．统一、高效、及时　　B．高效、准确、及时

C．高效、统一、准确　　D．统一、准确、及时

28．（ B ）由事故发生地电力监管机构组织事故调查组进行调查。国务院电力监管机构认为必要的，可以组织事故调查组对较大事故进行调查。

A．重大事故　　B．较大事故、一般事故

C．特别重大事故　　D．未造成供电用户停电的事故

29．《电力安全事故应急处置和调查处理条例》所称电力安全事故是指电力生产或者（ A ）过程中，发生的影响电力系统安全稳定运行或者影响电力正常供应的事故。

A．电网运行　　B．设备运行　　C．人员操作　　D．调控指挥

30．一般人身事故（四级人身事件）为一次事故造成（ B ） 人以下死亡，或 10 人以下重伤者。

A．2　　B．3　　C．4　　D．5

31．（ D ）由国务院或者国务院授权的部门组织事故调查组进行调查。

A．重大事故　　B．较大事故

C．一般事故　　D．特别重大事故

32．（ A ）有权拒绝违章指挥和强令冒险作业；在发现直接危及人身、电网和设备安全的紧急情况，有权停止作业或者在采取可能的紧急措施后撤离作业场所，并立即报告。

A．各类作业人员　　B．工作负责人　　C．工作班人员

33．未造成供电用户停电的（ C ），事故发生地电力监管机构也可以委托事故发生单位调查处理。

A．重大事故　　B．较大事故

C．一般事故　　D．特别重大事故

34．倒闸操作时要求操作（ B ）应具有明显的标志，包括命名、编号、分合指示、旋转方向、切换位置的指示及设备相色等。

A．机构　　B．设备　　C．系统　　D．间隔

35．待用间隔（母线连接排引线已接上母线的备用间隔）应有名称、编号，并列入（ C ）管辖范围。

A．运行　　B．检修　　C．调度

36．室外高压设备发生接地时，不得接近故障点（ C ）m 以内。

A．2.0　　B．4.0　　C．8.0　　D．6.0

37．下列哪一项行为视为违反调度纪律？（ D ）

A．发生稳定破坏事故　　B．重要设备严重损坏

C．大面积停电或极重要的用户停电　　D．不如实反映本单位实际运行情况

38．联系调度业务、发布及回复调度指令时，双方必须互报单位、姓名、使用统一规范的调度用语，并（ C ）。

A．做好书面记录　　B．核对无误　　C．全部录音　　D．立即执行

39．母线倒闸操作时，应先将（ B ），才能进行倒闸操作。

A．母差保护停运　　B．母联开关的操作直流停用

C．母联开关充电保护启用

40．检修申请票的内容应包括工作时间、（ C ）以及对电网的要求等。

A．工作单位、停电范围　　B．申请单位、工作内容

C．工作内容、停电范围

41．造成区域性电网减供负荷 7%以上 10%以下者属于 （ B ）。

A．重大电网事故　　B．较大电网事故

C．一般电网事故　　　　　　　　　　　D．特大电网事故

（二）判断题

1．交班值调控人员应提前30min审核当班运行记录，检查本值工作完成情况，准备交接班日志，整理交接班材料，做好清洁卫生和台面清理工作。（√）

2．接班值调控人员应提前15min到达值班场所，认真阅读调度、监控运行日志，停电工作票、操作票等各种记录，全面了解电网和设备运行情况。（√）

3．在母线倒闸操作过程中，需将双母线完全电流差动保护切换成由启动元件直接切除双母线的方式，但对隔离开关为就地操作的变电站，为了确保人身安全，此时，一般需将母联断路器跳闸回路或控制电源断开。（√）

4．中、低压侧为110kV及以下电压等级且中、低压侧并列运行的变压器，中、低压侧后备保护应第一时限跳开母联或分段断路器，缩小故障范围。（√）

5．某三绕组变压器，三个绕组容量配合为100/50/100，是指三个绕组间的实际功率分配比例为2/1/2。（×）

6．电容器跳闸后不得强送，此时应先检查保护的动作情况及有关一次回路的设备。（√）

7. 线路过负荷是指流过线路的电流值超过线路本身允许电流值或者超过线路电流测量元件的最大量程。（√）

8．如因线路故障，保护越级动作引起的变压器跳闸，将故障线路开关断开后，可立即恢复变压器运行。（√）

9．中性点间隙接地保护应在变压器中性点接地开关断开后投入，接地开关合上前停用。（√）

10．事故信息处置过程中，监控员应只需及时发现事故信号并汇报相应调度。（×）

11．值班监控员遥控操作时，应注意保护与自动装置的相应变化，遥控操作设备后，应通过监控机检查设备的状态指示、遥测、遥信信号的变化，且至少应有两个及以上的非同样原理或非同源指示已同时发生对应变化，才能确认该设备已操作到位；若值班监控员对遥控操作结果有疑问，无须通知运维班到现场核对设备状态。（×）

12．发生事故异常时，由交班人员负责处理，值长根据情况可继续进行交接班。（×）

13．特别重大事故和重大事故的调查期限为45d。（×）

14．造成省、自治区人民政府所在地城市电网减供负荷40%以上（电网负荷2000MW以上的，减供负荷40%以上60%以下）的事故，视为重大事故。（√）

15．电力企业对事故发生负有责任的，由电力监管机构依照下列规定处以罚款：发生较大事故的，处20万元以上50万元以下的罚款。（√）

16．参与事故调查的人员在事故调查中，对事故调查工作不负责任，致使事故调查工作有重大疏漏的，可依法给予处分，但构不成犯罪。（×）

17．五级以上的即时报告事故均应在12h以内以书面形式上报。（×）

18．全部停电的工作，系指室内、室外高压设备全部停电（包括架空线路与电缆引

入线在内）的工作。（×）

19．验电时，应使用合格的验电器，在装设接地线或合接地刀闸（装置）处对各相分别验。（×）

20．当用户管辖的线路要求停电时，应得到用户的书面申请，经批准后方可停电，并做好安全措施。（√）

21．在一个电气连接部分同时有检修和试验时，必须填用两张工作票。（×）

22．变压器退出运行时，应先合上中性点接地刀闸，再退出间隙保护，然后拉开变压器断路器。（×）

23．新线路投运时用额定电压对线路冲击合闸三次，冲击时重合闸停用。（√）

24．两段母线电压互感器的二次需要并列时，母线必须在并列状态，再将电压互感器一次并列，然后进行二次并列，防止反充电。（√）

25．查找接地时，如发生保护动作跳闸，则应按接地处理。（×）

26．闭锁式纵联保护装置如需停用直流电源，应在两侧纵联保护停用后，才允许停直流电源。（√）

27．系统运行方式变更时，必须及时变更相关保护的运行方式。在保护方式和系统方式的操作配合上，要尽量缩短方式转换时间，重在防止保护的误动。（×）

28．一次设备停电时，如电流互感器、电压互感器、断路器、隔离开关等工作不影响保护装置运行时，保护装置可不退出，在一次设备送电前可以不检查保护状态正常。

（×）

29．一次设备操作时，要注意防止保护的拒动，应合理进行保护方式的切换操作。设备停电时，应先停一次设备，后停保护；送电时，应在合断路器前投入保护。（×）

30．断路器的失灵保护的动作时间应大于故障线路断路器的跳闸时间及保护装置返回时间之和。（√）

31．当电压回路断线时，将造成距离保护装置拒动，所以距离保护中装设了断线闭锁装置。（×）

32．三绕组变压器低压侧的过流保护动作后，不仅跳开本侧断路器，还跳开中压侧断路器。（×）

三、经典案例

1．某日，新入职实习监控值班员向监控值长请教，为什么两台相同容量的变压器并列运行，高压侧的负荷分配不均。监控值长通过查看两台变压器参数发现第一台变压器的短路电压为4%，第二台变压器的短路电压为5%，分析了两台变压器并列运行时，负载分配的情况。

答：假设已知两台变压器额定容量 $S_{1e}=S_{2e}=50\text{MVA}$

阻抗电压 $U_{1D}\%=4\%$，$U_{2D}\%=5\%$

（1）第一台变压器分担负荷为：

$$S_1=(S_{1e}+S_{2e})/[S_{1e}/U_{1D}\%+S_{2e}/U_{2D}\%]\times(S_{1e}/U_{2D}\%)$$
$$=100/(50/4+50/5)\times(50/4)$$
$$=55.56\text{（MVA）}$$

（2）第二台变压器分担负荷为：

$$S_2=(S_{1e}+S_{2e})/(S_{1e}/U_{1D}\%+S_{2e}/U_{2D}\%)\times(S_{2e}/U_{2D}\%)$$
$$=100/(50/4+50/5)\times(50/5)$$
$$=44.44\text{（MVA）}$$

第一台变压器负载为55.56MVA，第二台变压器负载为44.44MVA。

2．某日，110kV泉塘站10kV母线电压显示同时发生A、B相接地告警，只有A相接地的10kV泉村线046开关保护动作跳闸，而B相接地的10kV泉镇线045开关保护未动作跳闸。新入职监控员以其他变电站同时发生A、B相接地告警造成两条线路同时跳闸为例请教监控老师傅。试说明造成此案例的原因。

答：变电站10、35kV线路电流互感器的接线方式，有使用两个电流互感器的两相电流差接线；有使用三个电流互感器的三相Y形接线。早期投运的变电站为考虑供电可靠性和经济性，存在采用两个电流互感器的两相（一般为A、C相）电流差接线。

此种情况下，当同时发生两条线路不同相接地时，只有1/3的概率两条线路同时跳闸，2/3的概率只有一条线路跳闸，如表3-1-3所示。

表3-1-3　　电流互感器两相电流差接线下不同线路发生不同相接地时跳闸情况

线路1	A相接地	A相接地	B相接地	B相接地	C相接地	C相接地
线路2	B相接地	C相接地	A相接地	C相接地	A相接地	B相接地
跳闸情况	线路1跳闸	同时跳闸	线路2跳闸	线路2跳闸	同时跳闸	线路1跳闸

随着电网运行逐渐坚强，新投运变电站均采用三个电流互感器的三相Y形接线，因此当发生两条线路异相接地时，两条接地线路均保护动作跳闸。

3．某日，某地区县调在进行10kV母线电压处置过程中，误将电压互感器一次熔断器熔断按照小电流接地现象进行处置，造成异常得不到及时处置。小电流接地系统母线电压异常有哪些类型，对应的相电压、线电压均如何变化？

答：小电流接地系统母线电压异常包括：单相接地、TV一次熔断器熔断、TV二次熔断器熔断、线路单相断线等，表3-1-4均以A相为例进行分析。

表3-1-4　　小电流接地系统不同母线电压异常及现象

故障类型	相电压	线电压	接地信号
单相完全接地	$U_a=0$，$U_b=U$线，$U_c=U$线	不变	发接地信号，可能发相关保护装置异常信号
单相不完全接地	U_a降低不到0，U_b、U_c升高但不超过U线	不变	
TV二次熔断器熔断	$U_a=0$，U_b不变，U_c不变	U_{ab}、U_{ac}降低，U_{bc}不变	可能发保护装置异常信号

续表

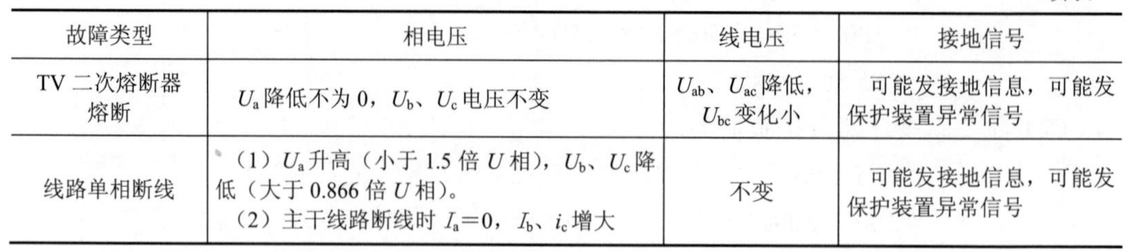

故障类型	相电压	线电压	接地信号
TV二次熔断器熔断	U_a降低不为0，U_b、U_c电压不变	U_{ab}、U_{ac}降低，U_{bc}变化小	可能发接地信息，可能发保护装置异常信号
线路单相断线	（1）U_a升高（小于1.5倍U相），U_b、U_c降低（大于0.866倍U相）。 （2）主干线路断线时$I_a=0$，I_b、i_c增大	不变	可能发接地信息，可能发保护装置异常信号

4．降压三绕组变压器后备保护动作跳闸包括单侧开关跳闸和三侧开关跳闸两种，针对不同动作情况分析判断依据和可能发生的原因。

答：（1）降压三绕组变压器后备保护动作单侧跳闸情况分析见表3-1-5。

表3-1-5　　降压三绕组变压器后备保护动作单侧跳闸情况分析

动作情况	分析判断依据	可能的事故原因
变压器中压侧或低压侧过流等后备保护动作，导致单侧跳闸，跳闸的一侧一段母线失压	若某分路断路器有“分闸闭锁”“控制回路断线”信号	可能是这些断路器所控制的线路故障越级
	若各分路中有保护动作信号	属于线路上发生故障，保护动作，断路器未跳闸造成的越级跳闸。有保护动作信号的线路上有故障
	若各分路都没有保护动作信号	有两种可能：一是线路上有故障时，线路保护不动作，造成越级跳闸；二是母线上发生故障，变压器后备保护动作跳闸

（2）降压三绕组变压器后备保护动作三侧断路器跳闸情况分析见表3-1-6。

表3-1-6　　降压三绕组变压器后备保护动作三侧断路器跳闸情况分析

动作情况	分析判断依据	可能的事故原因
变压器过流等后备保护动作，三侧断路器跳闸，中、低压侧各有一段母线失压	如果变压器某侧有跳单侧的后备保护动作信号时	则该侧失压母线的范围内有故障
	某一侧失压的母线上，如果有分路断路器“控制回路断线”“保护装置异常”“保护闭锁”等信号时	这一段母线属于故障范围的可能性很大。保护闭锁，线路故障时，将越级跳闸
	若变压器某一侧断路器没有跳开时	在这一侧失压母线的范围内发生故障的可能非常大
	若某一侧失压的母线上，有分路保护动作信号，有变压器主进线以外的其他电源进线跳闸，或某一侧母线的分段（或母联）断路器跳闸时	该侧失压的母线，多为故障所在范围

第二章　设备监视巡视

一、技术问答

1．集控站负责的集中监视项目有哪些？

答：集控站负责监控范围内变电站设备监控信息、输变电设备状态在线监测告警信息的集中监视。

（1）负责通过监控系统监视变电站运行工况；

（2）负责监视变电站设备事故、异常、越限及变位信息；

（3）负责监视输变电设备状态在线监测系统告警信号；

（4）负责监视变电站消防、安防系统告警总信号；

（5）负责通过工业视频系统开展变电站场景辅助巡视。

2．设备集中监视的分类及规定是什么？

答：设备集中监视分为全面监视、正常监视和特殊监视。

（1）全面监视是指监控员对所有监控变电站进行全面的巡视检查，330kV 及以上变电站每值至少两次，330kV 以下变电站每值至少一次。

（2）正常监视是指监控员值班期间对变电站设备事故、异常、越限、变位信息及输变电设备状态在线监测告警信息进行不间断监视。正常监视要求监控员在值班期间不得遗漏监控信息，并对监控信息及时确认。

（3）特殊监视是指在某些特殊情况下，监控员对变电站设备采取的加强监视措施，如增加监视频度、定期查阅相关数据、对相关设备或变电站进行固定画面监视等，并做好事故预想及各项应急准备工作。

3．设备集中全面监视的内容包括哪些方面？

答：设备集中全面监视内容包括：

（1）检查监控系统遥信、遥测数据是否刷新；

（2）检查变电站一、二次设备，站用电等设备运行工况；

（3）核对监控系统检修置牌情况；

（4）核对监控系统信息封锁情况；

（5）检查输变电设备状态在线监测系统和监控辅助系统（视频监控等）运行情况；

（6）检查变电站监控系统远程浏览功能情况；

（7）检查监控系统 GPS 时钟运行情况；

（8）核对未复归、未确认监控信号及其他异常信号。

4．遇有哪些情况时，应对变电站相关区域或设备开展特殊监视？

答： 遇有下列情况，应对变电站相关区域或设备开展特殊监视：

（1）设备有严重或危急缺陷，需加强监视时；

（2）新设备试运行期间；

（3）设备重载或接近稳定限额运行时；

（4）遇特殊恶劣天气时；

（5）重点时期及有重要保电任务时；

（6）电网处于特殊运行方式时；

（7）其他有特殊监视要求时。

5．出现哪些情形时，集控站应将相应的监控职责临时移交运维单位？

答： 出现以下情形，集控站应将相应的监控职责临时移交运维单位：

（1）变电站站端自动化设备异常，监控数据无法正确上送集控站；

（2）集控站监控系统异常，无法正常监视变电站运行情况；

（3）变电站与集控站通信通道异常，监控数据无法上送集控站；

（4）变电站设备检修或者异常，频发告警信息影响正常监控功能；

（5）变电站内主变压器、断路器等重要设备发生严重故障，危及电网安全稳定运行；

（6）因电网安全需要，集控站明确变电站应恢复有人值守的其他情况。

6．监控职责移交和收回有哪些要求？

答：（1）监控职责移交的要求是：

1）监控职责临时移交时，监控员应以录音电话方式与运维单位明确移交范围、时间、移交前运行方式等内容，并做好相关记录。

2）监控职责移交完成后，监控员应将移交情况向相关调度进行汇报。

（2）监控职责收回的要求是：

1）监控员确认监控功能恢复正常后，应及时通过录音电话与运维单位重新核对变电站运行方式、监控信息和监控职责移交期间故障处理等情况，收回监控职责，并做好相关记录。

2）收回监控职责后，监控员应将移交情况向相关调度进行汇报。

7．发生哪些情况时，变电站应恢复临时有人值班？

答： 发生下列情况时，建议变电站应恢复临时有人值班：

（1）变电站远动机、通道切换装置故障或二次设备故障时，监控信息无法上传到主站端监控系统；

（2）变电站通信通道中断，监控数据无法上传；

（3）变电站 35kV 及以下电压等级的交换机及其附属设备故障，造成本段母线所有

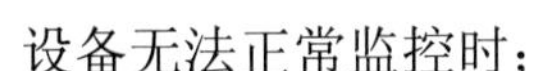

设备无法正常监控时；

（4）A 类电压监测点变电站，远方无法遥控操作调压设备时；

（5）变电站设备检修或异常，频发告警信息影响正常监控时；

（6）监控系统接收某变电站全部数据长时间不刷新，不能实时监控设备状态时；

（7）主站端监控系统异常，无法正常监控变电站运行情况；

（8）其他原因造成监控业务无法正常开展的情况；

（9）省、市公司提出变电站临时恢复有人值班要求的特殊情况。

8．变电站临时恢复有人值班的工作流程是什么？

答：变电站临时恢复有人值班按以下工作流程执行：

（1）计划性工作需要变电站恢复有人值班时，变电运维工区应提前 1 个工作日 12:00 前完成值班方案编制、审批手续，并提交值班监控员；并组织有关人员按计划时间节点到达变电站。

（2）不可预见的原因造成变电站临时恢复有人值班时，值班监控员直接向变电运维工区提出相应变电站临时恢复有人值班要求，运维人员应接到通知 1h 内到达，无须履行申请制度，但在恢复有人值班后 1 个工作日应补填申请单并提交。

（3）运维人员到站后，应立即向值班监控员、相关值班调度员汇报，并履行变电站值班职责。

（4）当临时恢复有人值班变电站涉及省调管辖设备时，值班监控员应在接到值班方案后，向省调提交申请单。

（5）变电站设备检修时，无须履行恢复有人值班变电站申请制度，恢复有人值班方式时间段应在设备操作后，检修工作开工至竣工时间内；连续性工作时，每日收工后，运维人员和值班监控员核对运行方式、设备监控信息无误后，设备监控权移交集控站；次日复工时，运维人员汇报值班监控员，变电站恢复有人值班方式。

（6）变电站满足无人值班条件时，运维人员应与值班监控员核实变电站运行方式和监控信息后，恢复无人值班，同时汇报相关值班调度员，双方应录音并做好记录。

9．监控信息的分类及含义是什么？

答：监控信息分为事故、异常、越限、变位、告知五类。

（1）事故信息是由于电网故障、设备故障等，引起开关跳闸（包含非人工操作的跳闸）、保护及安控装置动作出口跳合闸的信息以及影响全站安全运行的其他信息，是需实时监控、立即处理的重要信息。主要包括：

1）全站事故总信息；

2）单元事故总信息；

3）各类保护、安全自动装置动作出口信息；

4）开关异常变位信息。

（2）异常信息是反映设备运行异常情况的报警信息和影响设备遥控操作的信息，直接威胁电网安全与设备运行，是需要实时监控、及时处理的重要信息。主要包括：

1）一次设备异常告警信息；

2）二次设备、回路异常告警信息；

3）自动化、通信设备异常告警信息；

4）其他设备异常告警信息。

（3）越限信息是反映重要遥测量超出报警上下限区间的信息。重要遥测量主要有设备有功、无功、电流、电压、主变压器油温、断面潮流等，是需实时监控、及时处理的重要信息。

（4）变位信息特指开关类设备状态（分、合闸）改变的信息。该类信息直接反映电网运行方式的改变，是需要实时监控的重要信息。

（5）告知信息是反映电网设备运行情况、状态监测的一般信息。主要包括隔离开关、接地刀闸位置信息、主变压器运行挡位，以及设备正常操作时的伴生信息（如保护连接片投/退，保护装置、故障录波器、收发信机的启动、异常消失信息，测控装置就地/远方等）。该类信息需定期查询。

10．监控信息处置分为哪三个阶段，各阶段的处置要求有哪些？

答： 监控信息处置以“分类处置、闭环管理”为原则，分为信息收集、实时处置、分析处理三个阶段。

（1）信息收集。集控站值班监控人员（以下简称“监控员”）通过监控系统发现监控告警信息后，应迅速确认，根据情况对以下相关信息进行收集，必要时应通知变电运维单位协助收集：

1）告警发生时间及相关实时数据；

2）保护及安全自动装置动作信息；

3）开关变位信息；

4）关键断面潮流、频率、母线电压的变化等信息；

5）监控画面推图信息；

6）现场影音资料（必要时）；

7）现场天气情况（必要时）。

（2）实时处置。

1）事故信息实时处置。①监控员收集到事故信息后，按照有关规定及时向相关调度汇报，并通知运维单位检查；②运维单位在接到监控员通知后，应及时组织现场检查，并进行分析、判断，及时向相关调控中心汇报检查结果；③事故信息处置过程中，监控员应按照调度指令进行事故处理，并监视相关变电站运行工况，跟踪了解事故处理情况；④事故信息处置结束后，变电运维人员应检查现场设备运行状态，并与监控员核对设备运行状态与监控系统是否一致，相关信号是否复归。监控员应对事故发生、处理和联系情况进行记录，并按相关规定展开专项分析，形成分析报告。

2）异常信息实时处置。①监控员收集到异常信息后，应进行初步判断，通知运维单位检查处理，必要时汇报相关调度。②运维单位在接到通知后应及时组织现场检查，并

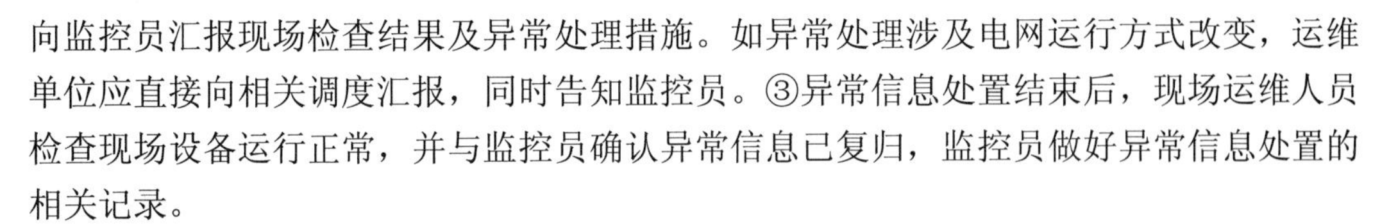

向监控员汇报现场检查结果及异常处理措施。如异常处理涉及电网运行方式改变，运维单位应直接向相关调度汇报，同时告知监控员。③异常信息处置结束后，现场运维人员检查现场设备运行正常，并与监控员确认异常信息已复归，监控员做好异常信息处置的相关记录。

3）越限信息实时处置。①监控员收集到输变电设备越限信息后，应汇报相关调度，并根据情况通知运维单位检查处理；②监控员收集到变电站母线电压越限信息后，应根据有关规定，按照相关调度颁布的电压曲线及控制范围，投切电容器、电抗器和调节变压器有载分接开关，如无法将电压调整至控制范围内时，应及时汇报相关调度。

4）变位信息实时处置。监控员收集到变位信息后，应确认设备变位情况是否正常。如变位信息异常，应根据情况参照事故信息或异常信息进行处置。

5）告知类监控信息处置。①集控站负责告知类监控信息的定期统计，并向运维单位反馈；②运维单位负责告知类监控信息的分析和处置。

（3）分析处理。

1）设备监控管理专业人员对于监控员无法完成闭环处置的监控信息，应及时协调运检部门和运维单位进行处理，并跟踪处理情况；

2）设备监控管理专业人员对监控信息处置情况应每月进行统计。对监控信息处置过程中出现的问题，应及时会同调度控制专业、自动化专业、继电保护专业和运维单位总结分析，落实改进措施。

11．河北省调关于加强和规范监控信息汇报的规定有哪些？

答：（1）事故信息。电网发生事故时，值班监控员应迅速收集、整理相关故障信息，在事故发生后3min内（时间以SOE时间为准，精确到秒）向设备归属调度汇报主要信息（包括事故发生的厂站、时间、设备双重编号、继电保护及安全自动装置动作情况、开关跳闸情况等），并尽快向有关调度汇报。值班监控员在汇报后，应迅速收集事故所有信息并进行初步判断，并将分析判断结果及时汇报值班调度员。同时，值班监控员应立即通知运维人员到现场检查、确认。

（2）异常信息。当监控系统出现异常信号时，值班监控员应迅速、准确地对异常信号做出初步分析判断，并根据情况通知运维人员、自动化人员对变电站电气设备、变电站自动化通信系统、监控系统主站及信号传输通道进行检查。对于值班监控员判断为对电网、设备安全运行有影响的异常信号，值班监控员应按照调度管辖范围及时汇报相应值班调度员，由值班调度员指挥异常处理。

（3）越限信息。值班监控员发现设备电流、电压、有功、无功、温度等达到或超过限额时，应及时汇报值班调度员并做好记录，必要时通知运维人员加强现场巡视。

（4）变位信息。值班监控员发现变位信息时，应根据遥信、遥测、状态指示等信息判断分析开关是否变位，对于受控站异常变位信号，汇报值班调度员，通知运维人员现场检查设备实际状态。

12．集控站负责的集中监视项目有哪些？

答：集控站负责监控范围内变电站设备监控信息、输变电设备状态在线监测告警信息的集中监视。

（1）负责通过监控系统监视变电站运行工况；

（2）负责监视变电站设备事故、异常、越限及变位信息；

（3）负责监视输变电设备状态在线监测系统告警信号；

（4）负责监视变电站消防、安防系统告警总信号；

（5）负责通过工业视频系统开展变电站场景辅助巡视。

13．设备集中监视的分类及含义是什么？

答：设备集中监视分为全面监视、正常监视和特殊监视。

（1）全面监视是指监控员对所有监控变电站进行全面的巡视检查，330kV 及以上变电站每值至少两次，330kV 以下变电站每值至少一次。

（2）正常监视是指监控员值班期间对变电站设备事故、异常、越限、变位信息及输变电设备状态在线监测告警信息进行不间断监视。正常监视要求监控员在值班期间不得遗漏监控信息，并对监控信息及时确认。

（3）特殊监视是指在某些特殊情况下，监控员对变电站设备采取的加强监视措施，如增加监视频度、定期查阅相关数据、对相关设备或变电站进行固定画面监视等，并做好事故预想及各项应急准备工作。

14．全面监视内容有哪些？

答：全面监视内容包括：

（1）检查监控系统遥信、遥测数据是否刷新；

（2）检查变电站一、二次设备，站用电等设备运行工况；

（3）核对监控系统检修置牌情况；

（4）核对监控系统信息封锁情况；

（5）检查输变电设备状态在线监测系统和监控辅助系统（视频监控等）运行情况；

（6）检查变电站监控系统远程浏览功能情况；

（7）检查监控系统 GPS 时钟运行情况；

（8）核对未复归、未确认监控信号及其他异常信号。

15．遇有哪些情况时，应对变电站相关区域或设备开展特殊监视？

答：遇有下列情况，应对变电站相关区域或设备开展特殊监视：

（1）设备有严重或危急缺陷，需加强监视时；

（2）新设备试运行期间；

（3）设备重载或接近稳定限额运行时；

（4）遇特殊恶劣天气时；

（5）重点时期及有重要保电任务时；

（6）电网处于特殊运行方式时；

（7）其他有特殊监视要求时。

16．遇有哪些情况时，应对变电站相关区域或设备开展特殊监视？

答：（1）设备有严重或危急缺陷，需加强监视时；

（2）新设备试运行期间；

（3）设备重载或接近稳定限额运行时；

（4）遇特殊恶劣天气时；

（5）重点时期及有重要保电任务时；

（6）电网处于特殊运行方式时；

（7）其他有特殊监视要求时。

17．集控站使用遥视系统的基本原则是什么？

答：集控站使用遥视系统的基本原则：遥视系统是各级监控工作的辅助手段。调度员、监控员发现电网、设备故障或异常时，应使用遥视系统及其他应用系统进行综合分析判断。遇有大雪、覆冰、狂风、大雾等恶劣天气，应及时使用遥视系统，了解设备及环境状况。

18．输变电设备状态监测信息类别、定义及如何处置？

答：输变电设备状态监测信息分为严重告警、异常告警、注意和正常共四类信息，监控人员负责实时监视告警信息。

（1）严重告警信息（一类告警）：输变电设备关键特征量的监测数据超过阈值，表明设备有突发故障的可能。监控人员立即通知运检单位进行现场检查确认、设备状态分析和应急抢修准备工作。必要时通知电科院做好在线数据分析和技术支撑工作。监控人员做好风险分析和相关事故预案，根据运检单位和电科院反馈的设备分析结果，采取相应措施。

（2）异常告警信息（二类告警）：输变电设备关键特征量的监测数据发生突变、重要特征量超过阈值，表明设备性能逐步劣化，有故障可能。监控人员及时通知运检单位进行检查确认和分析，必要时通知电科院做好数据分析和技术支撑工作，运检单位将结果按时反馈至监控人员。

（3）注意信息（三类告警）：输变电设备关键特征量、重要特征量的监测数据出现劣化趋势，但未超过阈值，表明设备需跟踪监视。运检单位和电科院定期跟踪分析注意信息，每周报送集控站。

（4）正常信息：输变电设备关键特征量、重要特征量的监测数据均未超过阈值，表明设备处于正常状态。

19．监控系统日常监视的内容有哪些？

答：（1）监视变电站一次主接线及一次设备的运行情况，显示的设备状态是否与现场一致；

（2）监视变电站继电保护及自动装置的投入情况，监视保护及自动装置运行情况；

（3）监视设备的运行参数（如有功功率、无功功率、电流、电压、频率、温度等）；

（4）监视本站的潮流变化情况，监视各种运行信号；

（5）监视变压器分接开关运行位置；

（6）查看日报表中各整点时段的参数（主要有各母线电压、线路电流、有功功率、无功功率，主变压器温度、各侧电流、有功功率、无功功率等）；

（7）查看电压棒型图等各类曲线图；

（8）查看光字牌信号动作情况，并做好记录；

（9）监视检查系统时钟和保护、测控等自动装置对时是否准确，误差≤1s；

（10）对故障信号、预告信号进行检查、分析及处理；

（11）监视本站计算机及五防系统的运行状态；

（12）检查 UPS 电源的运行情况；

（13）检查直流系统的运行情况。

20．监控系统正常巡视的主要内容有哪些？

答：（1）检查打印机工作情况；

（2）检查装置自检信息正常；

（3）检查不间断电源（UPS）是否正常；

（4）检查装置上的各种信号指示灯应正常；

（5）观察运行设备的环境温度、湿度应合乎要求；

（6）检查显示屏、监控屏上的遥信信号正常；遥测是否刷新；

（7）对音响及与“五防”闭锁等装置通信功能进行必要的测试；

（8）检查各保护小室与监控系统及主网的网络通信运行情况；

（9）运行人员应配合操作班人员、检修人员，核对遥测、遥信量，及站端的接线方式；

（10）运行人员在检修专责及以上人员的授权下，可对异常的综自设备进行复位等工作，但要做好记录；

（11）监控后台画面遥测，遥信和时钟校对是否正常；

（12）检查告警音响和故障音响是否良好；

（13）监控系统各种电源开关、把手、连接片是否正确。

21．监控系统禁止哪些情况？

答：（1）严禁在计算机上安装与运行系统无关的软件，防止计算机病毒感染；

（2）未经允许在运行中退出监控系统至操作系统；

（3）带电拔插主机、打印机、显示器连线；

（4）在未退出本系统时开机、关机；

（5）在计算机正常运行时直接断电；

（6）在计算机上删除或移动文件。

22．何谓不良运行工况？

答：设备在运行中经受的、可能对设备状态造成不良影响的各种工况。如变压器近区短路、过负荷、过励磁、侵入波和断路器开断短路电流等。

23．遇有哪些情况时，应对断路器进行特殊巡视？

答：（1）设备负荷有显著增加。

（2）设备经过检修、改造或长期停用后重新投入运行。

（3）设备缺陷近期有发展迹象。

（4）恶劣天气、故障跳闸和设备运行中发现可疑现象。

（5）法定节假日和上级通知有重要供电任务期间。

24．互感器特殊巡视项目和要求有哪些？

答：（1）大风天气：引线摆动情况及有无搭挂异物。

（2）雷雨天气：套管有无闪络、放电现象。

（3）大雾天气：套管有无放电、打火现象，重点监视污秽瓷质部分。

（4）大雪天气：根据积雪融化情况，检查接头发热部位，及时处理悬冰。

（5）气温骤变：检查油位、压力变化及设备有无渗漏油、气等情况。

（6）高峰负荷期间：增加巡视次数，重点监视设备负荷、引线接头，特别是限流元件接头有无过热现象，设备有无异常声音。

（7）严重污秽地区：瓷质有无放电、爬电、电晕等异常现象。

（8）设备变动后缩短巡视周期。

25．母线失压故障的现象有哪些？

答：（1）该母线的电压指示消失。

（2）该母线所有进、出线及变压器电流、功率显示为零。

（3）该母线所供的站用电消失。

（4）不可只凭站用电源或照明全停而误认为母线全停电。

26．小电流接地系统单相接地故障主要故障现象是什么？

答：（1）发“35kV（10kV）接地”信息。

（2）接地相相电压降低（金属性接地时降至零），其他两相相电压升高（金属性接地时升到线电压），线电压不变。

27．发生哪些情况时，应对变压器进行特殊巡视检查，增加巡视检查次数？

答：（1）有严重缺陷时。

（2）变压器过负载运行时。

（3）气象突变时（如大风、大雾、冰雪、冰雹及雷雨后）。

（4）高温季节、高峰负载期间。

（5）新设备或经过检修、改造或长期停运后重新投入运行72h内。

（6）法定休假日、上级通知有重要供电任务时，应加强巡视。变压器发生以上情况时，监控中心应同时利用遥视手段增加对变压器的特巡次数。

28．对电网频率有哪些要求？

答：（1）电网频率应经常保持在 50Hz，禁止升高或降低频率运行。

（2）电网装机容量在 3000MW 及以上时，其频率偏差超过±0.2Hz 的延续时间不得超过 20min，频率偏差超过±0.5Hz 的延续时间不得超过 10min。

（3）电网装机容量在 3000MW 以下时，其频率偏差超过±0.5Hz 的延续时间不得超过 20min，频率偏差超过±1Hz 的延续时间不得超过 10min。

二、基础题库

（一）选择题

1．若站内是两台变压器，其中一台变压器事故跳闸后，监控人员应重点监视另一台主变压器有无（ A ）现象。

A．过负荷　　B．过电压
C．无功过补　　D．冒烟着火

2．监控系统发生异常，造成受控站部分或全部设备无法监控时，值班监控员应（ B ）。

A．通知检修人员处理
B．将设备监控职责移交给相应现场运维人员
C．通知现场运维人员处理
D．汇报调度处理

3．监控班通过监控系统进行设备巡视，发现监控机上有异常信号。下面做法正确的有（ C ）。

A．立刻汇报调度
B．立刻填写缺陷记录
C．通知运维班现场核实，确属设备严危缺陷再上报调度
D．通知监控班长

4．正常监视是指监控员值班期间对变电站设备事故、异常、越限、变位信息及设备在线监测告警信息进行（ B ）监视。

A．临时　　B．不间断
C．随时　　D．按时间阶段

5．下列属于监控画面的有（ ABCD ）。

A．主菜单画面　　B．接线图画面
C．光字牌画面　　D．变电站运行工况图

6．监控系统发生异常，造成受控站部分或全部设备无法监控时，下列说法正确的是（ ABCD ）。

A．监控系统主站发生异常时，值班监控员应通知自动化人员处理
B．监控系统站端发生异常时，值班监控员应通知现场运维人员处理

C．监控系统传输通道发生异常时，值班监控员应通知通信人员处理

D．将设备监控职责移交给相应现场运维人员

7．运行时的任何时间内，（ B ）关闭监控系统报警音箱。

A．可以　　B．严禁　　C．不间断

8．检查显示屏、监控屏上的遥信信号正常；（ C ）是否刷新。

A．数据　　B．遥信　　C．遥测

9．高温季节、高峰负载期间，监控中心应利用（ A ）手段增加对变压器的特巡次数。

A．遥视　　B．监控系统　　C．后台机

10．220kV 变电站的 110kV 母线电压不低于（ C ）kV。

A．105　　B．97　　C．99　　D．102

11．集控站负责变压器有载分接开关的操作，应逐级调压，同时监视分接位置及（ C ）、电流的变化。

A．潮流　　B．无功　　C．电压　　D．油温

12．监控系统禁止以下哪些情况？（ ABC ）

A．严禁在计算机上安装与运行系统无关的软件，防止计算机病毒感染

B．未经允许在运行中退出监控系统至操作系统

C．带电拔插主机、打印机、显示器连线

D．在计算机上安装自带软件

13．变压器过载属不良运行工况，应详细记录（ BC ）。

A．过载前负载率　　B．过载倍数

C．持续时间　　D．环境温度

14．变电站集中监控运行期间，发生（ CD ）等情况，导致集控站无法对变电站设备监控信息进行正常监视时，应将相应监控职责临时移交变电站运维检修单位并做好记录。

A．重要设备严重故障　　B．频发告警信息

C．通信通道异常　　D．监控系统异常

15．哪些情况下，应对变电站相关区域或设备开展特殊监视？（ ABCD ）

A．设备有严重或危急缺陷，需加强监视时

B．新设备试运行期间

C．设备重载或接近稳定限额运行时

D．遇特殊恶劣天气时

16．监控员应及时将全面监视和特殊监视的（ ABCD ）内容记入运行日志和相关记录。

A．监视范围　　B．监视时间

C．监视人员　　D．监视情况

17．监控系统监视范围包括（ A ）、状态量、电能量、继电保护及自动装置等相关的数据。

A．模拟量　　　B．电气量　　　C．遥测量

18．在监控系统上进行操作，必须执行操作员和监护人的双重唱票确认工作；（ C ）单人独自操作。

A．可以　　　B．允许　　　C．严禁

19．监控人员应监视实时采集的（ B ）是否越限；对实时采集的状态量，能区分故障遥信和正常遥信。

A．电气量　　　B．模拟量　　　C．遥测量

20．运行时的任何时间内，（ B ）关闭监控系统报警音箱。

A．可以　　　B．严禁　　　C．不间断

21．发现系统与遥测、遥信量与实际设备状态不符或误发信号时，监控人员应及时汇报（ A ）、综自设备的主管部门，运行人员应立即到现场检查并与主站核对，如与设备运行工况不一致，应立即通知有关检修人员处理。

A．远动　　　B．运行　　　C．检修

22．监控系统发出（ B ）报警时，运行人员应及时检查，并按现场规程的规定，对故障及异常情况进行检查，按缺陷流程上报。

A．故障　　　B．异常　　　C．正常

23．检查显示屏、监控屏上的遥信信号正常；（ C ）是否刷新。

A．数据　　　B．遥信　　　C．遥测

24．高温季节、高峰负载期间，监控中心应利用（ A ）手段增加对变压器的特巡次数。

A．遥视　　　B．监控系统　　　C．后台机

25．一次设备退出运行或处于备用、检修状态时，远动装置、测控单元、变送器、电能计量装置、网络通信设备以及（ C ）均不得停运，确需停运的应按规定向调度申请。

A．监控　　　B．后台机　　　C．监控系统

26．集控中心值班员以及无人值班变电站恢复有人值班后的值班员与地调进行调度业务联系必须使用（ A ），并全部录音。

A．调度专用电话　　　B．电话　　　C．通信设备

27．每次进行遥控操作后，集控中心值班人员应（ C ）。

A．记入日志　　　B．记录　　　C．做好记录

28．综自远动设备自投运开始，即为（ B ）运行设备，运行人员不得无故将其停运。

A．投入　　　B．连续　　　C．不间断

29．35～220kV 母线正常运行方式时，电压允许偏差为系统额定电压的多少？事故

运行方式时为系统额定电压的多少？（ D ）

A．－7%～＋7%，±15%　　B．－3%～＋7%，±20%

C．－3%～＋3%，±30%　　D．－3%～＋7%，±10%

30．（ B ）属于集控中心值班人员对无人值班站遥控操作。

A．开关由运行转冷备用　　B．拉合 GIS 设备的刀闸

C．变压器停送电

31．220kV 变电站的 110kV 母线电压不低于（ C ）kV。

A．105　　B．97　　C．99　　D．102

32．消弧线圈的投、停应按（ A ）进行。

A．调度指令　　B．现场规程　　C．值班长命令

33．监视设备的运行参数如（ A ）、无功功率、电流、电压、频率、温度等。

A．有功功率　　B．遥测　　C．遥信

34．监视点及控制点的电压偏离省调下达的电压曲线±5%的延续时间不得超过多少？偏离±10%的延续时间不得超过多少？（ A ）

A．60、30min　　B．60、60min

C．30、60min　　D．30、30min

35．开关在遥控操作后，必须核对执行遥控操作后自动化系统上（ A ）、遥测量变化信号（在无遥测信号时，以设备变位信号为判据），以确认操作的正确性。

A．开关变位信号　　B．闸刀变位信号

C．电流变化　　D．电压变化

36．220kV 监视点、控制点电压偏离不超过电压曲线的（ D ）。

A．±20%　　B．±15%　　C．±10%　　D．±5%

37．变压器是通过改变什么实现调压的？（ C ）

A．短路电流　　B．短路电压

C．变比　　D．空载电压

38．变压器分接头一般放在变压器的（ C ）。

A．低压侧　　B．中压侧

C．高压侧　　D．均可以

39．集控站负责变压器有载分接开关的操作，应逐级调压，同时监视分接位置及（ C ）、电流的变化。

A．潮流　　B．无功　　C．电压

40．电力系统发生振荡时，各点电压和电流（ D ）。

A．变化速度较快　　B．均会发生突变

C．电压作往复性摆动　　D．均作往复性摆动

41．变压器运行时外加的一次电压可比额定电压高，但一般不高于额定电压的（ D ）倍。

A．1　　B．1.1　　C．1.15　　D．1.05

42．判别母线故障的依据是（ A ）。

A．母线保护动作、断路器跳闸及有故障引起的声、光、信号等

B．该母线的电压表指示消失

C．该母线的各出线及变压器负荷消失

D．该母线所供厂用电或所用电失去

43．通过调整有载调压变压器分接头进行调整电压时，对系统来说（ C ）。

A．起不了多大作用　　B．改变系统的频率

C．改变了无功分布　　D．改变系统的谐波

44．电网电压、频率、功率发生瞬间下降或上升后立即恢复正常称（ A ）。

A．波动　　B．振荡　　C．谐振　　D．正常

45．小电流接地指（ B ）中性点不接地系统和中性点经消弧线圈接地系统。

A．35～110kV　　B．35kV 及以下

C．10kV 及以上　　D．35kV 及以上

46．限制运行变压器是指状态评价结果异常、抗短路能力不足、运行年限超过设计寿命（ C ）年的老旧变压器以及产品质量不良的变压器。

A．10　　B．20　　C．30　　D．40

（二）判断题

1．正常监视要求监控员在值班期间可不超过规定标准遗漏监控信息，并对监控信息及时确认。（×）

2．监视设备运行状况，使其安全可靠输、变、供电是监控值班人员的任务之一。（√）

3．发现变压器过载 40%以上，应立即报告调度。（×）

4．监控系统监视范围包括模拟量、状态量、电能量、继电保护及自动装置等相关的数据。（√）

5．监控值班员应监视调整各监测点电压，使其在合格范围内运行。（√）

6．变电站一次设备的变更（比如设备的增减、主接线变更、互感器变比改变等），监控系统须修改相应的画面和数据库等内容。（√）

7．监控系统日常监视变电站一次主接线及一次设备的运行情况，显示的设备状态是否与现场一致。（√）

8．监控中心值班员应监视的参数主要有各母线电压、线路电流、有功功率、无功功率，主变压器温度、各侧电流、有功功率、无功功率等。（√）

9．实时监视时，监控员应实时监视事故、异常、越限、告知四类告警信息和设备状态在线监测告警信息，确保不漏监信息，对各类告警信息及时确认。（×）

10．新设备试运行期间开展只需要开展正常监视。（×）

11．监控系统异常，无法正常监视变电站运行情况时，需要将相应监控职责临时移交运维单位。（√）

12．监视设备运行状况，使其安全可靠输、变、供电是集控站值班人员的任务之一。（√）

13．监控班应按规定时间利用遥视手段对变压器油温、油位进行监视和检查本体及附件有无异物。（√）

14．发现变压器过载40%以上，应立即报告调度。（×）

15．监控系统监视范围包括模拟量、状态量、电能量、继电保护及自动装置等相关的数据。（√）

16．在监控中心进行的遥控操作应分步进行，过程应包括选择操作对象、发令、监护、系统返校、操作人员输入密码、确认执行操作步骤。（√）

17．监控系统监视检查系统时钟和保护、测控等自动装置对时是否准确。误差不大于3s。（×）

18．监控系统允许在未经允许情况下在运行中退出监控系统至操作系统。（×）

19．监控中心应监视调整各监测点电压，使其在合格范围内运行。（√）

20．新设备或经过检修、改造或长期停运后重新投入运行72h内，监控中心应利用遥视手段增加对变压器的特巡次数。（√）

21．对于无人值班变电站，监控中心应加强过载变压器的负荷、油温监视，同时利用遥视手段检查变压器油位、油温、风冷系统运转情况。（√）

22．风冷全停时，监控中心不需要对变压器进行负荷和油温监视。（×）

23．变压器套管出现裂纹或不正常电晕以及放电闪络时，属于无人值班的变电站，监控中心应加强监视，同时立即通知操作班，做好启动备用变压器或倒负荷的准备。（√）

24．小电流接地系统发生单相接地时，电压互感器允许运行的时间不得超过2h，并应加强监视。（×）

25．变电站一次设备的变更（比如设备的增减、主接线变更、互感器变比改变等），监控系统须修改相应的画面和数据库等内容。（√）

26．正常运行时，除一般报警信号可在工作站上进行远方复归外，其他保护或自动装置的信号必须到现场核对、记录后，方可进行复归。（√）

27．在监控系统退出时，应增加对一、二次设备的巡视。（√）

28．运行时的任何时间内，可以关闭监控系统报警音箱。（×）

29．在监控系统上进行操作，可以单人独自操作。（×）

30．监控系统日常监视变电站一次主接线及一次设备的运行情况，显示的设备状态是否与现场一致。（√）

31．监控系统监视各站的潮流变化情况，监视各种运行信号。（√）

32．监控中心值班员应监视的参数主要有各母线电压、线路电流、有功功率、无功功率，主变压器温度、各侧电流、有功功率、无功功率等。（√）

33．监控中心值班员应检查显示屏、监控屏上的遥信信号正常；遥测是否刷新。（√）

34．监控系统允许在计算机正常运行时直接断电。（√）

35．监控系统发出异常报警时，监控值班人员应通知运行人员及时检查，并按现场规程的规定，对故障及异常情况进行检查，按缺陷流程上报。（√）

36．发现系统与遥测、遥信量与实际设备状态不符或误发信号时，监控人员应及时汇报远动综自设备的主管部门。（√）

37．监控系统设备因故停运或出现严重缺陷时，应立即向调度汇报。（√）

38．发生操作过程中所选设备与动作对象不一致时，应停止一切操作。（√）

39．监控中心值班员应监视变压器分接开关运行位置。（√）

40．监控中心值班员查看光字牌信号动作情况，并做好记录。（√）

41．监控中心值班员可以随意在计算机上删除或移动文件。（×）

三、经典案例

1．2020 年 1 月 9 日，监控巡视发现 220kV 天泉线天星站侧无功值间歇性为零（而 220kV 泉源站侧正常为－10.6），即 220kV 线路运行时，线路两端遥测值不平衡。监控通知运维人员核实站端后台与监控系统显示一致。通过与自动化深入分析如下。

答：（1）核实天星站 220kV 母线无功平衡无问题，查看历史曲线发现无功负荷超过 2.8Mvar 时曲线正常；

（2）核实天星站侧天泉线电流变比参数较大为 3000/1，站端按规程 0.2/1000 设定的有功、无功死区值，即±2.8MW（Mvar）范围内均显示为 0；

（3）由于 220kV 线路无功损耗大，造成泉源站侧无功流出为－10.6Mvar，实际到天星站侧已低于 2.8，所以显示为零。具体损耗情况可参考 220kV 其他空载或轻载线路。

2．监控员应如何通过巡视监控系统发现某站 1 号主变压器三侧有功、无功不平衡，监控员应如何判断哪侧出现异常？

答：（1）首先核对主变压器高压侧与中、低压侧的平衡情况，确定是否存在主变压器三侧有功、无功不平衡异常现象；

（2）若存在上述异常，核对 1 号主变压器各侧流入、流出母线有功、无功的平衡情况，确定哪侧的问题；

（3）根据某侧异常数据情况，结合负荷大小和主变压器损耗情况确定是否为异常。

3．2012 年 7 月 22 日 08:35，监控交接班，接班人员进行监控系统画面检查时，发现××变电站的所有电压等级母线电压均不刷新。单击查看曲线图发现，不刷新情况从前一天的下午 2:10 就出现了。通知运维人员现场检查发现公用测控装置死机，重启后正常。使公用测控遥测数据长达 20h 失去监视。（1）该案例暴露出哪些问题？（2）防止对策有哪些？

答：（1）暴露问题：

1）监控员在白班与中班、中班与夜班的交接班巡视及中夜班的班中巡视未按巡视流

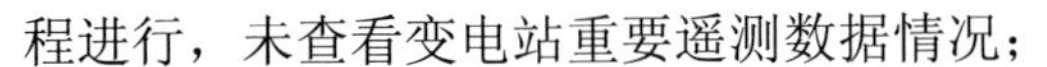

程进行，未查看变电站重要遥测数据情况；

2）变电站重要遥测数据不刷新时，监控系统无报警信息，导致监控员不易发现此类隐蔽缺陷。

（2）防止对策：

1）加强监控员交接班规范管理，交接班检查巡视要到位；

2）加强监控员班中巡视实效，对变电站重要遥测量表巡视检查全面到位；

3）在监控系统中，对重要遥测量长时间不刷新时，设置遥测死数报警信息，以提醒监控员注意。

4．如图 3-2-1 所示，是监控员某日通过监控系统巡视某变电站截屏图，请通过图形分析存在的异常情况。

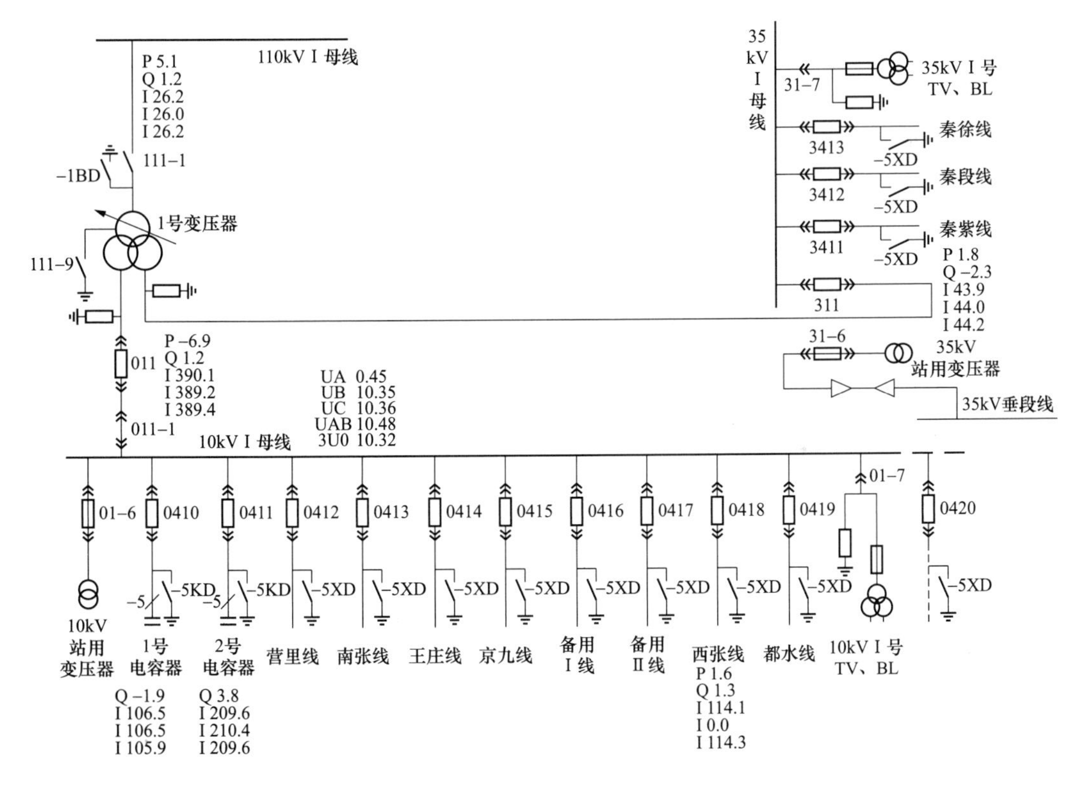

图 3-2-1 监控系统 110kV 变电站巡视截屏

答：异常情况一：2 号电容器无功遥测值极性错误，正常电容器投入运行后。

异常情况二：111-1 刀闸位置与实际不一致，可能的原因有站端 111-1 刀闸点号未上送调度端，造成位置无法上送，可通过人工置位暂时解决方式问题；站端辅助接点问题造成，通知运维部门检查处置；主站端其他原因造成。

异常情况三：通过观察 10kV 1 母线电压，发现 10kV 1 母线所带 10kV 出线存在 A 相接地故障。

异常情况四：10kV 西张线 0418 开关 B 相电流为零，可能的原因有：若本线路 TA 为两相电流差接线方式，属于正常现象，可要求自动化在监控画面将 B 相删除，以防干扰正常监控；若 TA 为三相接线方式，可能为站端 TA 回路异常等原因造成 B 相电流未采集到；也可能是线路 B 相主干线路发生断线导致负荷全部甩掉造成，此种情况可以结合母线电压综合判断。

5. ××变电站在 1 号主变压器倒闸操作中发“1 号主变压器 110kV 开关分闸”及“1 号主变压器 110kV 开关闭锁重合闸”信息，但主变压器开关潮流情况正常，监控员联系运维人员时电话无人接，也未监视到“1 号主变压器 110kV 开关闭锁重合闸”复归信号。监控员认为是设备误发信，未重视，没有汇报调度也未再继续联系运维人员。5h 后，该站又发“1 号主变压器 110kV 开关控制回路断线”，监控员才汇报调度、联系运维人员现场核实。后发现为 1 号主变压器 110kV 开关机构压力低，已闭锁分合闸。请问该案例暴露了哪些问题？有哪些预防措施？

答：（1）暴露问题：

1）监控员运行经验不足，发“1 号主变压器 110kV 开关分闸”及“1 号主变压器 110kV 开关闭锁重合闸”信息时，检查潮流正常有变化，未想到开关机构压力低闭锁重合闸问题，导致误判断为误发信。

2）缺陷未及时得到处理，从开关仅闭锁重合闸发展到闭锁分合闸，导致无法及时隔离故障设备。

3）监控员发现异常告警信息时，未按既定流程汇报调度。

4）运维人员未及时接听值班电话。监控员找不到值班运维人员时，未及时汇报领导。

（2）防范措施：

1）加强监控员业务培训，对一些典型运行经验，要及时进行积累，并有分析，整理成培训教材，适时对监控员进行培训。

2）加强运维人员值班管理，监控员发现联系不上时，及时汇报相关领导。

3）监控员发现告警信息及时汇报调度员。

6. 某日，县公司要进行县域 110kV 变电站低压 1 号母线及低压分段开关柜更换工作（按该单位运检界面划分，县公司负责县域 110kV 变电站低压母线及分段开关柜的检修）。该变电站低压 2 母运行，监控员巡视发现 2 号主变压器低压侧主进 512 开关遥测量变为 0，母线功率不平衡，立即通知现场，检查发现 512 测量 TA 无流。

答：（1）异常分析：该站之前的二次回路管理不规范，实际 512TA 测量遥测回路是串在了低压分段自投装置电流进线后面，当日县公司拆除 501 开关柜及自投装置时，未考虑到 512TA 回路，直接将 TA 回路封上，造成 512 测量电流为 0。

（2）采取对策：

1）备自投电流回路应使用保护级别，测控装置应该使用测控级别（0.5）独立电流回路。

2）对于市县交叉的监控设备，要尤其注意县公司工作对于市公司设备的影响，如TV工作与自投回路，分段开关柜工作与自投和主变压器的电流回路，站变工作与全站交直流回路。

3）要深挖自动巡检的潜力，重点发现隐蔽性缺陷，固化异常判断逻辑，减轻人员工作负担，提供监控灵敏度。

7. 某220kV变电站检修试验，当日6:00开始执行设备由运行转检修操作，操作过程中主站监控系统发出大量的因现场操作引起的伴生告警信号。

7:09，该站的“102开关控制回路断线”信号动作，混杂在该站因操作引起的其他伴生信号之中。值班监控员发现后，判断该信号与其他信号一样均属于操作引发的伴生信号，无须进行处理，随即只是进行了人工确认信号的操作，而未启动设备异常处置流程。16:08，保护人员在现场工作期间发现102开关控制回路断线异常情况，因102开关当日非检修设备，而是供一条母线的运行设备，随即与集控站值班监控员核实主站信号动作情况，才发现信号误判情况。

答：管控措施：电网倒闸操作期间，会发出大量的伴生信号，此时如果运行设备的异常告警信息夹杂在其中，则极易造成人员误判断和误处置。因此要求监控员做好以下几点工作：

（1）全面掌握电网检修计划安排和倒闸操作实时进度，运行监视过程中，要提高警惕，注意核实区分信号类别，防止误判。

（2）现场倒闸操作完毕，监控员应及时与站端人员核对全站设备运行方式和异常告警信号动作情况，以便及时发现和纠正信号遗漏情况。

（3）进行交接班时，交班人员和接班人员应对监控告警窗中的异常告警信号进行分别核实确认，防止误判。

8. 2月2日11:10，监控员通过监控系统巡视，在海量数据当中发现220kV××线两侧三相电流不平衡的异常情况。经检查发现当时××线甲站A、B两相电流100A（近2日曲线在20～150A之间），C相电流为零且无变化。××线B站C相电流为12A基本无变化，随即通知运维人员到站检查。

13:50，运维人员到站后检查一次设备正常，后台和监控显示一致，未发现异常。

13:50，220kV××站落实单电源措施。

15:01，将××站2号主变压器倒1号母线后，由母联201开关串带拉开××线234开关，在操作过程中××线返送甲站220kV 2号母线时出现母线C相TV二次电压不稳定现象。

停电后验证了甲站234间隔（GIS设备）内部存在断点的判断。经现场直阻试验甲站234-5刀闸C相已经断路，解体后发现刀闸因出厂调整不到位、动静触点接触不好并在长时间的运行中因发热而烧断，234-5刀闸C相受损导电部分更换复装后恢复正常。

答：管控措施：

（1）监控系统配合设备改造和新设备投产逐步接入了设备三相电流，为本次通过异常数据发现设备隐性缺陷提供了强有力的技术支撑。

（2）监控员认真负责，精心巡视，充分利用全电网数据进行精准专业分析，主动隔离故障设备，从而避免了一次220kV系统设备故障掉闸，消除了春节保电期间主网的设备隐患。

第三章　遥　控　操　作

一、技术问答

1．调控机构值班监控员远方操作时有哪些规定？

（1）监控员进行监控远方操作应服从相关值班调度员统一指挥。

（2）监控员在接受调度操作指令时应严格执行复诵、录音和记录等制度。

（3）监控员执行的调度操作任务，应由调度员将操作指令发至监控员。监控员对调度操作指令有疑问时，应询问调度员，核对无误后方可操作。

（4）监控远方操作前应考虑操作过程中的危险点及预控措施。

（5）进行监控远方操作时，监控员应核对相关变电站一次系统图，严格执行模拟预演、唱票、复诵、监护、录音等要求，确保操作正确。

（6）监控远方操作中，若发现电网或现场设备发生事故及异常，影响操作安全时，监控员应立即终止操作并报告调度员，必要时通知运维单位。

（7）监控远方操作中，若监控系统发生异常或遥控失灵，监控员应停止操作并汇报调度员，同时通知相关专业人员处理。

（8）监控远方操作中，监控员若对操作结果有疑问，应查明情况，必要时应通知运维单位核对设备状态。

（9）监控远方操作完成后，监控员应及时汇报调度员，告知运维单位，对已执行的操作票应履行相关手续，并归档保存，做好相关记录。

2．值班监控员遥控操作的项目有哪些？

答：值班监控员遥控操作的项目包括：

（1）拉、合开关的单一操作；

（2）遥控投切电容器、电抗器；

（3）其他允许的遥控操作。

3．哪些情况下值班监控员不得对设备进行遥控操作？

答：下列情况值班监控员不得对设备进行遥控操作：

（1）设备未通过遥控验收；

（2）设备存在缺陷或异常，不允许进行遥控操作时；

（3）操作断路器的监控信息与实际不符；

（4）有运维人员巡视或有人工作；

（5）监控系统发生异常时。

4．具备监控远方操作条件的开关，哪些原则上应由集控站远方执行？

答：下列倒闸操作中，具备监控远方操作条件的开关操作，原则上应由集控站远方执行：

（1）一次设备计划停送电操作；

（2）故障停运线路远方试送操作；

（3）无功设备投切及变压器有载调压开关操作；

（4）负荷倒供、解合环等方式调整操作；

（5）小电流接地系统查找接地时的线路试停操作；

（6）其他按调度紧急处置措施要求的开关操作。

5．请列举监控员进行远方操作时的工作要求。

答：监控员进行远方操作时应按照以下要求执行：

（1）操作前，监控员应考虑操作过程中的危险点及预控措施。

（2）操作时，监控员应核对相关变电站一次系统图，严格执行模拟预演、唱票、复诵、监护、录音等要求，并按规定通知相关单位和人员。

（3）操作时，若发现电网或现场设备发生事故及异常，影响操作安全时，监控员应立即终止操作并报告调度员，必要时通知运维单位；若监控系统异常或遥控失灵，监控员应停止操作并汇报调度员，通知相关人员处理。

（4）操作完毕后核对电流、电压、光字牌及方式，并做好记录。如对操作结果有疑问，应查明原因，必要时通知运维单位核对设备状态。

6．哪些情况下不允许对开关进行远方遥控操作？

答：当遇有下列情况时，不允许对开关进行远方遥控操作：

（1）开关未通过遥控验收；

（2）开关正在进行检修；

（3）集中监控功能（系统）异常影响开关遥控操作；

（4）一、二次设备出现影响开关遥控操作的异常告警信息；

（5）未经批准的开关远方遥控传动试验；

（6）不具备远方同期合闸操作条件的同期合闸；

（7）运维单位明确开关不具备远方操作条件。

7．值班监控员遥控操作前，应做好哪些准备工作？

答：值班监控员遥控操作前，应做好以下准备工作：

（1）核对运行方式是否与调度指令要求相符；

（2）考虑操作过程中的危险点及预控措施；

（3）清楚调度操作意图，如对调度指令有疑问时，应立即向值班调度员提出。

8．值班监控员遥控操作中，监控系统发生异常或遥控失灵时应如何处置？

答：值班监控员遥控操作中，监控系统发生异常或遥控失灵时，应停止操作并汇报发令调度员，并通知运维人员到现场检查处理；涉及监控主站的缺陷由值班监控员通知自动化专业人员处理；需要现场操作的，值班调度员应终止值班监控员遥控操作指令，并将调度指令下达至现场操作。

9．值班监控员遥控操作后，如何判断设备已操作到位？

答：（1）值班监控员遥控操作后，应通过监控系统检查设备的状态指示及遥测、遥信等信号的变化。应有两个及以上指示，且所有指示均已同时发生对应变化，方可确认该设备已操作到位。

（2）值班监控员对遥控操作结果有疑问时，应查明情况，必要时通知运维人员到现场核对设备运行状态。

10．应急处理时对遥控操作有哪些规定？

答：应急处理及拉合断路器（开关）的单一的遥控操作可不填写操作票，但应将发令调度员、接令人、操作内容等内容记录完整，并严格执行唱票、复诵、监护、录音等要求。

11．试述遥控操作和程序操作的区别和联系。

答：遥控操作是指从调度端或集控站发出远方操作指令，以微机监控系统或变电站的 RTU 当地功能为技术手段，在远方的变电站实现的操作；程序操作是遥控操作的一种，但程序操作时发出的远方操作指令是批命令。遥控操作、程序操作的设备应满足设备运行技术和操作管理两个方面的技术条件。

12．什么叫倒闸？什么叫倒闸操作？

答：电气设备分为运行、备用（冷备用及热备用）、检修三种状态。将设备由一种状态转变为另一种状态的过程叫倒闸，所进行的操作叫倒闸操作。

13．倒闸操作中应重点防止哪些误操作事故？

答：防止误操作的重点：

（1）误拉、误合断路器或隔离开关。

（2）带负荷拉合隔离开关。

（3）带电挂地线（或带电合接地开关）。

（4）带地线合闸。

（5）非同期并列。

（6）误投退继电保护和电网自动装置。

除以上 6 点外，防止操作人员误入带电间隔、误登带电架构，避免人身触电，也是倒闸操作中需注意的重点。

14．监控系统应具备哪些安全操作功能？

答：监控系统应具备以下安全操作功能：

（1）对所辖变电站安全进行遥控、遥调等操作功能。

（2）应具备有效区分控制责任区的功能。

（3）应具备有效的口令和校验机制确保运行的安全。宜实现分站、分压、分人、分组控制不同的变电站，并根据责任区的划分分类告警。

（4）应具备集控防误闭锁功能。配置中央监控防误闭锁系统时，应实现对无人值守变电站远方操作的强制性闭锁。

（5）应能够记录各项操作的内容和时间。

15．监控倒闸操作术语是什么？

答：监控倒闸操作术语如下：

（1）控合开关。

1）核对调度指令，确认与操作任务相符；

2）合上××站××线××开关；

3）检查××站××线××开关监控指示在合位；

4）检查××站××线××开关电流指示正常。

（2）控分开关。

1）核对调度指令，确认与操作任务相符；

2）拉开××站××线××开关；

3）检查××站××线××开关监控指示在分位；

4）检查××站××线××开关电流指示为零。

16．遥控操作的防误有哪些？

答：遥控操作防误应坚持技术防误和管理防误并重的原则。技术防误指依靠监控系统的防误功能防止误操作事故的发生。各级调控机构的监控系统至少应具备操作密码、操作监护、操作互校等功能，逐步具备网络“五防”功能。管理防误指依靠完善的管理制度和管理流程防止误操作事故的发生。

17．某站检修试验需要监控员遥控操作，监控员提前需要做哪些工作？

答：（1）前一天第二值监控员填写、审核遥控操作票，并模拟远方遥控操作及异常处理演练。

（2）前一天第三值监控员审核遥控操作票，完成该站站一、二次设备运行情况普查，并对所遥控操作开关进行“遥控测试”返校核对，明确没有影响远方操作的缺陷。

（3）与相应运维班核对该站所遥控操作设备具备远方操作条件。

（4）与相应调度联系，核对次日相关设备的运行方式，要求遥控操作前将停电设备所带负荷全部倒出，具备停电条件。

（5）监控员自行将所有电容器退出AVC系统闭环运行，并将检修工作涉及的电容器转热备用。

18．目前邯郸电网开展的遥控操作项目有哪些？

答：（1）调整电网系统电压无功时，拉合电容器开关和调整变压器分接头。

（2）单分路开关停送电遥控操作。

（3）系统倒方式遥控操作。

（4）备自投、重合闸压板等软压板遥控操作。

（5）继电保护远方修改定值遥控操作。

（6）分路批量遥控操作、事故拉路批处理操作。

（7）变压器停投程序化操作。

（8）新投变电站 GIS 设备隔离开关远方操作。

19．简述 OMS 系统上遥控操作票执行流程。

答：（1）监控副值根据调度指令或相关措施要求在“生成票”内填写遥控操作票，检查无误后发送给监控主值审核。

（2）监控主值审核“审核票”内监控副值发送的遥控操作票，审核无误后发送给值长审批。

（3）值长审核“审批票”内监控主值发送的遥控操作票，审批无误后发送给监控主值。

（4）监控主值将“执行票”内值长审批合格的遥控操作票打印出纸质票。

（5）调度正式下令后，监控主值在“命令票”里填写调度指令，与监控副值依照纸质票按规定进行遥控操作。

（6）遥控操作完毕回令后，监控主值根据已执行的纸质票在“执行票”内回填该电子票，在“命令票”里回填调度指令。

（7）回填后的遥控操作票保存至“存档票”内。

20．在 OMS 系统执行遥控操作票的注意事项是什么？

答：（1）必须使用个人账号填写、流转、执行遥控操作票。

（2）从“生成票”内打印出的操作票无票号，应在审核合格后再打印纸质操作票。

（3）打印操作票时应先单击“导出为 Word”并检查格式正确后再打印。

（4）操作票执行完毕后将该操作票标记为合格。

21．倒闸操作有哪几种形式？

答：倒闸操作可以通过就地操作、遥控操作、程序操作完成。遥控操作、程序操作的设备应满足有关技术条件。

22．投切电容器组时的操作注意事项有哪些？

答：（1）电容器组的投入和退出，应根据调度部门下发的电压曲线或调度指令进行。

（2）全站停电操作前，应先拉开电容器组的断路器。

（3）全站恢复送电时，应先合各出线断路器，再合电容器组断路器。

（4）对采用混装电抗器的电容器组应先投电抗值大的，后投电抗值小的，切时与之相反。

（5）全站故障失去电源后，无失压保护的电容器组必须立即将电容器组断路器断开，以避免电源重合闸时损坏电容器。

（6）电源侧装有自动重合闸装置，容量在 300kvar 以上的电容器组应加装失压保护。

（7）投切一组电容器引起母线电压变动不宜超过 2.5%。

（8）电容器组的断路器拉开后，必须待 5min 后再进行第二次合闸，故障处理亦不得例外。

（9）为了防止电容器组爆炸伤人，在电容器组投切操作过程中，严禁人员进入电容器室和靠近电容器组。

23．哪些情况不得进行遥控操作？

答：（1）控制回路故障；

（2）断路器或操动机构压力闭锁时；

（3）操动机构电源异常或故障；

（4）操作断路器的监控信息与实际不符；

（5）有操作人员巡视或有人工作。

24．什么情况下不允许遥控调整运行中有载变压器分接头？

答：（1）变压器过负荷时（特殊情况下除外）；

（2）有载调压装置的气体保护频繁发出信号时；

（3）有载调压装置的油标中无油位时；

（4）有载调压装置的油箱温度低于－40℃时；

（5）有载调压装置发生异常时。

25．什么情况不得直接遥控复归信号？

答：（1）在未核实具体保护动作情况前；

（2）开关或保护动作行为不正确时。

26．哪些操作可在监控中心遥控操作？

答：（1）拉合开关的操作；

（2）调节变压器分接头位置；

（3）拉合 GIS 设备的隔离开关；

（4）具备远方操作技术条件的某些保护及安全自动装置的软压板投退、保护信号复归、保护通道测试；

（5）紧急故障处理，在技术条件具备情况下，监控中心运行人员可按调度指令遥控操作（包括隔离开关）隔离故障点，但事后必须立即通知操作班人员到现场进行检查。

27．遥控操作设备后需检查的内容有哪些？

答：遥控操作设备后，应通过监控机检查设备的状态指示、遥测、遥信信号的变化，且至少应有两个的指示已同时发生对应变化，才能确认该设备已操作到位；若监控员对遥控操作结果有疑问，必要时应通知操作班到现场核对设备状态。

28．调整电压的主要手段有哪些？

答：（1）调整发电机的励磁电流；

（2）投入或停用补偿电容器和低压电抗器；

（3）调整变压器分接头位置；

（4）调整发电厂间的出力分配；

（5）调整电网运行方式；

（6）对运行电压低的局部地区限制用电负荷。

29．哪些情况不需填写遥控操作票，操作完毕后做好记录？

答：（1）调整电压无功时，操作电容器开关或调整主变压器分头；

（2）小电流系统发生接地时，试拉开关或送电；

（3）运行中出现影响设备正常运行的严重缺陷时，根据调度令进行遥控开关；

（4）母线电压失电后，拉开失压母线开关；

（5）在电网事故及超计划用电时，根据调度指令按照拉路序位表进行限电操作；

（6）配合现场验收开关遥控试验。

30．试述遥控操作和程序操作的区别和联系。

答：遥控操作是指从调度端或集控站发出远方操作指令，以微机监控系统或变电站的 RTU 当地功能为技术手段，在远方的变电站实现的操作；程序操作是遥控操作的一种，但程序操作时发出的远方操作指令是批命令。遥控操作、程序操作的设备应满足设备运行技术和操作管理两个方面的技术条件。

31．不符合并列运行条件的变压器并列运行会产生什么后果？

答：当变比不相同而并列运行时，将会产生环流，影响变压器的输出功率。如果是百分阻抗不相等而并列运行，就不能按变压器的容量比例分配负荷，也会影响变压器的输出功率。接线组别不相同并列运行时，会使变压器短路。

32．下级值班人员若认为所接受的指令不正确或有疑义应怎么办？

答：下级值班人员若认为所接受的指令不正确或有疑义时，应立即向发令人报告，由其决定该指令的执行或撤销，如果发令人重复该指令，受令人必须迅速执行；但当执行该指令确将危及人身、设备或电网的安全时，受令人必须拒绝执行，并将拒绝执行的理由报告发令人和本单位直接领导。

二、基础题库

（一）选择题

1．监控员进行遥控操作时遥控返校错或遥控超时可能存在的原因有（ AB ）。

A．控制回路断线或控制电源消失　　B．测控单元故障

C．开关前置定义错误　　D．受控开关位置为检修状态

2．监控员对调度操作指令有疑问时，应询问（ C ），核对无误后方可操作。

A．运维人员　　B．单位领导　　C．调度员　　D．管理人员

3．操作后核对确认时，需检查相应的（ B ）、遥信变位以及告警窗信息，确认设备确已操作到位。

A．有功、无功　　B．电压、电流

C．电压、功率　　D．电流、功率

4．当进行断路器检修等工作时，应能利用计算机监控系统（ A ）功能禁止对此断路器进行遥控操作。

A．检修挂牌　　B．闭锁挂牌　　C．人机界面　　D．维护

5．变电站计算机监控系统控制操作优先权顺序为（ A ）。

A．就地控制—间隔层控制—站控层控制—远方控制

B．远方控制—站控层控制—间隔层控制—就地控制

C．间隔层控制—就地控制—站控层控制—远方控制

D．就地控制—站控层控制—间隔层控制—远方控制

6．单项操作是指（ D ）。

A．只对一个单位的操作　　B．只对一个单位，有多项操作

C．只有一个操作　　D．只对一个单位，只有一项的操作

7. 监控远方操作中，监控员若对操作结果有疑问，应查明情况，必要时应通知（ A ）核对设备状态。

A．运维单位　　B．值班调度员　　C．管理人员　　D．监控厂家

8．监控远方操作中，若发现电网或现场设备发生事故及异常，影响操作安全时，监控员应（ D ）并报告调度员，必要时通知运维单位。

A．转现场操作　　B．继续操作

C．不予理睬　　D．立即终止操作

9．解环操作应先检查解环点的潮流，同时还要确保解环后系统各部分（ B ）应在规定范围之内。

A．频率　　B．电压　　C．电流　　D．负荷

10．监控系统 SCADA 界面监控远方遥控、遥调操作的内容包括（ ABCD ）。

A．开关　　B．主变压器分接头

C．保护软压板　　D．保护远方修改定值

11．10kV 线路故障跳闸后，故障点查找完成后，出现下列哪种告警信息，不影响线路试送电，但应及时通知运维班现场复归？（ D ）

A．弹簧未储能　　B．测保装置异常

C．测保装置故障　　D．过流 1 段出口

12．220kV 及以上的辐射线路停、送电时，线路末端不允许带有（ A ）。

A．变压器　　B．断路器　　C．阻波器　　D．电容器

13．主变压器分头调节原则应以低压侧母线电压在合格范围为基础，依照一次运行电压不得超过该分头运行电压的（ C ）掌握。

A．95%　　B．110%　　C．105%　　D．120%

14．以下哪种情况不可进行远方遥控操作？（ C ）

A．调节变压器分接头位置　　B．复归保护信号

C．远动通道故障时　　D．拉合 GIS 设备的隔离开关

15. 变压器事故跳闸时，如只是（ C ）动作，检查主变压器无问题后可以送电。

A. 差动保护　　B. 重瓦斯保护　　C. 过流保护

16. 转代、并解列变压器和倒换电源的操作前，应（ A ）。

A. 检查负荷分配情况　　B. 检查相关保护及自动装置运行正常

C. 检查监控系统运行正常　　D. 无要求

17. 遥控操作必须核对设备（ D ）。

A. 编号　　B. 设备名称

C. 位置　　D. 设备名称和编号

18. 同一电压等级的多分路停（送）电操作，应作为（ A ）操作任务进行操作票的填写。

A. 一个　　B. 多个　　C. 简单　　D. 复杂

19. 新安装或更换线圈的变压器投入运行时，应以额定电压进行合闸冲击加压试验。新装的变压器冲击五次，大修（含更换线圈）的变压器冲击三次，第一次充电后持续运行时间为（ A ）。

A. 不少于 10min　　B. 10min

C. 10min 以上　　D. 可根据实际情况灵活掌握

20. 准同期并列条件规定的允许频率差为不超过额定频率的（ B ）。

A. 不超过 0.2%　　B. 0.2%～0.5%

C. 0.5%～0.8%　　D. 0.8%～1%

21. 有载调压开关不能连续操作，应间隔 1min，且每天不能超过（ C ）次。

A. 3　　B. 5　　C. 10　　D. 15

22. 功率因数高，母线电压低，应该采取什么方法调整？（ A ）

A. 先调整主变压器分接头使电压升高，再切除电容器

B. 先投电容器，功率因数升高后，调主变压器分头

C. 先调整主变压器分接头使电压升高，再投入电容器

D. 投入电容器，检查分接头情况后再做处理

23. 双回线中任一回线停送电操作，通常是先将受端电压调整至（ B ）再拉开受端开关，调整至（ B ）再合上受端开关。

A. 上限值，上限值　　B. 上限值，下限值

C. 下限值，上限值　　D. 下限值，下限值

24. 开关在遥控操作后，必须核对执行遥控操作后自动化系统上（ C ）、遥测量变化信号（在无遥测信号时，以设备变位信号为判据），以确认操作的正确性。

A. 闸刀变位信号　　B. 电流变化

C. 开关变位信号　　D. 电压变化

25. 事故紧急情况下线路倒方式的多个变电站、主变压器倒方式、主变压器转热备用操作可以采用以下哪种遥控方式？（ B ）

A．遥控操作　　B．顺序操作

C．批量操作　　D．现场操作

26．遥合开关后检查开关遥测值正常，开关状态（ D ），方可遥分要停运的开关。

A．变位其他颜色　　B．不停闪烁

C．由实心变为空心　　D．由空心变为实心

（二）判断题

1．3/2 接线方式线路停电时操作顺序：先拉边开关，后拉中间开关。（×）

2．监控员执行电容器、电抗器所有的倒闸操作均无需调度员直接下令。（×）

3．无人值守变电站开始操作前运维人员应告知值班监控员，避免双方同时操作同一对象。（√）

4．投退 AVC 功能、无功补偿装置，值班调度员可不用填写操作指令票，但应做好记录。（√）

5．开关远方操作到位判断条件满足两个非同样原理或非同源指示“双确认”。（√）

6．监控远方操作中，若监控系统发生异常或遥控失灵，监控员应汇报调度员，同时可以尝试进行远方操作。（×）

7．开关遥控操作后，应检查断路器的机构动作及复归的信号。（√）

8．监控远方操作成功率是指成功遥控操作次数与遥控操作总次数的比值。（√）

9．监控远方遥控操作开关时，即可进入间隔进行操作，也可在主画面进行操作。（×）

10．进行内桥接线方式的 110kV 变电站倒方式操作时，操作前只需检查本间隔无影响开关操作的异常信息即可。（×）

11．设备倒闸操作，涉及遥控操作时，指令内容应使用三重编号，即“变电站＋设备名称＋设备编号”。（√）

12．线路停电，应先拉开断路器，再拉线路侧隔离开关，后拉母线侧隔离开关，最后挂地线及标示牌，送电时操作顺序与此相反。（√）

13．新线路投运时用额定电压对线路冲击合闸五次，冲击时重合闸停用。（×）

14．两台变压器并列倒负荷时，高压侧必须并列。（√）

15．电容器允许在 1.2 倍额定电压、1.3 倍额定电流下运行。（×）

16．220kV 及以上线路停电操作一般采用，拉开线路受端开关，拉开线路送端开关，拉开线路各侧开关的两侧刀闸。（×）

17．遥控操作、程序操作的设备应满足有关规定要求。（×）

18．主变压器中性点刀闸不允许进行远方遥控操作。（×）

19．操作电容器开关或调整主变压器分头需要填写遥控操作票。（×）

20．需要合上某开关时，使用“控合×××开关”术语。（√）

21．单一变电站倒方式遥控开关，按照“先控合后控分”原则进行。（√）

22．河北南部电网电压调整采用顺调压方式。（×）

23．逐项操作指令是指值班调度员发布的只对一个单位进行的操作。（×）

24．环网系统的变压器操作时，应正确选取充电端，以减少并列处的电压差。（√）

25．设备检修后或故障跳闸后，经初步检查再送电称为试送电。（√）

26．主变压器分头调节原则应以低压侧母线电压在合格范围为基础。（√）

27．进行电压调整时，主变压器一次运行电压不得超过该分头运行电压的 105%掌握。（√）

28．有载调压开关不能连续操作，应间隔一分钟，且每天不能超过 5 次。（×）

29．在未核实具体保护动作情况前， 不得遥控复归信号。（√）

30．刀闸都不允许进行远方遥控操作。（×）

31．紧急情况下监控员进行遥控操作时，可不填用操作票。（√）

32．消弧线圈只有在系统无接地故障时方可进行拉、合操作，当系统发生单相接地、雷雨天气或中性点位移电压超过 15%线电压时，禁止拉合消弧线圈与中性点之间的单相隔离开关。（×）

33．遥控操作的项目，包括变压器分接头调整、电容器投切、信号复归等，均应得到调度员指令或许可方可进行。（×）

34．功率因数低，母线电压高，应先投入电容器调整功率因数，再调分接头使电压降低。（×）

35．准同期并列的条件是相序相同、频率相同、电压相等。（√）

36．操作主变压器中性点刀闸时，不仅检查一次系统接线图刀闸位置正确，还应通过遥视系统检查现场刀闸位置正确。（√）

37．遥控操作票填写完后，在空余部分“指令项”栏第一空格左侧盖“以下空白”章，以示终结。（×）

38．备自投装置投退顺序：投入时，先投直流电源，后投交流电源；先投入合闸压板，再投入跳闸压板；备自投装置退出时顺序与此相反。（×）

39．遥控操作过程中，监控系统发生异常或遥控失灵时，应停止操作，汇报发令调度，并通知运维人员现场检查。（√）

40．所有的遥控操作结束后，只需向相应调度汇报，不必通知操作班。（×）

41．变压器送电前，应检查与并列运行的变压器分接头位置一致或符合要求。（√）

三、经典案例

1．某日，某变电站由大型检修作业现场，调度下令监控操作时，发现某 110kV 开关遥控预置失败，导致延误停电。遇有大型检修预试需要监控员遥控操作，监控员操作前后需要做哪些工作？

答：遇有大型检修预试现场或重要倒闸操作时，监控员应提前做好以下工作：

（1）根据签收的检修工作票，了解操作目的、操作内容和操作顺序。

（2）应提前一天对所要遥控操作的开关间隔进行检查，确定无影响倒闸操作的异常信号，并进行遥控预置测试及异常处理演练。必要时提前填写、审核遥控操作票。

（3）通过监控系统，与相应调度联系核对相关设备的运行方式。

（4）监控员自行将所有电容器退出 AVC 系统闭环运行，并将检修工作涉及的电容器转热备用，同时悬挂“人工闭锁”标识牌。

（5）遇有变电站配合倒方式操作时，监控员应检查相关运行开关间隔是否有异常信号，若有，必须进行处置后方可进行操作。同时查看电网联络图，确定潮流走向，确保遥控合拉开关后不会引起误操作后果。

（6）倒方式操作需要进行合、解环操作时，合环前应首先确认满足合环条件，且合环时间尽量缩短，以免时间过长在线路故障时造成事故扩大；解环操作前，确认负荷已转移到所倒线路运行。

2．2014 年 5 月，值班监控员发现××站 10kV 母线电压越高限，当时 AVC 系统无调节手段需进行人工调整。值班监控员××发现其他同事正在忙别的工作，遂单人进行遥控电容器开关的操作，在操作过程中，未进入间隔直接在主接线图上执行遥控操作，且未高声唱票，导致将临近的负荷线路 0124 开关拉开，造成用户停电。

答：（1）暴露的问题：

1）监控员单人操作时，违反国家电网公司《电力安全工规程》（变电部分）5.3.6.2 条：操作中应认真执行监护复诵制度（单人操作时也应高声唱票）；

2）监控员对遥控操作的操作权限保管不严格，造成别人可以任意使用；

3）管理防误未落到实处，制度要求在进行遥控操作时需进入设备间隔图（细节图）方可进行遥控操作；

4）智能电网调度技术支持系统功能不完善，未实现禁止在主接线画面操作的功能。

（2）防范措施：

1）加强监控员《电力安全工规程》培训，全体监控员对倒闸操作的相关制度及要求进行学习，规范倒闸操作，严格履行监控复诵制度，杜绝单人操作；

2）加强监控员操作口令管理，要求设置具有一定复杂程度的口令并不得透露给其他人知道，杜绝系统权限滥用；

3）配合自动化专业对系统功能进行完善，取消监控系统主接线图上设备的遥控操作功能，只有进行设备间隔图（细节图）方具备遥控操作的功能；

4）可创新优化系统电容器遥控操作程序，将电容器的遥控操作由监控操作改为单人操作与非电容器开关的监护遥控操作程序进行区分，简化电容器开关的操作程序。

3．2016 年 1 月 4 日，地区监控班值班监控员根据调度指令进行××站 110kV 河开线 1171 开关由运行转热备用操作，在拉开 1171 开关后进行操作质量检查时发现 1171 开关遥测数据异常（A 相开关数据未降零）。经过对相关遥测及潮流信息的检查分析，初步判断 1171 开关分闸不到位。值班监控员马上通知运维人员现场检查，并将操作及分析情况汇报地调值班调度员。后经现场运维人员检查反馈，结果与监控员判断一致。由于值班监控员认真落实和执行操作票制度，及时发现 1711 开关分闸不到位的缺陷，避免了一

起带负荷拉刀闸的不安全事件，保障了电网、设备和人身安全。且最终通过现场专业人员分析确定为家族性缺陷。试分析执行上述家族性缺陷开关的遥控操作时的注意事项？

答：监控员在执行所有开关时应注意如下事项：

（1）进行开关远方分、合闸遥控操作前，通知运维班做好设备现场检查准备。

（2）进行开关远方分、合闸遥控操作后，应再次核对开关的三相电流指示位置，同时确认间隔内异常告警信息是否存在异常。必要通过对侧开关电流值及母线电压值进行综合判断。

（3）若开关为电源送电侧，当负荷侧开关合上带上负荷后再次检查电源侧开关三相电流指示。

（4）在监控系统一次接线图对应的开关通过注释或“标识牌”进行标注。

4．××月××日××变电站220kV×线路××，调度下令远方投入第一套××保护重合闸，遥控操作时，因监控操作过程中，遥控操作重合闸软压板已投入，准备检查信号时，恰好因其他变电站有开关跳闸出现其他信号，监控值班员在处理过程中，未检查重合闸充电满信号。几天后，现场运维人员在现场核对运行状态时，发现该线路第一套××保护重合闸充电灯不亮，随即汇报调度，经现场检查，判断由于装置未接受遥控信号命令导致线路重合闸软压板未投入成功，请分析该案例中暴露出的问题及防治对策。

答：（1）暴露的问题：

1）该事件说明监控员对设备运行异常情况的报警信息不重视，不认真执行倒闸操作“三核对”；

2）监控员责任心不强，在出现事故异常信号时，应该对所出信号逐个检查核对，以免遗漏。

（2）防止对策：

1）继电保护远方操作时，至少应有两个指示发生对应变化，且所有这些确定的指示均已同时发生对应变化，才能确认该设备已操作到位；

2）操作中发现监控告警信息后，应迅速确认，及时通知运维人员现场检查，必要时向有关调度汇报。

5．某日，110kV王村站2号主变压器检修，1号主变压器通过10kV母联001开关串供10kV 2号母线运行（见图3-3-1）。9时56分，告警窗报“10kV 1号母线接地告警”，监控员按照随即汇报相关值班调度员，调度员未核对方式就下令拉开母联001开关，监控员按照调度指令操作时也未核对运行方式即拉开10kV母联001开关，造成10kV 2号母线停电。那么监控员如何防止此次误操作的发生？

答：通过上述案例说明：监控员在执行倒闸操作前未进行安全危险点分析与核对运行方式和设备状态。

（1）监控员应熟练掌握每日检修工作计划，当110kV变电站出线35（10）kV侧主进开关带35（10）kV所有母线运行时，监控员务必要清楚此种运行方式是如何原因引起的。如某段TV故障，TV二次并列；缓解主变压器过载；主变压器经济运行要求等。

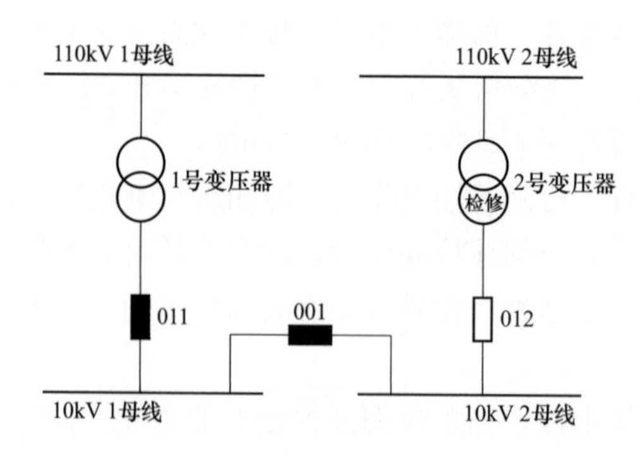

图 3-3-1　110kV 王村站简易一次接线图

（2）针对特殊运行方式下的变电站，在监控系统画面上通过挂牌、注释等技术手段对重点设备进行标注。如在 001 开关悬挂“保电”或“禁止分闸”标识牌。

（3）严格执行在监控远方操作前应考虑操作过程中的危险点及预控措施。

（4）倒闸操作时，严格执行监护复诵操作制度，值班监控员切实加强监护操作。同时应加强上述接线方式情况下相关主变压器的负荷运行情况，防止主变压器重过载运行。

6. 已知 110kV 变压器的主变压器容量为 50000kVA，图 3-3-2 是主变压器和 10kV 出线的实时运行负荷，1、2 号电容器的容量均为 5010var，如何在不限负荷和倒供负荷的情况下降低主变压器的负载率并说明原因，采取此措施过程中应注意什么问题？

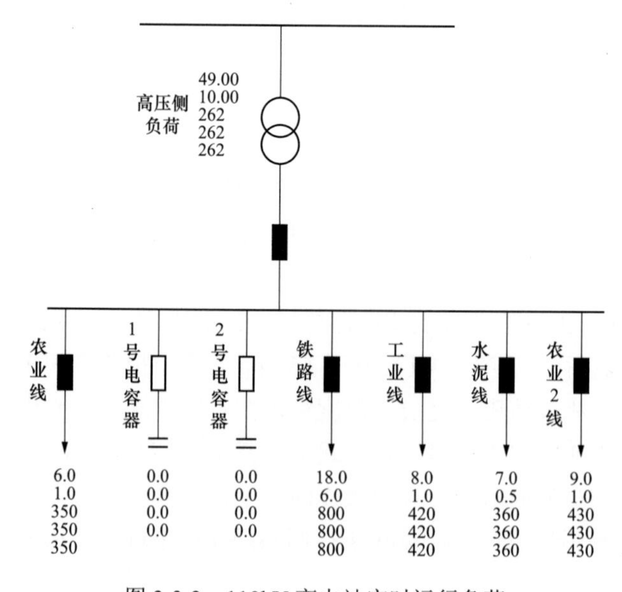

图 3-3-2　110kV 变电站实时运行负荷

答：通过补偿无功，投入 1 号或 2 号电容器，可以将主变压器的无功负荷降低，这样主变压器的总负荷就降低。

在投入电容器的过程中，应注意观察母线电压不超过限值运行，如果母线电压高，应降低主变压器分头进行调整。

7. 2016 年 6 月 25 日，正值高峰负荷时间，某 110kV 变电站 110kV 1 号主变压器（容量比 50000/50000/31500kVA）低压侧负载率 95%，由于只在高压侧设置了重、过载限值，未在低压侧设置重、过载限值，监控员误以为高、中、低压侧容量一致，导致低压侧重载运行 30min。1 号主变压器高中低压侧三侧变比为 110/35/10kV，请分别估算出主变压器的三侧额定电流及解决措施。

答：主变压器为三绕组变压器，额定电流的估算可按照容量/额定电压/1.732 计算：

高压侧电流：I_1＝50000/110/1.732＝262（A）

中压侧电流：I_2＝50000/35/1.732＝825（A）

低压侧电流：I_3＝50000/10/1.732＝2886（A）

高压侧的额定电流为 262A；中压侧的额定电流为 825A；低压侧的额定电流为 2886A。

解决措施：按照年度运行方式结合现场主变压器参数实际情况梳理三绕组主变压器高、中、低压侧容量不一致的情况，汇总数据后协调自动化专业增加主变压器低压侧越限限值。

8. 110kV 变电站接线图及正常运行方式如图 3-3-3 所示。高、低压侧全分列运行方式，某日，10kV 1 号母线电压互感器 A、B 相一次熔断器熔断，需要进行电压互感器二次并列后方可处置，试简述具体操作步骤。

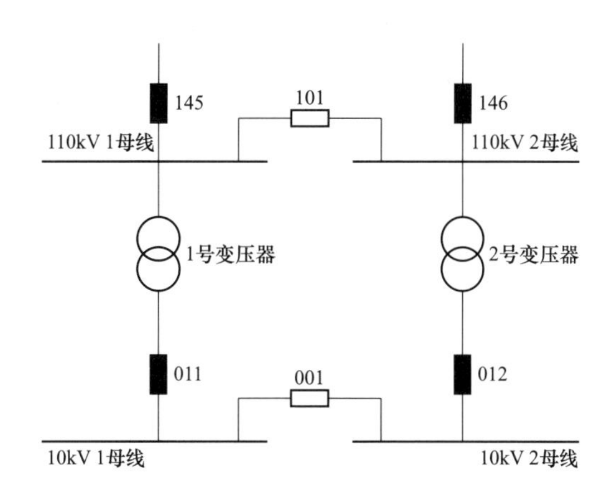

图 3-3-3 110kV 变电站一次接线图及正常运行方式

答：按照地区电网并列“先高压、后低压”“先一次、后二次”的一般原则，分析得出，若 10kV 母线电压互感器需二次并列，需先合上 10kV 分段 001 开关；若 001 开关需在合位，需先喝上 110kV 分段 101 开关。具体操作步骤顺序如下：

（1）为防止 10kV 备自投误动作，按现场规程可先退出 10kV 备自投。

（2）合上 110kV 分段 101 开关，拉开 145 或 146 开关（目的是尽量缩短合环时间），若必要时通知现场调整 110kV 备自投方式（备自投方式非自适应的）。

（3）合上 10kV 分段 001 开关（一般无须退出 10kV 备自投，因为 001 开关合上后，备自投应自行处于放电状态）；若电压互感器内部有异常，应通过 1 号变压器 011 开关将 1 号电压互感器隔离后，方可合上 10kV 分段 001 开关。

（4）现场根据电压互感器实际情况，进行电压互感器二次并列操作。

9．××站电网一次接线示意图如图 3-3-4 所示。开关遥控后非全相运行。某日，地调下令拉开案例站 277 开关，7 时 23 分，监控班按地调令拉开医药站 277 开关，操作前检查 277 开关无异常。7 时 28 分监控机报："277/A、B、C 相开关分闸"，监控员检查监控一次系统图发现 277 开关 A 相电流显示 55.8A，7 时 29 分通知运维，7 时 30 分运维回复 277 开关三相已拉开，三相开关机械指示在分位，站端后台机显示开关三相均在分位，7 时 30 分，监控员向地调回令。9 时 12 分，运维再次回复监控 277 开关拉开 A 相仍有电流（15min 后对侧供电单位拉开开关 A 相电流为 OA），因测控单元传输问题造成数据刷新缓慢，但不影响保护动作，再次操作时观察数值变化。监控员综合"操作后开关分相开关位置已分闸，三相不一致告警与保护未动作，现场机械位置检查正常"以上现象判断运维答复正确。决定再次操作时继续观察，如有异常报缺陷。后来在恢复送电时再次发现 277 开关 A 相仍有电流，检查开关实际未拉开，内部有缺陷。

答：（1）异常分析：277 开关本身配置有三相不一致告警和三相不一致出口信号，且有分相开关位置，但是当日发生的缺陷，属于开关机构内部故障，该故障并未影响开关行程开关的动作，因此开关分相位置、现场机械位置指示均处于分位、三相不一致保护也未启动，拉开开关后 A 相遥测未归 0 有较大迷惑性，容易误判断为测控装置遥测死区定值。

（2）采取对策：

1）GIS 站尽量将带电显示器信号接入并设置光子牌，监控员操作时判定光子牌变化，为避免常亮，有电信号应在站内取反为无电信号。

2）今后对现场运维加强督导，操作出现异常情况后督导运维、检修班组切实核实现场情况，不能只通过机械位置指示判定开关是否操作到位。

10．11:25，监控机发告警信息，显示××站 10kV 1、4 号母线单相接地。值班监控员随即电话汇报配调值班调度员。

11:28，配调调度员来电话询问"能否控分××站 001 开关"，监控员张某答复说"××站 10kV 母联属于地调管辖设备，操作前需申请地调同意；另外，10kV 1 号母线上就只有 046 一路开关，没必要分母联"。电话业务联系期间，一边接电话，一边无意识地在个人纸质记录本上写下"046"字样。

11:32，配调调度员电话指令："拉开××站的 034、041、042 开关"。监控员张×在接听电话的同时，在个人纸质记录本写下"034、041、042"，由于在进行拉路申请联系时没有与配调核对拉路名称，且原先记录的"046"与"034、041、042"相距较近，便误认为是逐路试拉开罗城站的 046、034、041、042 开关。

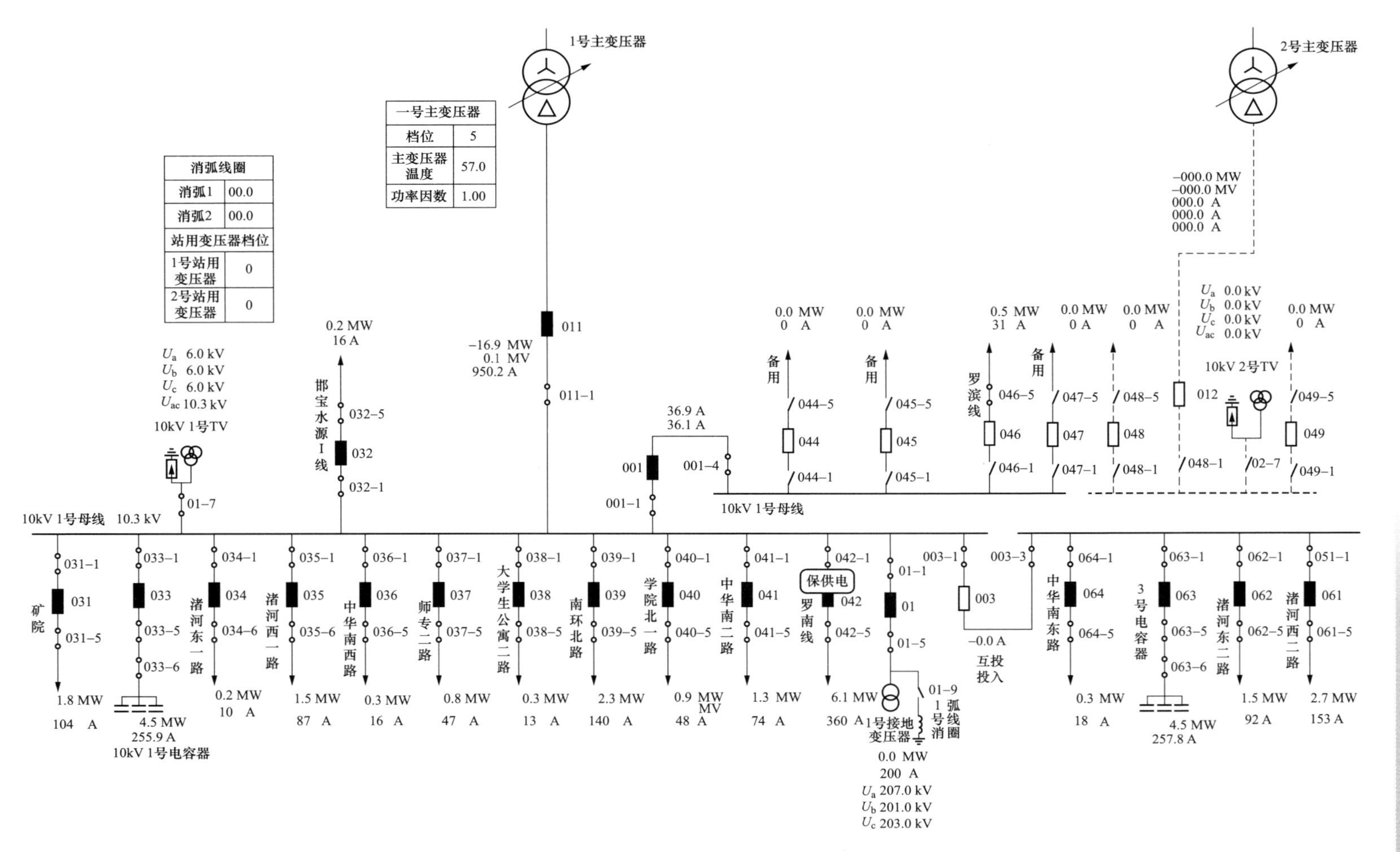

图 3-3-4 ××站电网一次接线示意图

11:36，张×将控分××站046开关的操作申请由1号监控机发送至2号监控机，并要求司×进行监护操作；司×看到遥控操作申请后询问“是否遥控分开××站046开关”，在得到张×“是”的答复后输入监护许可命令，由张×执行“遥控执行”命令将××站046开关误拉开。

答：典型经验：

（1）未严格使用设备三重编号。整个汇报处理过程中，值班监控员和配网值班调度员均未严格使用设备三重编号，即站名、设备名称和设备编号，为值班监控员误控运行设备埋下隐患。因此要求在进行调控业务联系时必须严格使用设备三重编号。实施大运行管理模式后，一套自动化系统要接入上百座或几百座变电站，因此为了防止远方遥控操作时误选择设备而造成误遥控操作，下达调度指令时，双方必须汇报清楚单位和姓名，严格使用设备三重名称。若调度指令术语不规范，任何一方有权拒绝接受和执行该项指令。

（2）处理过程中记录填写随意。值班监控员将配网值班调度员下达的调度指令随意地填写在个人值班记录本上，而未按要求填写在调度指令记录中，直接造成监控员误判断、误控运行设备；因此，无论是正常的计划性遥控操作，还是应急处置遥控操作，值班监控员在接受调度指令时，都必须如实、规范地记录调度指令，并复诵无误后方可执行。

（3）接受调度指令无人监护致使安全把控缺失。值班监控员接受调度指令时，由张某一人完成，无人审核把关。因此，调度指令正确与否，完全系于一人，一旦接收调度指令人员犯错误受令，必然会导致接下来的远方遥控操作行为是错误的。因此应当采取受令监听制度。装设具有录音和监听功能的电话，在接受各级调度指令时，一名值班监控员负责接受、复诵调度指令，另一名值班监控员负责监听整个调度指令下达的过程，从而有效地解决以往单人接受调度指令存在的安全隐患。

第四章 电压无功调整

一、技术问答

1. 电力系统中影响电网电压的因素有哪些？

答： 电力系统电压是由系统的无功、无功潮流分布决定的，影响系统电压的主要因素有：

（1）由于工厂生产、生活用电、天气变化等引起的负荷变化。

（2）系统中线路、变电站、用户等无功补偿容量的变化。

（3）电网运行方式的改变引起的功率分布和网络阻抗变化。

2. 电力系统电网无功补偿的原则是什么？

答： 电网无功补偿基本上按分层分区和就地平衡原则考虑，并应能随负荷或电压的变化进行调整，保证系统各枢纽点的电压在正常和事故后均能满足规定的要求，避免经长距离线路或多级变压器传送无功功率。

3. 地区电网无功补偿的分层分区和就地平衡原则是什么？

答： 地区电网分层是指主要承担有功功率传输的220kV电网，应尽量保持各电压层间的无功功率平衡，减少各电压层间的无功功率串动；分区是指110kV及以下的供电电网，应实现无功功率分区和就地平衡。

4. 无功电压调度管理主要内容包括哪些？

答： 确定电压考核点、电压监视点；编制季度（月度）、节假日特殊方式电压曲线；指挥直调系统无功补偿装置运行；确定和调整变压器分接头位置；AVC系统运行维护和策略调整；统计考核电压合格率。

5. 自动电压控制系统（AVC）异常，不能正常控制变电站无功电压设备时，监控员应如何处置？

答： AVC系统异常，不能正常控制变电站无功电压设备时，监控员应汇报相关调度，将受影响的变电站退出AVC系统控制，并通知相关专业人员进行处理。退出AVC系统控制期间，监控员应按照电压曲线及控制范围调整变电站母线电压。

6. 高峰负荷来临之前，监控员应如何进行调压？

答： 由于电容器的充电无功容量与电压的平方成正比，因此一般在无功功率不足的电网或变电站中，当高峰负荷到来之前就应当将电容器投入，使电网电压提高至上限运行，这样可防止高峰负荷时电压的过分下降。此时注意不宜先采用调整变压器分接头的办法来提高电压，则该地区所需的无功功率也会增大，这就可能扩大系统的无功缺额，从而导致整个系统的电压水平进一步下降。从全局来看，这样的效果是不好的。

7．地区电网变电站电压调整的常用方法有几种？

答：（1）投退并联电容器或并联电抗器改变无功功率进行调压。

（2）调整变压器分接头改变有功功率和无功功率的分布进行调压。

（3）通过调整电网运行方式改变潮流分布进行调压。

（4）特殊情况下有时采用调整用电负荷或限电的方法调整电压。

（5）调整风电场和光伏电站风电机组或并网逆变器的无功出力，投切或调整无功补偿设备。

8．电压超出合格范围时，值班监控员应如何处置？

答：电压超出合格范围时，值班监控员首先会同下级调控机构在本地区内进行调压，经过调整电压仍超出合格范围时，可申请上级调控机构协助调整。

9．地区电网电压调整要求有哪些？

答：地区电网电压调整主要有以下要求：

（1）正常情况下，电压监视点电压由 AVC 主站闭环控制，按照 AVC 主站指令自动调整母线电压。

（2）AVC 异常情况下，值班监控员、厂站运行值班人员按电压曲线进行电压控制。

（3）特殊情况下（如电网故障、天气突然变化、节日等）值班调度员有权修改电压曲线及 AVC 控制策略，各单位值班人员应立即按照修改后的电压曲线进行调整，双方应做好记录。

（4）电压监视点的电压偏离电压曲线±5%的延续时间不得超过 60min；偏离±10%的延续时间不得超过 30min。

10．调整有载变压器分接头进行调压有哪些优缺点？

答：调整有载变压器分接头进行调压是调整电压的基本方法之一，其优缺点分别是：

（1）优点：调整有载变压器分接头进行电压，可在不停电的运行情况下进行调节，既灵活又方便；它是在不投停设备的情况下，就可把电源抬高或降低，收到事半功倍的效果，保证电网的经济效益提高。

（2）缺点：当电压无功储备不足时，调整有载变压器分接头进行调压不易达到要求的电压标准值，若都用调整有载变压器分接头的方法来提高电压（将使负荷消耗的无功功率增加），就需要从电网多吸收功率，使变压器的有功功率，同时使电网的稳定裕度降低，给电网的安全和经济运行带来危害。

因此只有在保证无功富裕和相对平衡的地区，才能依靠调整有载变压器分接头的方法来提高二次侧母线电压；相反无功功率不足的电网则避免使用。

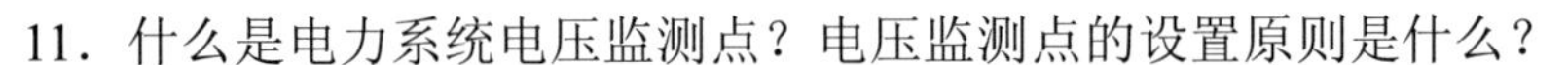

11．什么是电力系统电压监测点？电压监测点的设置原则是什么？

答：电压监测点：监测电力系统电压值和考核电压质量的节点。

电压监测点设置原则：

（1）与主网（220kV 以及上电压电网）直接相连的发电厂。

（2）各级调度“界面”处的 220kV 及以上具有有载调压变压器变电站的一次母线和二次母线电压。

（3）所有变电站和带地区供电负荷发电厂的 10（6）kV 母线是中压配电网的电压监测点。

（4）供电公司选定一批具有代表性的用户作为电压质量考核点。

12．何谓电网的 A、B、C、D 四类监测点？

答：《电力系统电压质量和无功电力要求》分为 A、B、C、D 四类监测点。

（1）A 类：带地区供电负荷的变电站的 10（6）kV 母线电压。

（2）B 类：35（66）kV 专线供电和 110kV 及以上供电的用户端电压。

（3）C 类：35（66）kV 非专线供电的和 10（6）kV 供电的用户端电压。

（4）D 类：380/220V 低压网络和用户端的电压。

13．地区监控员如何监视 AVC 系统运行？

答：地调监控员监视 AVC 系统自动进行无功电压调整，记录 AVC 自动调压情况。监控员严格按照电压曲线或调度指令，监视各监视点的电压运行情况，监视 AVC 运行情况，若 AVC 系统因发生异常，人工调整不及时等原因造成电压及功率因数不能满足要求时，由监控员及时进行人工干预调整。属于 AVC 系统等调控端自动化系统引起的故障，立即通知自动化运维班进行处理；当 AVC 和人工调整均失败时，监控员立即通知运维人员现场检查处理并进行电压、无功设备调整。

14．电网中为什么需要进行无功补偿？

答：由于电网中的负荷大部分均为感性负荷，再加上电网中的各级变压器和线路也为感性，因此电网需要的无功功率就要比有功功率大得多，若假设电网的综合发电负荷为 100%，那么电网的无功总需求就大约是 130%～150%。电网中发电机的功率因数一般都大于 0.8，这样仅靠发电机所发的无功就无法满足电网和电网负荷的总无功需求；同时无功远距离传输，由于变压器和输电线路电抗和电阻的存在，不但要产生无功损耗，而且还会带来不必要的有功损耗，同时由于输电网络的电抗较大，无功的远距离传输几乎不能实现，为此电网必须进行无功补偿。

15．电力系统电压与频率特性的区别是什么？

答：电力系统的频率特性取决于负荷的频率特性和发电机的频率特性（负荷随频率的变化而变化的特性叫负荷的频率特性。发电机的功率随频率的变化而变化的特性叫发电机的频率特性），它是由系统的有功负荷平衡决定的，而与网络结构（网络阻抗）关系不大。在非振荡情况下，同一电力系统的稳态频率是相同的。因此，系统频率可以集中调整控制。

电力系统的电压特性与电力系统的频率特性则不相同。电力系统各节点的电压通常情况下是不完全相同的，主要取决于各区的有功和无功供需平衡情况，且与网络结构（网络阻抗）有较大关系。因此电压不能全网集中统一调整，只能分区调整控制。

16．在电力系统无功不足的情况下，为什么不宜采用调整变压器分接头的办法来提高电压？

答：当某一地区的电压因变压器分接头的改变而升高，则该地区所需的无功功率也会增大，这就可能扩大系统的无功缺额，从而导致整个系统的电压水平进一步下降。从全局来看，这样的效果是不好的。

17．对无功补偿不足的电网调压应注意什么？为什么？

答：一般在无功功率不足的电网中，当高峰负荷到来之前就应当将电容器投入，使电网电压提高至上限运行，这样可防止高峰负荷时电压的过分下降。如果在电网电压已经下降后再采取调压措施，则电压往往调不上去，或者调压效果不大。这是因为：

（1）由于此时发电机的定子电流可能已过负荷，运行人员调整发电机励磁电流比较困难。

（2）电容器和线路的充电无功与电压平方成正比，先提高电压可以使电容器和线路的充电无功增加。

18．电力系统电压调整的常用方法有几种？

答：（1）增减无功功率进行调压，如发电机、调相机、并联电容器、并联电抗器调压。

（2）改变有功功率和无功功率的分布进行调压，如调压变压器、改变变压器分接头调压。

（3）改变网络参数进行调压，如串联电容器、投停并列运行变压器、投停空载或轻载高压线路调压。

（4）通过静止无功补偿器可控高抗调整。

（5）特殊情况下有时采用调整用电负荷或限电的方法调整电压。

19．调整电压的主要手段有哪些？

答：（1）调整发电机的励磁电流；

（2）投入或停用补偿电容器和低压电抗器；

（3）调整变压器分接头位置；

（4）调整发电厂间的出力分配；

（5）调整电网运行方式；

（6）对运行电压低的局部地区限制用电负荷。

20．对变压器有载装置的调压次数是如何规定的？

答：对变压器有载装置的调压次数的具体规定是：

（1）35kV 变压器的每天调节次数（每调一个分接头计为一次）不超过 20 次，110kV 及以上变压器每天调节的次数不超过 10 次，每次调节间隔的时间不少于 1min。

（2）当电阻型调压装置的调节次数超过 5000～7000 次时，电抗型调压装置的调节次

数超过 2000～2500 次时应报检修。

21．为什么电容器组所用断路器不准加装重合闸？

答：电容器组所用断路器不准加装重合闸的原因，即如果电容器组因故障跳闸后，由于跳闸后的电容器组带有剩余电荷，再次合闸，将形成叠加电压，出现 2 倍以上的电压峰值，电容器将产生过电压，同时会出现很大的冲击电流，轻者出现熔丝熔断、断路器跳闸等分不清是否故障的现象；重者则会造成介质击穿，电容器损坏。

二、基础题库

（一）选择题

1．下面说法正确的是（ C ）。

A．当 10kV 母线频率降低时，可以多投两组电容器，恢复系统频率

B．当 10kV 母线频率升高时，可以多切两组电容器，恢复系统频率

C．当 10kV 母线电压降低时，可以多投两组电容器，恢复系统电压

D．当 10kV 母线电压降低时，可以切除部分不重要用户，恢复系统电压

2．电容器的主要作用是补偿电力系统中的（ B ）。

A．有功功率　　B．无功功率　　C．电压　　D．频率

3．在无功过剩的情况下，如果及时投入电抗器和（ B ）并联电容器，能够减轻局部电网电压升高现象。

A．投入　　B．退出　　C．合上　　D．接入

4．按照无功电压综合控制策略，电压和功率因数都低于下限，应如何控制（ B ）。

A．调节分接头

B．先投入电容器组，根据电压变化情况再调有载分接头位置

C．投入电容器组

D．先调节分接头升压，再根据无功功率情况投入电容器组

5．当母线失压时，带时限切除所有接在母线上的电容器，原因是（ A ）。

A．防止放电不充分合闸过电压造成电容器组的损坏

B．防止故障时过电压对电容器组造成损坏

C．母线失电后，不需要无功补偿

D．防止母线送电时，造成过电压，危害人身、设备安全

6．电容器组的过流保护反映电容器的（ B ）故障。

A．内部　　B．外部短路　　C．接地　　D．三相短路

7．对于同一电容器，两次连续投切中间应断开（ B ）min 以上。

A．3　　B．5　　C．6　　D．10

8．电力电容器的允许运行电压（ C ）。

A．不宜超过额定电压的 1.05 倍，最高运行电压不得超过额定电压 1.5 倍

B．不宜超过额定电压的 1.5 倍，最高运行电压不得超过额定电压 1.5 倍

C．不宜超过额定电压的 1.05 倍，最高运行电压不得超过额定电压 1.1 倍

D．不宜超过额定电压的 1.1 倍，最高运行电压不得超过额定电压 1.05 倍

9．电力电容器的允许运行电流（ A ）。

A．最大运行电流不得超过额定电流的 1.3 倍，三相电流差不得超过额定电流的 5%

B．最大运行电流不得超过额定电流的 1.5 倍，三相电流差不得超过额定电流的 5%

C．最大运行电流不得超过额定电流的 1.3 倍，三相电流差不得超过额定电流的 10%

D．最大运行电流不得超过额定电流的 1.5 倍，三相电流差不得超过额定电流的 5%

10．电容器的无功输出功率与电容器的电容成（ A ），与外加电压的平方成（ A ）。

A．正比；正比　　B．正比；反比

C．反比；正比　　D．反比；反比

11．并列运行的主变压器在遥调分接头前，应先检查主变压器负荷情况，当主变压器超过额定负荷的（ A ）时应禁止操作。

A．85%　　B．80%　　C．90%　　D．75%

12．一个变电站的电容器、电抗器等无功调节设备应按（ B ）来投退。

A．电流　　B．电压　　C．有功　　C．无功

13．母线电压过低的原因有（ ABCD ）。

A．上一级电压过低　　B．负荷过大或过负荷运行

C．无功补偿容量不足　　D．变压器分接头位置调整偏低

（二）判断题

1．通过调整电容器、电抗器进行调压时，监控员必须按调度指令执行。（×）

2．监控员应根据相关调度颁布的电压曲线及控制范围，投切电容器、电抗器和调节变压器有载分接开关，操作完毕后做好记录。（×）

3．油灭弧有载分接开关应选用油流速动继电器，应采用具有气体报警（轻瓦斯）功能的气体继电器（×）

4．真空灭弧有载分接开关应选用具有油流速动、气体报警（轻瓦斯）功能的气体继电器。新安装的真空灭弧有载分接开关，宜选用具有集气盒的气体继电器。（√）

5．并列运行的两台主变压器挡位调节时应先后同时调节，无须考虑挡位对应关系。（×）

6．某 110kV 变电站无功过补超过一组电容器容量，10kV 母线越上限，1 号电容器在投入状态，为保证母线电压正常，监控员采取降主变压器分头的方式进行调压。（×）

7．在系统无功不足的情况下，可以采用调整变压器分接头的办法来提高电压。（×）

8．电压无功优化的主要目的是控制电压、降低网损。可通过调节主变压器分接头，控制电容器、电抗器投切等方式实现。（√）

9．电压/无功的调整手段有：改变发电机及调相机无功功率、投切电容器组及电抗器、调整变压器分接头位置。（√）

10．电力系统各节点的电压通常情况下是不完全相同的，主要取决于各区的有功和

无功供需平衡情况，也与网络结构网络阻抗有较大关系。（√）

11．有载调压开关不能连续操作，间隔时间不得少于1min。（√）

12．两台有载调压变压器并联运行时，升压操作，应先操作负荷电流相对较大的一台，再操作负荷电流相对较小的一台，防止过大的环流。降压操作时与此相反。（×）

三、经典案例

1．2018年5月25日9时25分，某110kV变电站10kV母线电压越下限，由于主变压器调挡缺陷，只能通过电容器进行电压调整电压，受AVC电容器动作次数限制，需要人工干预投切电容器，既增加监控员工作量，又增加电容器投切次数，从而缩短设备使用寿命。除了上述情况，地区电网在电压无功调整方面还存在哪些典型问题？

答：（1）受无载调压变压器影响，造成调压不灵活。如××站所带负荷在大负荷时仅能调整电容器来满足区域电压的需求；××站在正常负荷下，35kV电压长期处于高限值运行，由于受主变压器分接头（一台无载、一台有载）电压对应关系影响，无法安排主变压器分头调整。

（2）受冲击负荷影响，时间小于AVC系统动作周期，造成电压自动调整不及时。

（3）部分站无功补偿不足或未安装无功补偿设备，在负荷较大时，造成区域电压较低，监控员及时将区域内所有变电站所有电容器投运，可适当提高区域内母线电压。

（4）主供农业变电站，在春灌或迎峰度夏期间，电容器全部投运仍无法满足区域电压的需求，需人工调节主变压器分头方可满足要求。监控员要密切关注AVC系统动作情况，必要时人工干预调整。

（5）部分220kV变电站受并网电厂影响，向系统返送无功。

（6）部分站受电网方式安排的影响，电压波动较大。例如，通二站正常在苑水站供电，因电网需要，倒110kV玉王—通线供电，由于线路较长，电压下降较多。

（7）部分站中低压侧有大容量地方电厂机组并网，电压受机组关停影响较大。

2．某日，110kV变电站因110kV电源进线检修造成变电站全停，为保证变电站的站用电源和重要负荷供电，存在主变压器中（35kV）带低（10kV）的特殊运行方式。10时25分，10kV母线电压越下限告警，监控员在未核实特殊方式的情况下，调整主变压器分头，而电压未发生变化。遇有上述情况，监控员如何调整电压和保证电压正常运行？

答：110kV变电站，由于电网、变电站设备检修或设备故障跳闸、设备缺陷，存在110kV变电站三绕组变压器中压侧（35kV）通过主变压器带低压侧（10/6kV）运行的特殊方式，此种运行方式受35kV串供线路长的影响，造成10kV母线电压低。

遇有110kV主变压器中带低的特殊运行方式时，存在35kV线路长距离串供造成母线电压越下限及主变压器分头无法调整电压的情况（主变压器通过分头调整电压是调整主变压器高压侧的变比来实现）。为保证母线电压在合格范围运行，监控员调压应注意以下几点：

（1）在监控系统图上，将中带低运行方式的主变压器进行“人工闭锁”，防止因低压侧母线电压越下限时主变压器频发调挡，避免人工无效调整。

（2）注意监视电源侧变电站 35kV 母线电压情况，应保持高限运行，抵消长线路供电的压降，确保 10kV 母线电压在合格范围内。

（3）根据负荷变化情况，提前将本站电容器提前投入，并悬挂“人工闭锁”标示牌，防止负荷突增时，电容器补偿效果不理想。若电容器组需保持在常投状态，应将常投状态设置“受累闭锁”标识牌，并进行注释说明，防止系统波动或冲击负荷造成 AVC 误切电容器。

（4）若电容器全部投入后，母线电压仍越下限，可通过提升 35kV 联络线电压进行电压调整。

3．地区电网 110kV 变电站存在 35、10kV 母线并列运行时两条母线电压不平衡或 35kV 母线并列运行，但 10kV 母线分列运行两条母线电压不平衡。

答：地区电网所辖 110kV 变电站，由于现场一、二次设备及系统方式要求等原因，存在 35、10kV 母线并列运行时两条母线电压存在差异或 35kV 母线并列、10kV 分列运行时，10kV 母线电压不平衡等特殊情况。此种情况，在某一母线电压过高或过低越限时，但两条母线的平均值未越限无法触发 AVC 自动调节条件，影响电压质量，给监控员的监视和调压调整工作造成严重影响。针对上述情况，监控员应注意以下事项：

（1）电压调整时，应综合考虑两条母线的电压情况，在保证安全和负荷正常的情况下，可考虑主变挡位不一致运行方式。

（2）在监控系统图上做好注释，以提醒调控人员，特别是长时间此种运行方式下。

（3）若母线电压影响 AVC 调压时，且现场设备一次设备无缺陷时，可协调自动化将单站 AVC 母线表的测点取值方式由“平均”改为“浮动”，目的是实现只考虑单条母线越限时即进行调压。

（4）也可针对电压不平衡的情况，设置特殊策略，以便 AVC 策略的优化执行。

（5）若为设备缺陷造成，及时列出此类急需处置的缺陷督促变电运检室进行消缺。

（6）在未进行消缺的情况，可采取其他措施保证电压质量，如进行母线分类方式调整或将母线 TV 二次暂时并列等。

4．2019 年 4 月 2 日 9 时 6 分，地区电网负荷急剧上升的关键时段，发生大面积变电站母线电压越下限的异常情况，但 AVC 未触发策略对电压及时调整，造成母线越限时间较长，不利于电网经济运行。经查，按照日周期工作表要求，交接班前交班人员应对 AVC 进行人工解锁，由于当日电网检修工作较多，交班监控员未及时将 AVC 进行解锁，接班人员接班后也未及时解锁。针对上述案例试说明监控员应如何进行 AVC 解锁？

答：AVC 告警信号是为保证 AVC 安全运行由 AVC 系统定义的一系列告警信号，当此类信号触发时，闭锁相应设备并发出告警信号。此类信号的触发和解除由 AVC 系统完成。监控员 AVC 解锁指的是 AVC“人工解锁”（AVC 检测到触发某类告警或保护闭锁的信号复归时，不会自动解除对相关设备的闭锁，而需通过人工确认的方式解除闭锁）。如设备拒动、主变压器滑挡、手工操作、电容器保护出口等均需要人工解锁的信息。

（1）监控员应结合负荷变化和 AVC 策略时段情况，及时做好 AVC 告警信息解锁。

（2）主变压器错挡、人工调整等手工操作完毕后，应及时进行 AVC 解锁；若因运行方式需要某电容器或主变压器保持一种运行状态时，建议通过挂牌、人工闭锁等手段进行闭锁。

（3）现场进行电容器开关传送试验，当工作完毕电容器正常运行时，应及时解锁 AVC 保护告警信息。

（4）针对农灌负荷、工业负荷等有特殊策略要求的变电站，可根据负荷特性适当增加解锁次数。

总的来说，建议监控员在进行无功设备投切、主变压器调挡人工干预前，应先查看所要操作的设备是否处于 AVC 闭锁状态；若处于闭锁状态，应先进行解锁观察 AVC 自动调整情况。如果 AVC 不能自动调整，先人工干预，后分析 AVC 策略失败原因。

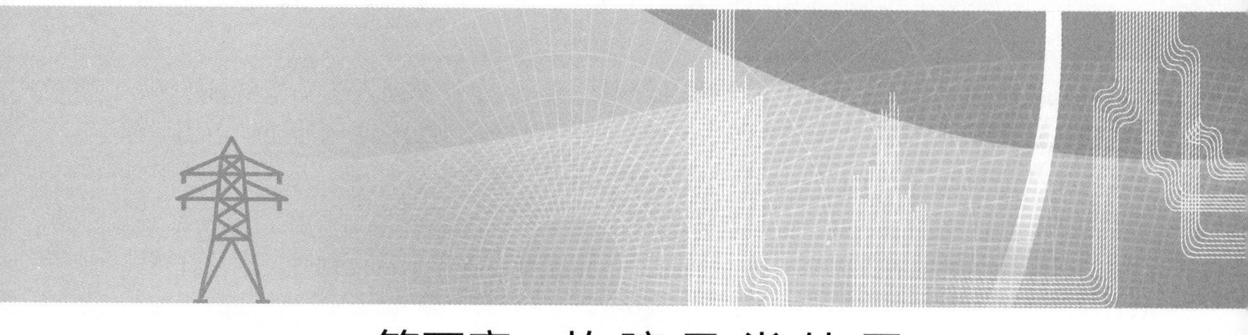

第五章　故障异常处置

一、技术问答

1．值班过程中，若发生事故，监控员在进行事故处置过程基本要求有哪些？

答：若发生事故，监控员在进行事故处置过程基本要求有：

（1）事故发生时，监控员应本着保人身、保电网、保设备的原则，准确、迅速处置事故。

（2）事故发生后，监控员应根据故障信息初步分析判断，汇报相关调度员，通知相关运维人员现场检查设备，带收集故障详细信息并核实后，监控员将详情汇报调度员。

（3）事故处置过程中，监控员应时刻密切监视相关变电站信息，及时调整电网电压，若有越限情况及时汇报相关调度员。

（4）在事故处置时，监控员通过遥视、监控巡视发现有危及人身、电网、设备安全等紧急情况时，可遥控操作断路器进行紧急处置，但事后须立即汇报调度员。

（5）按照调度员指令进行事故紧急限电操作后，监控员应做好记录，不得擅自恢复送电。

2．监控员关于监控信息汇报的规定有哪些？

答：监控员关于监控信息汇报的规定有：

（1）事故信息：电网发生事故时，值班监控员应迅速收集、整理相关故障信息，在事故发生后 3min 内（时间以 SOE 时间为准，精确到秒）向设备归属调度汇报主要信息（包括事故发生的厂站、时间、设备双重编号、继电保护及安全自动装置动作情况、开关跳闸情况等），并尽快向有关调度汇报。值班监控员在汇报后，应迅速收集事故所有信息并进行初步判断，并将分析判断结果及时汇报值班调度员。同时，值班监控员应立即通知运维人员到现场检查、确认。

（2）异常信息：当监控系统出现异常信号时，值班监控员应迅速、准确地对异常信号做出初步分析判断，并根据情况通知运维人员、自动化人员对变电站电气设备、变电站自动化通信系统、监控系统主站及信号传输通道进行检查。对于值班监控员判断为对电网、设备安全运行有影响的异常信号，值班监控员应按照调度管辖范围及时汇报相应值班调度员，由值班调度员指挥异常处理。

（3）越限信息：值班监控员发现设备电流、电压、有功、无功、温度等达到或超过限额时，应及时汇报值班调度员并做好记录，必要时通知运维人员加强现场巡视。

（4）变位信息：值班监控员发现变位信息时，应根据遥信、遥测、状态指示等信息判断分析开关是否变位，对于受控站异常变位信号，汇报值班调度员，通知运维人员现场检查设备实际状态。

3．地区电网主变压器过负荷时一般采取哪些方法消除？

答：地区电网变压器过负荷按照重要程度依次分为重载（大于90%小于100%）、过载（大于100%）两种情况：

（1）主变压器重载情况不严重且无功欠补，可投入电容器缓解主变压器重载率；

（2）有备用变压器，可考虑投入备用变压器；

（3）指令有关调度转移负荷；

（4）按照系统方式要求，改变电网的接线方式；

（5）上述情况无法消除时，可按有关规定进行拉闸限电。

4．智能变电站合并单元、智能终端、保护装置、测控装置等智能设备重要告警信息包括哪些？

答：智能站智能设备的重要告警信息包括：装置故障、装置异常、对时异常、检修状态投入、SV总告警、SV采样链路中断、SV采样数据异常、GOOSE总告警、GOOSE链路中断、××测控装置遥信电源消失等。

5．当运行中变压器发出过负荷信号时，监控员应如何检查处理？

答：运行中的变压器发出过负荷信号时，监控值班员应检查变压器的各侧电流是否超过规定值，并应将变压器过负荷数量报告当值调度员，然后检查变压器的油温是否正常，并做好负荷控制或转移倒闸操作准备。必要时通知运维人员进行现场核实、检查变压器运行情况。同时监控员应注意以下事项：

（1）根据过负荷变压器的功率因数情况，若主变压器高压侧无功缺额较大，且此时有电容器有可以投入的情况，在确定电容器无缺陷后，可以投入电容器缓解变压器过负荷。

（2）在变压器过负荷未消除前，监控员应按规增加特巡，并根据过负荷情况及时汇报调度。

（3）若变压器过负荷造成母线电压越下限时，切记不能通过调整主变压器分头进行调压。

6．断路器越级跳闸应如何检查处理？

答：断路器越级跳闸后应首先检查保护及断路器的动作情况。如果是保护动作，断路器拒绝跳闸造成越级，则应在拉开拒跳断路器两侧的隔离开关后，将其他非故障线路送电。

如果是因为保护未动作造成越级，则应将各线路断路器断开，再逐条线路试送电，发现故障线路后，将该线路停电，拉开断路器两侧的隔离开关，再将其他非故障线路送电。最后再查找断路器拒绝跳闸或保护拒动的原因。

7．监控员在告警信息处置过程中可能存在哪些危险点？

答：监控员在告警信息处置过程可能存在以下危险点：

（1）监控人员不熟悉虚端子回路、设备联闭锁逻辑和现场网络配置；

（2）监控人员对现场设备配置不清楚；

（3）监控人员对监控信息不理解；

（4）监控人员对异常告警分析困难；

（5）监控人员对缺陷定性不当；

（6）监控人员启动缺陷流程错误。

8．监控信息处置分为哪三个阶段，各阶段的处置要求有哪些？

答：监控信息处置以“分类处置、闭环管理”为原则，分为信息收集、实时处置、分析处理三个阶段。

（1）信息收集。值班监控员通过监控系统发现监控告警信息后，应迅速确认，根据情况对以下相关信息进行收集，必要时应通知变电运维单位协助收集：

1）告警发生时间及相关实时数据；

2）保护及安全自动装置动作信息；

3）开关变位信息；

4）关键断面潮流、频率、母线电压的变化等信息；

5）监控画面推图信息；

6）现场影音资料（必要时）；

7）现场天气情况（必要时）。

（2）实时处置。

1）事故信息实时处置：①监控员收集到事故信息后，按照有关规定及时向相关调度汇报，并通知运维单位检查；②运维单位在接到监控员通知后，应及时组织现场检查，并进行分析、判断，及时向相关调控中心汇报检查结果；③事故信息处置过程中，监控员应按照调度指令进行事故处理，并监视相关变电站运行工况，跟踪了解事故处理情况；④事故信息处置结束后，变电运维人员应检查现场设备运行状态，并与监控员核对设备运行状态与监控系统是否一致，相关信号是否复归。监控员应对事故发生、处理和联系情况进行记录，并按相关规定展开专项分析，形成分析报告。

2）异常信息实时处置：①监控员收集到异常信息后，应进行初步判断，通知运维单位检查处理，必要时汇报相关调度；②运维单位在接到通知后应及时组织现场检查，并向监控员汇报现场检查结果及异常处理措施。如异常处理涉及电网运行方式改变，运维单位应直接向相关调度汇报，同时告知监控员；③异常信息处置结束后，现场运维人员检查现场设备运行正常，并与监控员确认异常信息已复归，监控员做好异常信息处置的相关记录。

3）越限信息实时处置：①监控员收集到输变电设备越限信息后，应汇报相关调度，并根据情况通知运维单位检查处理；②监控员收集到变电站母线电压越限信息后，应根

据有关规定，按照相关调度颁布的电压曲线及控制范围，投切电容器、电抗器和调节变压器有载分接开关，如无法将电压调整至控制范围内时，应及时汇报相关调度。

4）变位信息实时处置。监控员收集到变位信息后，应确认设备变位情况是否正常。如变位信息异常，应根据情况参照事故信息或异常信息进行处置。

5）告知类监控信息处置：①集控站负责告知类监控信息的定期统计，并向运维单位反馈；②运维单位负责告知类监控信息的分析和处置。

（3）分析处理：

1）设备监控管理专业人员对于监控员无法完成闭环处置的监控信息，应及时协调运检部门和运维单位进行处理，并跟踪处理情况。

2）设备监控管理专业人员对监控信息处置情况应每月进行统计。对监控信息处置过程中出现的问题，应及时会同调度控制专业、自动化专业、继电保护专业和运维单位总结分析，落实改进措施。

9．监控员缺陷闭环管理有哪些工作内容及要求？

答：缺陷分析及处置应严格按照闭环管理进行：

（1）缺陷闭环管理工作内容：缺陷流程启动后，监控应跟踪、掌握重要缺陷处理情况，实施缺陷闭环管理；

（2）缺陷闭环管理工作要求：

1）跟踪、了解设备重要缺陷处理情况，并做好相关记录；

2）缺陷处理完毕后，进行信息确认验收，并做好记录；

3）对于逾期缺陷，及时通知设备监控管理人员协调处理。

10．造成断路器控制回路断线可能发生的原因及产生后果有哪些？

答：断路器“控制回路断线”指的是控制电源消失或控制回路故障，会造成不能进行分合闸操作，造成重合失败，事故越级跳闸等后果。可能发生的原因有：

（1）二次回路接线松动；

（2）控制熔断器熔断或空气开关跳闸；

（3）断路器辅助触点接触不良，合闸或分闸位置继电器故障；

（4）分合闸线圈损坏；

（5）断路器机构“远方/就地”切换开关损坏；

（6）弹簧机构未储能或断路器机构压力降至闭锁值、SF_6气体压力降至闭锁值。

11．断路器 SF_6气压低告警及闭锁发生的原因及后果？

答：断路器 SF_6气体密度继电器监视断路器本体 SF_6压力数值，反映断路器绝缘情况，受设备一场及天气影响，SF_6气体压力会降低，当降低到告警值时，“SF_6气压低告警”动作，气体压力持续降低到闭锁值时，“SF_6气压低闭锁”动作；若为密度继电器或回路问题，可能会造成 SF_6气压低告警及闭锁误发等现象。可能发生的原因有：

（1）断路器有泄漏点，压力降低到告警值；

（2）压力继电器损坏；

（3）回路故障；

（4）根据 SF_6 压力温度曲线，温度变化时，SF_6 压力值变化。

SF_6 气压低告警如果处理不及时，断路器 SF_6 气体继续泄漏到闭锁值，会造成断路器分合闸闭锁。如果此时与本断路器有关设备故障，则断路器拒动，扩大事故范围。

12．变电站电容器不同保护动作后应如何处理？

答： 电容器保护动作可分为过电压保护、欠压保护、不平衡保护、过流保护等动作信号。不同保护动作后监控员处置步骤各有异同：

（1）过电压保护动作：过电压保护按照额定电压的1.15倍进行整定，当电压越上限超过整定值时经整定延时50s（可整定）过电压保护动作跳闸。处置时监控应首先将电容器进行“人工闭锁”，通过电压曲线查看电容器跳闸前电压值，汇报相关调度和通知运维人员现场检查，分析造成过电压保护动作的原因。

（2）低电压保护动作：低电压保护按照额定电压的0.4倍进行整定，延时整定较短，需小于电源重合时间、备自投动作时间。低电压保护跳闸一般为故障或异常造成母线失压引起。当低电压保护动作跳闸后，应首先核实是否为上一级电源有故障跳闸造成母线短时失压或主变压器低后备保护出口切除母线造成，若是，当母线恢复正常后，直接解锁AVC闭锁正常投入即可。

（3）不平衡保护、过流保护动作跳闸，代表电容器设备本身可能发生故障，监控员应立即进行“人工闭锁”并不允许强送，并立即汇报相关调度和通知运维人员现场检查。待现场运维人员查明原因，如果未查出故障原因，不得对故障电容器进行试送电。

13．当出现某一变电站安防、消防监控信号频繁告警时应如何处置？

答： 当出现某一变电站安防、消防监控信号频繁告警时，将干扰集控站其他监控业务正常运行，因此值班监控员应将频繁告警信号屏蔽。处理步骤如下：

（1）监控员通知现场运维人员检查频繁告警来源，该信号对应的安防、消防监视改由现场执行。

（2）现场运维人员应检查频繁告警来源，核实为干扰信号后，应立即屏蔽该异常信号，并通知专业人员处理。

（3）待异常情况消除后，可解除该信号屏蔽，向监控员申请将该信号对应的安防、消防监视转回集中监控。

（4）监控员进行核实验收后，应及时通知现场运维人员恢复集控站安防、消防集中监控。

14．监控员应在确认满足以下条件后，及时向调度员汇报站内设备具备线路远方试送操作条件？

答：（1）线路主保护正确动作、信息清晰完整，且无母线差动、开关失灵等保护动作。

（2）对于带高抗、串补运行的线路，未出现反映高抗、串补故障的告警信息。

（3）通过工业视频未发现故障线路间隔设备有明显漏油、冒烟、放电等现象。

（4）故障线路间隔一、二次设备不存在影响正常运行的异常告警信息。

（5）开关远方操作到位判断条件满足两个非同样原理或非同源指示“双确认”。

（6）集中监控功能（系统）不存在影响远方操作的缺陷或异常信息。

15．省调调度管辖线路故障跳闸未重合或重合不成功，出现哪些情况时，为确保电网安全运行，省调值班调度员汇总监控信息，判断具备远方操作强送条件后，可不经现场检查即进行一次强送。

答：省调调度管辖线路故障跳闸未重合或重合不成功，出现以下情况之一时，为确保电网安全运行，省调值班调度员汇总监控信息，判断具备远方操作强送条件后，可不经现场检查即进行一次强送。

（1）线路跳闸后造成变电站220kV母线全停的（注意强送电时线路末端不允许带有变压器）。

（2）线路跳闸后出现220kV变电站由单线供电的。

（3）线路跳闸后出现电厂经单线并网的。

（4）线路跳闸后电网其他重要元件或断面超稳定限额，且无法在短时间内通过调整电厂出力、倒负荷等手段进行有效控制的。

（5）线路跳闸后经静态安全分析出现网内线路、主变压器等元件 $N-1$ 越限的。

（6）恶劣天气（污闪、雷雨等）情况下，2条及以上相关线路相继故障的。

16．当遇到下列情况时，不允许对线路进行远方试送？

答：调度员应根据监控员、运维单位人员情况汇报及综合智能告警等信息进行综合分析判断，并确定是否对线路进行远方试送。当遇到下列情况时，不允许对线路进行远方试送：

（1）监控员汇报站内设备不具备远方试送操作条件；运维单位人员汇报由于严重自然灾害、山火等导致线路不具备恢复送电的情况。

（2）电缆线路故障或者故障可能发生在电缆段范围内。

（3）判断故障可能发生在站内。

（4）线路有带电作业，且明确故障后不得试送。

（5）相关规程规定明确要求不得试送的情况。

17．线路故障停运后，故障线路间隔一、二次设备存在哪些异常告警信息时，监控员应向调度员汇报站内设备不具备线路远方试送操作条件？

答：（1）一次设备异常典型告警信息。

1）SF_6 断路器。

①××断路器 SF_6 气压低闭锁。

②××断路器 SF_6 气压低告警。

2）液压机构。

①××断路器油压低分合闸总闭锁。

②××断路器油压低合闸闭锁。

③××断路器油压低重合闸闭锁。

④××断路器油压低告警。

⑤××断路器 N_2 泄漏闭锁。

⑥××断路器 N_2 泄漏告警。

3）气动机构。

①××断路器气压低分合闸总闭锁。

②××断路器气压低合闸闭锁。

③××断路器气压低重合闸闭锁。

④××断路器气压低告警。

4）弹簧机构。

××断路器弹簧未储能。

5）机构通用信号。

①××断路器本体三相不一致出口。

②××断路器储能电机故障。

6）控制回路。

①××断路器第一（二）组控制回路断线。

②××断路器第一（二）组控制电源消失。

③××断路器汇控柜交流电源消失。

④××断路器汇控柜直流电源消失。

⑤××断路器电机打压超时。

7）电流互感器。

××电流互感器 SF_6 压力低告警。

8）GIS（HGIS）气室。

①××断路器气室 SF_6 气压低闭锁。

②××断路器气室 SF_6 气压低告警。

（2）二次设备异常典型告警信息。

1）××保护装置故障。

2）××保护装置异常。

3）××保护装置通信中断。

4）××保护 TV 断线。

5）××保护 TA 断线。

6）××保护装置通道异常。

7）××测控装置异常。

8）××测控装置通信中断。

9）××智能终端故障（智能变电站）。

10）××合并单元故障（智能变电站）。

18．小电流接地系统单相接地故障处理原则是什么？

答：小电流接地系统单相接地故障处置按照以下原则执行：

（1）小电流接地系统中发生单相接地时，应立即汇报所属调度，依据调度要求迅速查找故障点。

（2）小电流接地系统单相接地拉路序位表应视同保护定值单进行管理。为加快处理速度，拉路前与调度核对时，仅需核对接地拉路序位表的变电站、编号和下发日期，不需对其中的具体项目进行核对。

（3）小电流接地系统单相接地故障运行时间不得超过 1h。如 1h 后仍未查出故障支路，应立即将所在母线停电，防止故障扩大。

（4）查找接地故障，进行站内检查时，应穿绝缘靴、戴安全帽进行站内检查，若需接触设备外壳或架构时，必须戴绝缘手套。

（5）线路跳闸伴随其他线路接地，应判断为不同出线的不同相同时接地，运行人员不得自行强送跳闸断路器，应先拉路寻找接地线路，故障消除后，再送跳闸线路。

（6）查找接地时，如发生保护动作跳闸，则应按断路器跳闸处理。

（7）接地故障的象征，有时为网络发生谐振过电压或断线造成的某相电压升高。此时，应区别对待，并按调度指令进行处理。

（8）装有消弧线圈系统发生单相接地，需操作设备时，应考虑补偿电流的配合。严禁系统有接地时用隔离开关投、停消弧线圈。记录系统接地时间，不得超过消弧线圈该分头最长允许的运行时间。

（9）当故障变电站内有人工作时，值班（监控、网控、调控）人员应确认单相接地故障与其工作无关，并通知人员撤离后，再进行试拉路。

（10）禁止使用隔离开关进行接地拉路查找。

19．小电流接地系统单相接地故障处理流程是什么？

答：小电流接地系统单相接地故障处理遵循“谁监控、谁拉路”的原则，旨在减少中间环节，提高故障处理速度，调控一体化模式下的无人值班站处理流程如下：

（1）调控班人员发现接地故障信号并核对故障信息。

（2）通知相应调度（县调、配调）接地故障情况，并要求拉路查找故障点（注：如发生接地的变电站母线所带分路由本调控中心调度，不需要“报告相应调度”步骤）。

（3）报告当值值长并做好记录，同时通知操作班人员赶往故障变电站。

（4）调控班人员按照接地拉路序位表，遥控进行试拉路。

（5）报告调度接地线路、相别及相电压情况。

（6）操作班人员到站后，根据调度指令隔离故障设备。

（7）通知相关单位处理故障。

（8）将处理情况报告调度。

上述流程的每个步骤均应留有时间记录，做到有据可查。

20．小电流接地系统单相接地故障拉路查找处理步骤是什么？

答：（1）站内装有小电流接地选线装置的，首先拉开该装置选定的接地分路。

（2）拉开母联（分段）断路器，缩小接地故障范围。

（3）对接地段母线所有剩余分路，按接地拉路序位表顺序试拉、合断路器，拉、合顺序一般如下：

1）空充线路。

2）双回线路。

3）接地故障频发线路。

4）一般性质负荷长线路。

5）一般性质负荷线路。

6）电容器。

7）站用变压器（采用隔离开关直接连接到母线的站用变压器除外）。

8）带有重要用户线路。

（4）每拉开一路断路器，确认接地信号未复归后，应合上该断路器，再试拉下一路（电容器回路断路器在拉开后应不再合上，待故障支路查出后再根据电压和功率因数情况及时投入）。

（5）如上述方法不能查出接地故障分路，应判断为发生多路同相接地或母线及以上设备接地，按下列顺序进行拉路查找：

1）向调度汇报查找情况，申请将接地段母线上所有分路停运查找。

2）对接地段母线所有分路，按接地拉路序位表顺序拉开各分路断路器。

3）每拉开一路断路器，确认接地信号未复归后，然后再拉开下一路。

4）发现接地信号复归后，应判定该分路接地，保留该分路断路器在断开位置，然后开始送出其他已拉开断路器。送出过程中应注意确认接地信号未发生后，再合上下一路；如发生接地信号，应判定该分路接地，保留其在断开位置。

5）如果将接地段母线上所有分路断路器全部拉开后，接地信号仍不恢复，应判定为接地故障发生在母线及以上设备上。

（6）母线及以上设备接地故障的查找：

1）向调度汇报查找情况，申请进一步查找。

2）拉开接地段母线主进断路器。

3）合上接地段母线母联（分段）断路器，如发生接地信号，应判断故障发生在母线上；否则，应判断故障发生在主变压器相应绕组至主进断路器之间，可通过在主变压器相应引线桥验电或检查相应引线桥避雷器泄漏电流等方法进一步验证。

（7）如发生单相接地故障的变电站低压无出线，应首先拉开母联（分段）开关和主进线开关将母线停电，然后拉开所有分路开关，再合上主进线开关，并逐路送出分路开关，查找接地支路。

（8）对于220kV变电站，如查出某一分路接地，一般情况下应立即将其退出运行（带重要负荷线路除外），在未查明原因前禁止重新投入运行，在执行接地故障后的县（配）

调试送指令前，应征得市调同意后方可进行。对于 110kV 变电站，如查出某一分路接地，不可将其停运，应报调度，听候处理。

（9）检查发现接地故障设备后，禁止用隔离开关切断故障，必要时进行倒闸操作，用断路器切断故障。

21. 小电流接地系统中，为什么采用中性点经消弧线圈接地？消弧线圈有几种补偿方式？

答：小电流接地系统发生单相接地故障时，接地点将通过接地线路对应电压等级电网的全部对地电容电流。如果此电容电流相当大，就会在接地点产生间歇性电弧，引起过电压，从而使非故障相对地电压极大增加。在电弧接地过电压的作用下，可能导致绝缘损坏，造成两点或多点的接地短路，使事故扩大。为此，通过在中性点装设消弧线圈，利用消弧线圈的感性电流补偿接地故障时的容性电流，使接地故障电流减少，以致自动熄弧，保证继续供电。

补偿方式包括：

（1）欠补偿。补偿后电感电流小于电容电流。

（2）全补偿。补偿后电感电流等于电容电流。

（3）过补偿。补偿后电感电流大于电容电流。

22. 中性点接地方式有几种？什么叫大电流、小电流接地系统？其划分标准如何？

答：我国电力系统中性点接地方式主要有两种，即：

（1）中性点直接接地方式（包括中性点经小电阻接地方式）。

（2）中性点不直接接地方式（包括中性点经消弧线圈接地方式）。

中性点直接接地系统（包括中性点经小电阻接地系统），发生单相接地故障时，接地短路电流很大，这种系统称为大接地电流系统。中性点不直接接地系统（包括中性点经消弧线圈接地系统），发生单相接地故障时，由于不直接构成短路回路，接地故障电流往往比负荷电流小得多，故称其为小电流接地系统。

在我国划分标准为：$X_0/X_1 \leqslant 4 \sim 5$ 的系统属于大接地电流系统，$X_0/X_1 > 4 \sim 5$ 的系统属于小电流接地系统。（注：X_0 为系统零序电抗，X_1 为系统正序电抗）

23. 大、小电流接地系统，当发生单相接地故障时各有什么特点？两种接地系统各用于什么电压等级？

答：直接接地系统（大电流接地系统）供电可靠性低。这种系统中发生单相接地时，出现了除中性点外的另一个接地点，构成了短路回路，接地电流很大，为了防止损坏设备，必须迅速切除接地相甚至三相。不接地系统（小电流接地系统）供电可靠性高。但对绝缘水平的要求也高。因为这种系统中发生单相接地时，不构成短路回路，接地电流不大，所以不必切除接地相，但这时非接地相的对地电压却升高了 $\sqrt{3}$ 倍。在电压等级较高的系统中，一般采用中性点直接接地方式；在电压等级较低的系统中，一般采用中性点不接地方式。

24. 如何判别中性点不接地电网发生单相接地故障时的故障相别？

答：中性点不接地电网发生单相接地短路的现象是：故障相电压降低或为零，其他两相相电压升高或上升到线电压。其接地相的判别方法为：

（1）如果一相电压指示到零，另两相为线电压，则为零的相即为接地相；

（2）如果一相电压指示较低，另两相较高，则较低的相即为接地相；

（3）如果一相电压接近线电压，另两相电压相等于且这两相电压较低时，判别原则是“源压高，下相糟”，即按 A、B、C 相序，哪一相电压高，则其下相即可能接地。本办法适用于电网接地但未断线的故障，记下故障象征并正确判断故障相别可以避免检修人员盲目查线。

25．小电流系统接地与熔断器熔断的区别？

答：（1）电压区别。接地：故障相电压降低、非故障相电压升高，线电压不变；TV 开口三角形电压为 100V 或小于 100V；同一系统电压均发生对应变化。

一次熔断器熔断：熔断相电压降低不为零，非故障相电压不变；与熔断相有关线电压降低，非故障相线电压不变；TV 开口三角形电压为 33V 左右；同一系统其他电压不发生对应变化。

二次熔断器熔断：熔断相电压降低或为零，非故障相电压不变；同一系统其他电压不发生对应变化。

（2）信号区别。接地：发接地信号，消弧线圈发动作信号。

一次熔断器熔断：可能发接地信号，可能发保护测控装置告警信号。

二次熔断器熔断：可能发各分路“保护测控装置告警”、主变压器“保护装置告警”。

26．系统一相断线有什么现象？

答：如线路发生 A 相断线，现象如下：

（1）电压现象：A 相相电压升高且小于 1.5 倍的相电压，B、C 相相电压降低但且大于 0.866 倍的相电压。

（2）电流现象：A 相电流变为 0，B、C 相电流增大。

27．保护动作情况记录至少包括哪些内容？

答：保护动作情况记录至少包括：

（1）所有跳闸断路器编号、跳闸相别。

（2）所有保护的出口动作信号和启动信号。

（3）分类收集微机保护装置的打印报告及微机故障录波器的录波报告，并按报告记录保护动作情况（跳合闸元件、动作时间、测距等）；故障测距应以保护报告为准。

（4）启动的故障录波器编号。

（5）电网中电压、电流、频率等变化情况。

28．故障处理中有哪些注意事项？

答：故障处理中应注意以下事项：

（1）初步判明故障原因及复归信号后再进行下一步操作。

（2）检查设备的人员未汇报情况之前，不得进行与该设备有关的下一步操作。

（3）接调度令后应先报告故障处理指挥人，得其同意后方可执行。

（4）故障处理人员应精神集中、切忌慌乱，忙中出错。

29．发现变压器着火时，监控员应怎样处理？

答：发现变压器着火时，监控员应立即断开主变压器各侧电源，具备远方灭火操作功能的监控员应立即远方启动灭火装置进行灭火，并通知操作班现场处理。

30．双电源线路的断路器跳闸如何处理？

答：双电源线路的断路器跳闸处理：

（1）重合成功：对断路器进行外部检查，报告调度。

（2）重合不成功：不准试送，检查断路器及保护，报告调度，听候处理。

（3）双回路运行的其中一回断路器跳闸时，可按单电源跳闸处理。

（4）双电源线路断路器跳闸且线路有电时，装有同期装置的断路器应使用同期装置与系统并列。

31．系统振荡现象有哪些？

答：系统振荡现象有：

（1）变压器、电源联络线上的电流、电压、功率指示周期性地剧烈摆动，变压器发出有节奏的轰鸣声。

（2）系统中各点电压表的指针摆动或监控显示周期性变化，振荡中心电压变化最大，并周期性地降低到接近零，白炽灯忽明忽暗。

（3）失去同期的系统联络线或厂间联络线的输送功率往复摆动。

（4）有关保护及自动装置可能动作发出“振荡闭锁”“交流电压断线”“故障录波器动作”等信号。

（5）振荡解列装置有可能动作，跳开断路器。

32．发现变压器有哪些情况之一者，应立即报告调度；属于无人值班的变电站，监控中心应加强监视，同时立即通知操作班，做好启动备用变压器或倒负荷的准备？

答：（1）过载30%以上。

（2）声音异常。

（3）严重漏油致使油位下降。

（4）油色显著变化。

（5）套管出现裂纹或不正常电晕以及放电闪络。

（6）轻瓦斯保护动作。

（7）强油风冷装置故障全停。

（8）接头严重发热。

33．母线故障的处理原则有哪些？

答：（1）若确认系保护误动作，应尽快恢复母线运行。

（2）找到故障点并能迅速隔离的，在隔离故障点后对停电母线恢复送电。

（3）双母线中的一条母线故障，且短时不能恢复，在确认故障母线上的元件无故障后，将其冷倒至运行母线并恢复送电一次。

（4）对停电母线进行试送，应优先用外部电源。试送开关必须完好，并有完备的继电保护。

（5）对端有电源的线路送电时要防止非同期合闸。

34．线路故障跳闸后选择强送端的原则有哪些？

答：线路故障跳闸后选择强送端的原则有：

（1）尽量避免用发电厂或重要变电站侧开关强送，若跳闸线路所在母线接有单机容量为 20 万 kW 及以上大型机组，则不允许从该侧强送。

（2）强送侧远离故障点。

（3）强送侧短路容量较小。

（4）开关切断故障电流的次数少或遮断容量大。

（5）有利于电网稳定。

（6）有利于事故处理和恢复正常方式。

35．发生下列情况时，下级值班人员应立即向省调值班调度员汇报？

答：下级值班人员应立即向省调值班调度员汇报的有：

（1）省调管辖或许可设备故障、损坏及异常运行。

（2）地调管辖的 110kV 及以上变电站全站事故停电或主要设备损坏。

（3）省调管辖或许可设备的继电保护及安全自动装置异常或动作。

（4）电网主网解列、振荡、大面积停电事故。

（5）由于电网事故造成重要用户（如煤矿、铁路、钢厂、市政设施、化工厂等）停、限电，影响正常生产。

（6）天气突然变化或自然灾害（如水灾、火灾、风灾、地震、污闪、冰闪等）对电力生产构成威胁。

（7）人员误调度、误操作事故。

（8）人身伤亡事故。

（9）外部环境或涉外其他原因，对发电厂、变电站、输电设备的安全运行构成威胁。

（10）其他情况。

36．无人值班变电站典型故障处理步骤是什么？

答：（1）监控（网控、调控）中心按以下步骤处理：

1）监控（网控、调控）班人员发现故障信息，记录时间，比对断路器位置、电流、电压、负荷等遥测量，确定断路器动作情况，并立即报告相应调度断路器跳闸、保护及自动装置动作及电源进线、主变压器过负荷情况。

2）如有事故过负荷，按照调度指令进行事故拉路。

3）详细检查信号指示、监控系统报文、保护及自动装置动作报告，并做好记录（电流值、持续时间、故障相别等），进行初步故障定性，报告调度，同时通知操作班到现场进行故障处理。

（2）操作班按以下步骤处理：

1）接到监控（网控、调控）班人员通知后，立即报告值长及工区，携带工器具前往故障变电站处理。操作班到达现场后，所有操作均由操作班进行，禁止监控（网控、调控）中心进行遥控操作。

2）现场检查并记录保护动作情况，进行初步故障定性，报告调度及工区。

3）在保护动作范围内检查站内设备及线路可瞭望部分，查找故障点，报告调度及工区。

4）按照调度指令及现场运行规程，隔离故障点。

5）尽快恢复受影响的站用变压器运行。①变电站全停，有外来站用电源，应投入外来电源站用变压器，通知相应调度对外来电源线路保电。②变电站全停，无外来站用电源，应断开不重要的直流负荷（如不必要的事故照明电源等），并加强对蓄电池电压的检查监视。

6）按照调度指令恢复无故障设备运行。

7）设备维护单位按规定到现场进行故障抢修。

8）将处理情况报告调度。

37．单电源线路断路器自动跳闸后处理原则有哪些？

答：（1）重合闸拒动或无自动重合闸，应立即强送一次。

（2）自动重合不成功，应报告值班调度员，并进行断路器外部检查。

（3）断路器遮断次数小于临修周期规定次数，无自动重合闸或重合闸装置拒动者，如断路器外部检查无特殊异状，报告值班调度员根据调度指令进行试送。

（4）有带电作业的线路，断路器跳闸后不能试送。

（5）全线电缆断路器跳闸时，应依据调度指令处理。

（6）遮断容量不足的断路器跳闸后，应对断路器外观检查无问题后，再试送。

（7）因系统低电压或频率下降使低电压保护或低周减载装置动作跳闸，不得试送，报告值班调度员，如是误碰，运行人员应立即试送后，报告值班调度员。

（8）如系统接地时线路断路器跳闸，跳闸后系统仍接地，不应试送。

（9）过负荷联切装置动作或远跳装置动作导致线路断路器跳闸，不得试送，报告值班调度员，依令执行。

38．分接开关变换操作中发生异常时如何处理？

答：（1）遥调操作时，分接位置指示正常，而电压表和电流表又无相应变化，应立即远方切断操作电源，中止操作，立即通知操作班或现场值班人员进行现场检查处理。

（2）遥调操作发生联动时，应立即执行远方“急停”功能切断操作电源，通知操作班现场检查，操作班人员或现场值班人员现场检查分接位置跨接时，应手动操作到适当分接位置，操作前应确认有载调压电源在断开位置。

（3）遥调操作分接开关发生拒动、误动，电压表和电流表变化异常，电动机构或传动机械故障，分接位置指示不一致，压力释放保护装置动作，大量喷漏油等情况时，应禁止或终止操作，并立即通知操作班或现场值班人员。

（4）单相有载调压装置变压器其中一相分接开关不同步时，应立即在分相调压箱上将该相分接开关调至所需位置，若该相分接开关拒动，则应将其他相调回原位。

39．断路器出现哪些情况时应立即报告并采取相应措施？

答：（1）合闸后断路器内部有放电音响，应立即拉开。

（2）对运行中的油断路器巡视时发现大量漏油看不到油面，应立即断开其操作电源。设法用旁路断路器代路或将负荷倒出后，停下该断路器处理。

（3）遥控操作拒合时，应判明原因及时报告调度。

（4）遥控操作拒分时，应查明是监控问题还是机构问题，必要时通知操作班现场检查，必要时手动断开，并判明故障原因。

（5）液压机构发出压力异常信号时，应立即通知操作班人员或现场值班人员现场检查。当断路器液压机构打压频繁或突然失压时应汇报调度。在设备停电前，严禁人为启动油泵，防止因慢分使灭弧室爆炸。压力值降到零时，应加装防慢分装置（注意保持安全距离），并考虑用旁路断路器代路后处理。

（6）液压机构压力异常或 SF_6 压力降低且闭锁分合闸时，操作班人员或现场值班人员现场检查核实，依据调度指令采取旁路转代或其他方式停运处理。

（7）发生油泵长期运转不建压或活塞杆已升到停泵位置而不停泵，操作班人员或现场运行人员应断开油泵电源后立即报告调度。

40．电容器组保护装置动作后应如何处理？

答：（1）过电压保护动作：过电压保护应按电容器铭牌额定电压的 1.1 倍整定。过电压保护动作的原因是母线电压高或保护误动。动作后应立即检查母线电压指示仪表，如果确认是过电压引起，待电压下降至电容器允许运行电压的条件下重新投入运行。对于保护误动，应对保护装置进行修校。

（2）失压保护动作：当电源突然消失或因外部短路，母线电压突然下降时动作，切除电容器组，以免电容器组带电荷合闸，引起电容器群爆故障的发生。失压保护动作后，应查明原因，如确因失压造成，应待母线电压恢复正常后，将电容器组重新投入运行。

（3）单台熔丝熔断：单台熔丝保护是电容器内部元件击穿的保护，一般按 1.5 倍电容器额定电流整定。熔丝熔断后，必须对该台电容器详细检查。经检查未发现异常现象，方可投入运行。

（4）并联电容器组正常运行和投入过程中发生相横差、相差压、零序电压、中线电流、中性点差压等内部故障保护动作跳闸，在没有确认保护动作原因前，禁止强送。运行值班人员应立即上报，由检修单位对电容器组保护装置进行检查，并逐台测试电容量，确认满足条件后，方可投入运行。

（5）过电流保护动作：过电流保护动作一般是由于电容器组发生相间短路或电容器内部元件击穿，而内部故障保护拒动，以至扩大至相间短路，以及过流保护误动等原因造成。过流保护动作后，应迅速查明原因，首先检查过流保护用电流互感器及以下电气回路，确定故障点，排除故障后，方可投入运行。

（6）故障处理完后，应对设备进行一次详细检查，1h 后对有关设备进行一次特巡。

二、基础题库

（一）选择题

1．下列哪个一次设备异常告警信息不影响故障线路远方试送操作？（ C ）

A．开关 SF_6 气压低闭锁　　B．开关储能电机故障

C．开关加热电源消失　　D．开关控制回路断线

2．下列哪个二次设备异常告警信息不影响故障线路远方试送操作？（ B ）

A．保护装置故障　　B．保护装置启动

C．保护 TA 断线　　D．测控装置通信中断

3．当功率变送器电流极性接反时，主站会观察到功率（ B ）。

A．显示值与正确值误差较大

B．显示值与正确值大小相等，方向相反

C．显示值为 0

D．显示值为负数

4．在小电流接地系统中，发生单相接地时，母线电压互感器开口三角的电压为（ C ）。

A．故障点距母线越近，电压越高

B．故障点距母线越近，电压越低

C．不管距离远近，基本上电压一样高

D．不定

5．当某一线路、母线、变压器发生故障时，相应的断路器动作跳闸，但由于断路器本体某些原因，开关拒动，未跳开，导致事故范围扩大，这种现象称为（ A ）。

A．开关拒动　　B．保护拒动　　C．保护误动　　D．开关误动

6．以下闭锁信号发出的顺序是（ D ）。

A．闭锁重合闸—闭锁分闸—闭锁合闸

B．闭锁分闸—闭锁合闸—闭锁重合闸

C．闭锁合闸—闭锁分闸—闭锁合闸

D．闭锁重合闸—闭锁合闸—闭锁分闸

7．保护范围的划分，通常是以（ B ）为分界点的。

A．电压互感器　　B．电流互感器　　C．断路器　　D．隔离开关

8．监控系统远动装置异常属于（ A ）缺陷。

A．危急　　B．严重　　C．一般　　D．紧急

9．因电网发生故障，运行变压器严重超负载运行，有可能造成变压器损坏，但在一定负载系数限值内尚能短时间承受，这种负载允许持续时间一般不得大于（ C ）min。

A．10　　B．20　　C．30　　D．40

10．三相电压表中两相对地电压降低，一相升高，有可能是系统单相接地或（ B ）。

A．分频谐振　　B．基频谐振　　C．高频谐振　　D．不确定

11．变压器过负荷，以下措施无效的是（ D ）。

A．投入备用变压器　　B．转移负荷

C．改变系统接线方式　　D．调整变压器分头

12．线路恢复送电时，应正确选取充电端，一般离系统中枢点及发电厂母线（ B ）。

A．越近越好　　B．越远越好

C．与距离无关　　D．不确定

13．电容器组的过流保护反映电容器的（ B ）故障。

A．内部　　B．外部短路　　C．双星形　　D．相间

14．在发生非全相运行时，应闭锁（ B ）保护。

A．零序二段　　B．距离一段　　C．高频　　D．失灵

15．当电力系统无功容量严重不足时，会使系统（ B ）。

A．稳定　　B．瓦解

C．电压质量下降　　D．电压质量上升

16．变压器气体保护动作原因是变压器（ A ）。

A．内部故障　　B．套管故障

C．电压过高　　D．一、二次 TA 故障

17．系统振荡与短路同时发生，高频保护（C ）。

A．一定误动　　B．一定拒动　　C．正确动作　　D．可能误动

18．断路器液压操动机构在（ D ）应进行机械闭锁。

A．压力表指示零压时

B．断路器严重渗油时

C．液压机构打压频繁时

D．压力表指示为零且行程杆下降至最下面一个微动开关处时

19．液压机构油泵打压时间较长，发出“压力异常”信号时，应立即（ B ）。

A．拉开断路器

B．通知人员到现场拉开储能电源开关

C．拉开合闸电源

D．断开控制电源

20．电压互感器低压侧一相电压为零，两相不变，线电压两个降低，一个不变，说明（ B ）。

A．低压侧两相熔断器熔断　　B．低压侧一相熔断器熔断

C．高压侧一相熔断器熔断　　D．高压侧两相熔断器熔断

21．油浸风冷式变压器，当风扇故障时，变压器允许带负荷为额定负荷的（ B ）。

A．65%　　B．70%　　C．75%　　D．80%

22．如果是二次回路故障导致重瓦斯保护误动作，使变压器跳闸，应将重瓦斯保护

（ A ），将变压器（ A ）。

A．退出运行、投入运行　　B．投入运行、退出运行

C．空载运行、退出运行

23．母线单相故障，母差保护动作后，断路器（ B ）。

A．单跳　　B．三跳　　C．单跳或三跳　　D．不跳闸

24．大电流接地系统中，任何一点发生单相接地时，零序电流等于通过故障点电流的（ C ）倍。

A．2　　B．1.5　　C．1/3　　D．1/5

25．以下高压断路器的故障中最严重的是（ A ）。

A．分闸闭锁　　B．合闸闭锁

C．开关压力降低　　D．开关打压频繁

26．当电气设备着火时，应立即（ D ）。

A．汇报调度等候处理　　B．通知操作班人员

C．汇报上级领导　　D．迅速切断着火设备电源

27．当变压器外部故障时，有较大的穿越性短电流流过变压器，这时变压器的差动保护（ C ）。

A．立即动作　　B．延时动作

C．不应动作　　D．短路时间长短而定

28．某条线路保护动作跳闸后，发保护动作跳闸、重合闸动作信号、断路器在分位，有以下（ AB ）原因造成。

A．线路发生永久性故障

B．重合闸动作后，因其他原因造成断路器未合闸

C．保护未动

D．断路器偷跳

29．下列中的（ AB ）可以判断保护是误动。

A．故障录波器有无波形　　B．纵联保护单侧动作

C．变压器单侧开关跳闸　　D．线路单侧开关跳闸

30．监控系统显示某开关遥信位置与实际不一致，原因可能是（ ABCD ）。

A．开关的辅助触点位置不对位　　B．遥信电缆芯线问题

C．遥信电源异常　　D．遥信板接触问题

31．电力线路跳闸后不宜强送电的线路有（ABD）。

A．空充电线路　　B．电力电缆线路

C．开关切断故障电流次数达到规定次数　　D．带电作业线路

32．变压器掉闸后，监控人员应根据（ ABC ）判断是否是变压器故障跳闸，将简要情况汇报相关调度。

A．断路器变位信息　　B．保护动作情况

C．相关遥测信息　　D．电网潮流变化

33．线路故障按故障性质划分（ AB ）。

A．瞬间故障　　B．永久故障　　C．接地故障　　D．短路故障

34．母线失电的原因有（ ABCD ）。

A．母线故障　　B．断路器拒动　　C．保护拒动　　D．线路故障

35．母线故障失压时现场人员应根据以下哪些信号判断是否母线故障，并将情况立即报告调度员？（ ABCD ）

A．继电保护动作情况　　B．断路器跳闸情况

C．现场发现故障的声、光　　D．故障录波器录波情况

36．线路故障按故障相别划分（ ABCD ）。

A．单相接地故障　　B．相间短路故障

C．三相短路故障　　D．两相接地

37．线路故障的主要原因有（ ABCD ）等。

A．外力破坏　　B．恶劣天气影响

C．设备绝缘材料老化　　D．小动物原因

38．母线电压不平衡的原因有（ ABCD ）。

A．输电线路发生金属性接地或非金属性接地故障

B．电压互感器一、二次侧熔断器熔断

C．空母线或线路的三相对地电容电流不平衡，有可能出现假接地现象

D．母线电压谐振

（二）判断题

1．110kV 母线故障跳闸要组织开展专项分析。（√）

2．事故信息处置过程中，监控员应只需及时发现事故信号并汇报相应调度。（×）

3．严重缺陷是指监控信息反映出对人身或设备有重要威胁，暂时尚能坚持运行但需尽快处理的缺陷。（√）

4．一般缺陷是指危急、严重缺陷以外的缺陷，指性质一般，程度较轻，对安全运行影响不大的缺陷。（√）

5．××主变压器 110kV 侧开关机构弹簧未储能属于异常信息，列入一般缺陷处置。（×）

6．值班监控员对认定为缺陷的告警信息后，启动缺陷管理程序，报告值班调度员，经确认后通知相应设备运维单位处理，并填写缺陷管理记录。（×）

7．若缺陷可能会导致电网设备退出运行或电网运行方式改变时，值班监控员应立即汇报监控值班负责人。（×）

8．事故信息处置结束后，现场运维人员应检查现场设备运行状态，并与监控员核对设备运行状态与监控系统是否一致。（√）

9．在事故处理过程中，可以不用填写操作票。（√）

10．事故信息处置过程中，监控员应按照调度指令进行事故处理，并监视相关变电

站运行工况，跟踪了解事故处理情况。（√）

11．出现“××断路器控制回路断线”异常情况时，表示此断路器不能正常分合闸，但保护动作时，开关能够分闸。（×）

12．监控系统发出异常报警时，监控员应通知运行人员应及时检查，并按现场规程的规定，对故障及异常情况进行检查，按缺陷流程上报。（√）

13．小电流接地系统单相接地故障处理遵循“谁监控、谁拉路”的原则，旨在减少中间环节，提高故障处理速度。（√）

14．地调管辖设备发生功率振荡现象后无须汇报省调值班调度员，即可自行处理。（×）

15．线路变压器组跳闸，重合不成功时，可按规程或请示总工程师后可强送一次，必要时经总工程师批准可多于一次。强送不成功，有条件可零起升压。（×）

16．强油循环风冷变压器过负荷运行时，应投入全部冷却器（包括备用冷却器）。（√）

17．遥调操作时，分接位置指示正常，而电压表和电流表又无相应变化，应立即远方切断操作电源，中止操作，立即通知操作班或现场值班人员进行现场检查处理。（√）

18．系统电压降低时，应减少发电机的有功功率。（×）

19．运行中的电流互感器过负荷时，应立即停止运行。（×）

20．若变压器主保护（气体保护、差动）动作跳闸，在未查明原因消除故障前，经本单位主管生产领导同意可试送一次。（×）

21．监控机显示某站 1 号主变压器温度为 105°，此时监控员应立即将该主变压器停运。（×）

22．电容器组断路器跳闸后，不允许强送电。过流保护动作跳闸应查明原因，否则不允许再投入跳闸。（√）

23．当系统发生事故时，变压器不允许过负荷运行。（×）

24．线路自动掉闸后，对空充电的线路、试运行、电缆线路不宜强送电。（√）

25．重合闸后加速是当线路发生永久性故障时，启动保护不带时限无选择地动作，再次断开断路器。（√）

26．直流系统发生负极接地时，容易造成保护装置误动。（×）

27．当系统发生振荡时，距振荡中心远近的影响都一样。（×）

28．强油风冷变压器在冷却装置全部停止运行的情况下，仍可继续运行。（×）

29．交流电压回路断线主要影响变压器差动保护。（×）

30．运行中的油开关无油或严重缺油时，应迅速断开该开关。（×）

31．运行中变压器因大量漏油使油位迅速下降，禁止将重瓦斯保护改接信号。（√）

32．监控机如果因某一进程异常导致运行速度很慢时，可以强行杀死该进程。（×）

三、经典案例

1．某日，地调监控员在执行省调令（合上 220kV 周营子站 220kV 沧州线 222 开关）

完毕后，告警窗上送“220kV 沧周线 222 开关 RCS-931 线路保护装置 TV 断线、保护装置异常”告警信息，由于监控员经验不足误信站端运维人员反馈（线路对侧送电后恢复正常），也未征询保护专业人员意见，直接向省调汇报，差点造成省调误下令异常状态下送电。

答：（1）原因：运维现场操作时漏投线路侧二次电压互感器空气开关。

（2）防范措施：加强监控值班员的培训，提升监控员异常信息辨识能力；加强与相关专业人员沟通，明确告警信息可能发生的原因及对应的设备状态；提升监控值班员安全防护意识，强化严谨的调控工作态度，遇有不清楚的情况时，应通过各方面进行验证。

2．2016 年 5 月 12 日，110kV 变电站电源进线线路瞬时性故障造成短时失电，同时监控告警窗推送 110kV 变电站“110kV 电网解裂装置出口”动作后立即复归，监控员误认为是信息误动作，未及时汇报地调，造成 35kV 小电源线路长时间停机。

答：（1）原因：监控员对 110kV 电网解裂装置出口此类联切小电源线路的信息不熟悉，造成信息误判。随着光伏电站的投运增加以及前期已投运的生物、垃圾及自备电厂等，当通过变电站中低压母线并网运行时，使得变电站的保护、自动装置配置复杂化。

（2）控制措施及注意事项：

1）要求监控掌握带有小电源的《变电站相关保护及自动装置跳小电源压板运行管理规定》。包括 110kV 备自投、110kV Ⅰ/Ⅱ解列装置、1、2 号主变压器间隙保护、35kV 备自投、10kV 备自投远切、就地跳闸原理。

2）一般小电源并网线路均配置纵联差动保护，清楚调度管辖范围。

3）当带有并网电源线的变电站上一级电源或相关设备发生故障跳闸时，汇报调度时应注意，解列装置、主变压器间隙保护出口的动作信息。切记不因无开关跳闸信息而漏报、误报。

4）可通过监控系统一次接线图上对小电厂、光伏站等线路进行标注。

3．110kV 源泉站主接线画面如图 3-5-1 所示，110kV 电源 1 线、电源 2 线 110kV 源泉站侧未配置线路保护，110、10kV 均配置备自投装置且都投入母联（分段）自投状态；正常运行方式：110kV 源泉站电源 1 线 145、电源 2 线 146，1 号主变压器 011、2 号主变压器 012 开关及 220kV 电大站 171 开关运行，110kV 源泉站 110kV 分段 101、10kV 分段 001 开关热备用；某日，监控系统保护动作及开关变位信息如表 3-5-1 所示。试分析 110kV 源泉站备自投动作行为的正确性？

表 3-5-1　　220kV 电大站和 110kV 源泉站监控动作信息

时间	告　警　信　号
2020-03-01 11:16:01	220kV 电大站/110kV 电源 1 线 145 开关/WXH811AP 型保护动作出口复归
2020-03-01 11:16:01	220kV 电大站/110kV 电源 1 线 145 开关/间隔事故总动作
2020-03-01 11:16:01	220kV 电大站/110kV 电源 1 线 145 开关/WXH811AP 型保护动作出口动作
2020-03-01 11:16:01	220kV 电大站/110kV 电源 1 线 145 开关分闸

续表

时间	告 警 信 号
2020-03-01 11:16:01	220kV 电大站/110kV 电源 1 线 145 开关事故分闸
2020-03-01 11:16:02	220kV 电大站/110kV 电源 1 线 145 开关/间隔事故总复归
2020-03-01 11:16:02	220kV 电大站/110kV 电源 1 线 145 开关/WXH811AP 型保护重合闸出口动作
2020-03-01 11:16:03	220kV 电大站/110kV 电源 1 线 145 开关合闸
2020-03-01 11:16:03	220kV 电大站/110kV 电源 1 线 145 开关/WXH811AP 型保护重合闸出口复归
2020-03-01 11:16:06	110kV 源泉站/110kV 备自投出口动作
2020-03-01 11:16:07	110kV 源泉站/10kV 备自投出口动作
2020-03-01 11:16:07	110kV 源泉站/10kV 1 号主变压器 011 开关分闸
2020-03-01 11:16:07	110kV 源泉站/10kV 1 号主变压器 011 开关事故分闸
2020-03-01 11:16:08	110kV 源泉站/10kV 分段 001 开关合闸

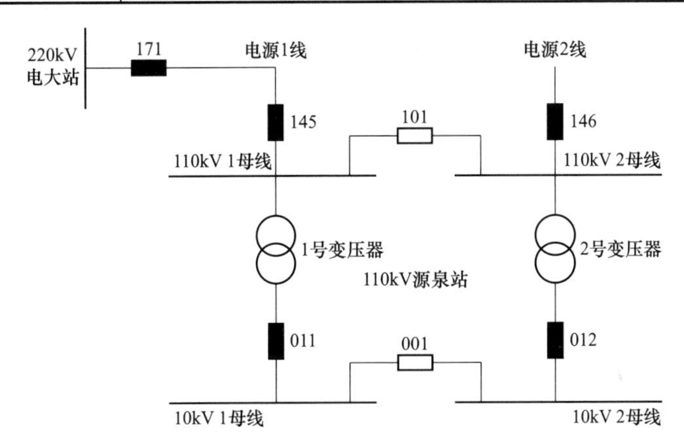

图 3-5-1　110kV 源泉站一次接线图及联络线

答：根据接线图、正常运行方式及备自投装置情况，通过分析监控系统 220kV 电大站监控信息可得出以下结论：

（1）110kV 电源 1 线线路发生永久性故障，由 220kV 电大站侧电源 1 线线路保护动作切除故障点。按照正确动作原理，110kV 源泉站 110kV 备自投应正确动作，先 145 跳闸，后 101 合闸恢复 110kV 1 母线及 1 号主变压器的供电。

（2）通过对监控系统 110kV 源泉站监控信息分析，发现 110kV 源泉站虽然有 110kV 备自投出口动作信息，但无 145 分闸、101 合闸变位信息，怀疑可能备自投出口压板、145 跳闸出口压板、145 开关跳闸线圈损坏等原因造成备自投未正确出口或 145 开关未跳闸引起。此时 10kV 备自投正确动作，011 开关分闸、001 开关合闸恢复供电。

4．220kV 电大变电站和 110kV 源泉变电站如图 3-5-2、图 3-5-3 所示。220kV 电大变电站 1 号主变压器正常高中压侧中性点接地运行方式（2 号主变压器不接地），110kV 线路均按常规配置线路保护及三相一次重合闸功能；110kV 源泉站 110kV 电源 1 线、电源 2 线 110kV 源泉站侧未配置线路保护，110、10kV 均配置备自投装置且都投入母联（分段）自投状态，1 号电容器运行于 10kV 1 母线。请分别简述发生以下故障时，监控系统接收 220kV 电大站、110kV 源泉站的保护动作、开关变位信息。

（1）110kV 电源 1 线线路发生瞬时性故障。

（2）110kV 电源 1 线线路发生永久性故障。

（3）110kV 电源 1 线线路发生永久性故障前，110kV 备自投装置故障动作。

（4）110kV 电源 1 线线路发生永久性故障，220kV 电大站 171 开关控制回路断线。

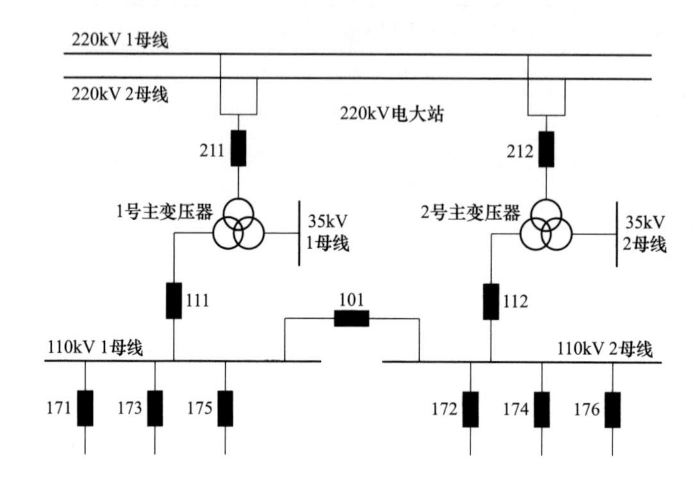

图 3-5-2　220kV 电大站一次接线图

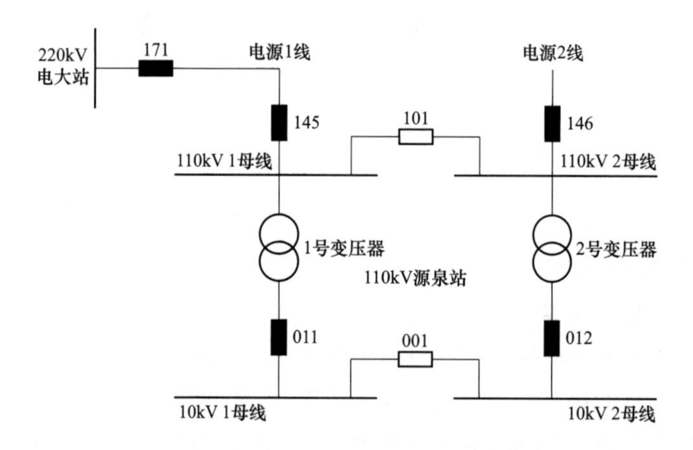

图 3-5-3　110kV 源泉站一次接线图

答：（1）110kV 电源 1 线线路发生瞬时性故障。

1）220kV 电大站：110kV 电源 1 线线路保护出口，171 开关分闸，保护重合闸出口，171 开关合闸（重合成功）；

2）110kV 源泉站：1 号电容器低电压（欠电压）保护出口跳闸（时间在 171 开关重合之前）。

（2）110kV 电源 1 线线路发生永久性故障。

1）220kV 电大站：220kV 电大站 110kV 电源 1 线线路保护出口，171 开关分闸，保护重合闸出口，171 开关合闸，线路保护后加速出口，171 开关分闸（重合不成功）；

2）110kV 源泉站：110kV 源泉变电站 110kV 备自投正确动作，145 开关分闸，101 开关合闸；电容器同（1）。

（3）110kV 电源 1 线线路发生永久性故障前，110kV 备自投装置故障。

1）220kV 电大站：与（2）一致；

2）110kV 源泉站：110kV 备自投装置故障；10kV 备自投正确动作，011 开关分闸，001 开关合闸，电容器同（1）。

（4）110kV 电源 1 线线路发生瞬时性故障，220kV 电大站 171 开关拒动。

1）220kV 电大站：电源 1 线 171 开关控制回路断线，电源 1 线线路保护出口（信号有但 171 开关拒动）；1、2 号主变压器中压侧后备保护均动作，一时限跳 101 开关，101 开关分闸；1 号主变压器中压侧后备保护动作二时限跳 111 开关，111 开关分闸。110kV 1 母线失压。

2）110kV 源泉站：保护动作、开关变位信息同（2）。

5．某日，11 时 15 分，××站 35kV 1 号电容器开关“机构弹簧未储能”动作，监控员及时通知运维人员到现场检查处置；11 时 36 分，恰逢 1 号电容器开关“控制回路断线”动作，12 时 01 分，运维人员到达现场检查发现开关合闸弹簧机构损坏（不影响分闸），控制回路出现异常，申请调度通过停用 35kV 母线隔离故障开关。请说明“机构弹簧未储能”发生的原因及后果？电容器开关“机构弹簧未储能”监控员应如何处置？

答：（1）开关“机构弹簧未储能”是监视断路器操作机构弹簧储能情况，当弹簧未储能时，发出该信号。

1）可能发生的原因：储能电源断线或熔断器熔断（空气小开关跳开）；储能弹簧机构故障；储能电机故障；电机控制回路故障。

2）造成的后果：弹簧未储能会闭锁合闸回路，线路故障时会造成重合闸动作失败。

（2）由于电容器开关无须重合闸功能，当电容器开关“机构弹簧未储能”时，监控员立即汇报调度、通知现场运维人员，可根据母线电压情况，先通过调节主变压器或上一级电源保证母线电压合格，然后遥控远方拉开电容器开关，以防止储能弹簧继续损坏、控制回路异常等危急缺陷而造成停电范围扩大；线路开关“机构弹簧未储能”动作时，应及时汇报调度。

6．2013 年 7 月 16 日，220kV 电大站发生 AVC 自动将 3 号电容器 053 异常开关再次投入事故，具体故障发生情况及处理详情如表 3-5-2 所示。

表 3-5-2　220kV 电大站 3 号电容器故障跳闸处置详情

序号	发生情况及处理详情
1	8 时 53 分 51 秒，AVC 动作投入 3 号电容器，053 开关合闸

续表

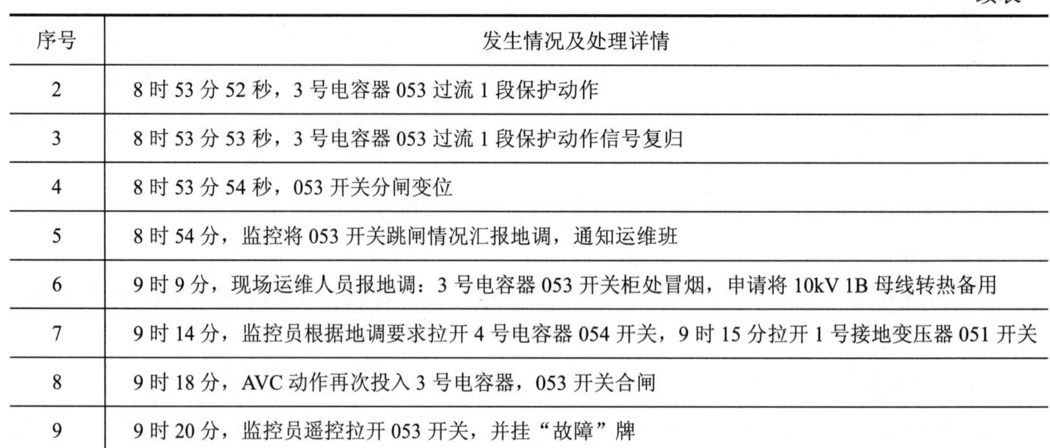

序号	发生情况及处理详情
2	8 时 53 分 52 秒，3 号电容器 053 过流 1 段保护动作
3	8 时 53 分 53 秒，3 号电容器 053 过流 1 段保护动作信号复归
4	8 时 53 分 54 秒，053 开关分闸变位
5	8 时 54 分，监控将 053 开关跳闸情况汇报地调，通知运维班
6	9 时 9 分，现场运维人员报地调：3 号电容器 053 开关柜处冒烟，申请将 10kV 1B 母线转热备用
7	9 时 14 分，监控员根据地调要求拉开 4 号电容器 054 开关，9 时 15 分拉开 1 号接地变压器 051 开关
8	9 时 18 分，AVC 动作再次投入 3 号电容器，053 开关合闸
9	9 时 20 分，监控员遥控拉开 053 开关，并挂“故障”牌

针对上述进行故障情况分析，简述监控专业存在的问题及防范措施。

答：（1）故障情况分析：

1）3 号电容器跳闸后，过流 1 段动作信号随即复归，未能可靠保持，AVC 系统因无相关闭锁信号未将 3 号电容器可靠闭锁，造成 3 号电容器再次投入，AVC 的策略设置和闭锁条件有待进一步优化。

2）监控值班人员主观地认为开关跳闸后 AVC 会自动将电容器开关闭锁，因而未对 053 开关采取人工闭锁措施，是造成 3 号电容器 053 开关再次合闸的另一原因。

（2）问题及防范措施：

1）监控专业验收不到位，未发现电容器相关保护信号没有设置闭锁的情况。要求监控专业与自动化专业根据监控系统数据库全面电容器 AVC 硬、软闭锁信息排查，确保电容器 AVC 保护信号闭锁可靠。

2）监控员运行经验不足，未按照规定将电容器进行人工闭锁，造成电容器在 AVC 自动可投切状态。监控班通报各值，要求电容器开关跳闸后立即用挂牌的方式对该开关进行人工闭锁，避免出现跳闸开关未可靠闭锁造成的跳闸开关再次投入。

3）与自动化专业进行协调，进一步完善 AVC 动作策略，实现电容器开关只要是非 AVC 自动投切造成的开关变位，都能够实现可靠闭锁。

7. 某日，监控告警窗报：110kV 源泉变电站“1 号电容器 056 开关事故分闸”，监控员进行 1 号电容器“人工闭锁”导致 1 号电容器长期不可投状态。简述原因、问题及防范措施。

答：（1）原因分析：AVC 系统自动切除 1 号电容器时，恰逢现场进行 110kV 电源 1 线 145 开关（因检修暂间隔抑制）传动试验触发全站事故总造成 1 号电容器 056 开关（实际电容器组及开关无故障）误发事故分闸。

（2）问题及防范措施：

1）监控员经验不足，对事故分闸触发逻辑不清楚，在无保护动作信息的情况下，未

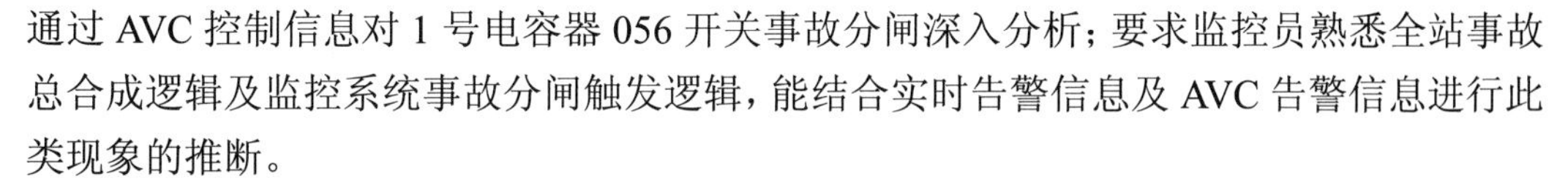

通过 AVC 控制信息对 1 号电容器 056 开关事故分闸深入分析；要求监控员熟悉全站事故总合成逻辑及监控系统事故分闸触发逻辑，能结合实时告警信息及 AVC 告警信息进行此类现象的推断。

2）监控员责任心不够，在现场汇报电容器组、开关及保护装置无异常情况下，未向自动化专业人员进行核实，造成 1 号电容器长期处于闭锁状态。

3）优化监控系统事故分闸触发逻辑：如通过间隔事故总＋开关分闸触发逻辑。

4）加强监控运行及现场检修工作专业管理，根据检修工作票工作内容，要求现场传送试验前及时与监控进行联系，根据电压情况通过挂牌暂时将电容器闭锁或人工切除电容器。

8．故障后评估发现：2019 年 4 月 5 日，某 220kV 变电站 220kV 天源 1 线线路保护动作，天源 1 线 273 开关跳闸，监控保护信息及开关变位信息齐全，但天源 1 线 273 开关间隔事故总信号未上送，导致监控系统未正确进行事故推图，原因为：天源 1 线 273 测控装置开入背板二次线松动，导致接触不好，信号无法准确上送。针对上述情况，监控员应如何处置？

答：监控系统××站事故推图是本站××开关有事故分闸关联生成，事故分闸是由开关分闸＋本站 3s 内全站事故总（部分地区用间隔事故总）触发生成。全站事故总在站内远动机（通信管理机）由各间隔事故总合成。

首先监控员应结合监控系统告警信息进行分析，发现 273 开关未上送间隔事故总，初步判断极有可能是站端设备造成间隔事故总未上送；通知运维班启动缺陷流程；其次按照事故推图逻辑顺序，通知自动化专业人员协调检查处置。

9．2013 年 11 月 28 日，110kV 李亲顾站（内桥接线）运行方式如图 3-5-4 所示，现 145 开关、101 开关运行，146 开关热备用，2 号主变压器检修。2 号主变压器大修后在进行气体传动试验中，误跳运行的 110kV 桥 101 开关，监控员在运行过程中未及时发现，导致 1 号主变压器无备用电源运行方式状态长达 8h，大大降低了可靠性，有变电站全停的隐患。分析本案例中，监控员遇到此类问题应对的措施是什么？

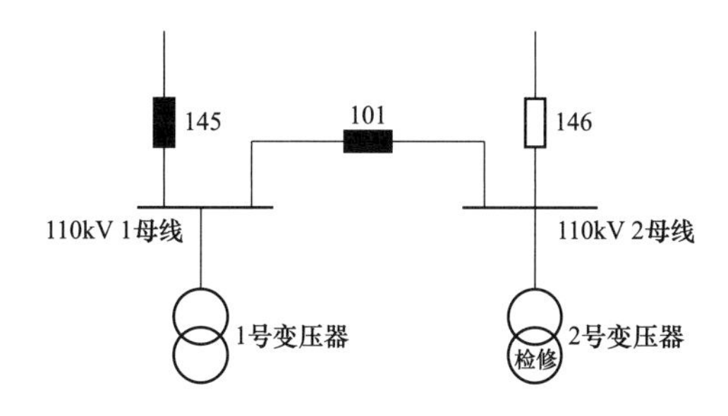

图 3-5-4 110kV 李亲顾站一次接线简易图

答：通过本次案例，监控员应做到以下几点：

（1）遇有变电站有设备检修时，监控员应及时对检修设备进行抑制，避免检修信息影响正常监控。

（2）可要求现场人员采取措施，减少干扰信息的上送。

（3）交接班应认真交接，接班人员经掌握本值各站检修工作情况，明确设备检修时可能上送的信息。

（4）加强设备监视、巡视，特别加强检修、保电等重点设备的巡检。

10．2019 年 10 月 15 日，220kV 陆明线线路工作需转检修，在进行测试站 220kV 陆明线 262 开关由运行转热备用操作过程中，监控员执行远方遥控拉开陆明线 262 开关后，监控系统误报送保护出口及事故分闸信息，具体信息如下：

（1）2019-10-15 09:41:24 河北陆都站/220kV 明陆线 266 开关遥控预置分。

（2）2019-10-15 09:41:27 河北陆都站/220kV 明陆线 266 开关遥控执行分。

（3）2019-10-15 09:41:28 河北陆都站/220kV 明陆线 266 开关分闸（遥控）。

（4）2019-10-15 09:41:28 河北陆都站/220kV 明陆线 266 开关/保护 1 跳闸出动作。

（5）2019-10-15 09:41:28 河北陆都站/220kV 明陆线 266 开关/保护 1 跳闸出口复归。

（6）2019-10-15 09:41:28 河北陆都站/220kV 明陆线 266 开关控分成功。

（7）2019-10-15 09:41:28 河北陆都站/220kV 明陆线 266 开关事故分闸。

答：现场检查结果及处置情况：远动数据库关联有误，经厂家修改完毕后恢复正常。遇有此种情况，监控处置建议如下：

（1）及时将上述情况汇报相关调度及领导；

（2）及时通知运维人员现场进行核实，要求重点检查现场保护装置动作情况；

（3）根据此种信息误报情况，初步判定自动化出现异常的可能性较大，主动将详细情况通知自动化及保护专业人员，并加强沟通，将现场运维人员反馈情况实时告知自动化专业人员；

（4）待异常处置完毕后，做好开关远方遥控试验验收，同时做好记录进行总结，并建议相关专业加强此类缺陷的统一排查。

11．2018 年 4 月 15 日，110kV 宗南变电站 1 号主变压器“本体轻瓦斯告警”频繁告警，监控员应如何处置？

答：由于相关规程规定，主变压器本体轻瓦斯频发动作情况下，应将主变压器停役，因此监控员应进行以下处置：

（1）立即汇报地调；同时通知运维到现场检查设备，要求首先检查站端监控系统是否有“本体轻瓦斯告警”频繁动作记录，并告知严禁将重瓦斯保护改投信号；

（2）若现场一、二次设备检查无问题，确认为误发信号的，可移交该信号的监控职权后封锁该信号，同时通知自动化专业人员核查并做好记录；

（3）若确认为轻瓦斯保护动作，汇报调度，根据调度指令进行处置，做好 1 号主变压器停役的事故预想；

（4）启动缺陷处置流程；

（5）汇报领导并做好相关记录。

12．某日，中雨伴有大风天气。恰好自动化通知，某110kV变电站由于站端有人工作，会造成变电站短时全站通信中断，失去变电站整站监视。监控员误以为全站短时通信中断不会造成后果，就没有通知运维恢复现场有人值班及汇报相关调度，也未记住设备的正常运行状态。当25min后此变电站通信恢复正常后，告警窗上送某10kV开关“分闸、合闸（全数据判定）”告警信息，监控员误认为是误发信息，巡视时也未发现，第二日，此10kV线路发生断线故障受迫停运，延期故障处置时间。

答：（1）暴露的问题：

1）监控员未严格按照变电站恢复有人值班管理规定：由于变电站现场工作造成地调无法对变电站进行正常监视，应临时恢复有人值班，并汇报相关调度。

2）监控员运行值班管理不到位，在变电站全站通信中断前后未对相关设备的状态进行记录，造成告警信息未及时发现。

3）监控员运行经验不足，对监控系统“全数据判定”上送的告警信息不重视，造成监控信息漏判断。

4）当值值班员互保意识不强，遇有此类情况，当值其他值班员未对本站开展特殊巡视，导致巡视时未发现异常。

必要时应加强本站的特殊巡视，逐个对每个异常信息进行确认；监控员发现异常告警信息时，未按既定流程汇报调度；运维人员未及时接听值班电话，监控员找不到值班运维人员时，未及时汇报领导。

（2）防范措施：

1）加强监控员业务培训，及时积累经验，分析整理成培训材料，对监控员加强培训；

2）规范监控运行值班管理，各种异常要进行记录，确保有据可查；

3）加强监控专业管理，严格执行变电站恢复有人值班（守）管理规定，确保变电站处于不间断监视状态。

13．220kV清运站110kV并列运行方式（110kV母联101开关合位），正常128开关、126、2号主变压器112开关上110kV 2母线运行，125、127、1号主变压器111开关上110kV 1母线运行；110kV清常线128开关带110kV常屯站（内桥接线）运行，正常110kV常屯站清常线1361开关、110kV分段101开关运行，贺常线1371开关热备用，110kV备自投在投入状态；各110kV线路只在220kV清运站电源侧配置了线路保护装置，各110kV变电站中低压侧均未接小电源，具体区域联络图见图3-5-5。

（1）20时16分，220kV清运站110kV清常线128开关“控制回路断线”告警动作，若20时18分，110kV清常线线路发生近区接地故障时；

（2）接第（1），若常屯站110kV备自投装置失电；

（3）20时16分，220kV清运站110kV清运线127开关“控制回路断线”告警动作，若20时18分，110kV清运线线路发生近区接地故障时；

（4）接第（3），若运河站110kV备自投装置失电；请分析此220kV供电区域220、110kV变电站的现象及告警信息。

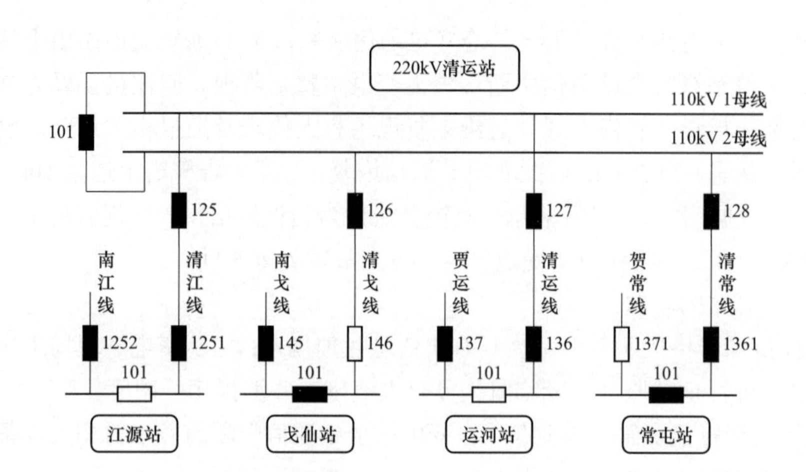

图 3-5-5　220kV 清河站供电区域电网联络图

答：（1）根据案例内容可知，110kV 清常线线路故障，由于 128 开关“控制回路断线”导致开关拒动，由主变压器后备保护切除故障点。主要现象及告警信息如下：

1）220kV 清运站：清常线 128 开关“控制回路断线”，110kV 清常线 128 开关保护动作），1、2 号主变压器后备保护动作，101、112 开关分闸。110kV 2 母线失压；

2）110kV 常屯站：110kV 备自投动作，1361 开关分闸，1371 开关合闸；

3）110kV 戈仙站：110kV 备自投装置异常（由于清戈仙失电造成）；

4）110kV 江源站、运河站：无异常及事故告警信息。

（2）接（1）。主要现象及告警信息如下：

1）220kV 清运站、110kV 戈仙站、110kV 江源站同（1）描述；

2）110kV 常屯站：110kV 备自投装置失电，常屯站全站失电。

（3）根据案例内容可知，110kV 清运线线路故障，由于 127 开关“控制回路断线”导致开关拒动，由主变压器后备保护切除故障点。主要现象及告警信息如下：

1）220kV 清运站：清运线 127 开关“控制回路断线”，110kV 清运线 127 开关保护动作），1、2 号主变压器后备保护动作，101、111 开关分闸。110kV 1 母线失压。

2）110kV 运河站：110kV 备自投动作，136 开关分闸，101 开关合闸。

3）110kV 江源站：110kV 备自投动作，1251 开关分闸，101 开关合闸。

4）110kV 常屯站、戈仙站：无异常及事故告警信息。

（4）接（3）。主要现象及告警信息如下：

1）220kV 清运站、110kV 常屯站、110kV 江源站同（3）描述。

2）110kV 运河站：110kV 备自投装置失电，若 35、10kV 侧配置备自投，则 35、10kV 备自投动作，136 开关侧对应主变压器的中、低压侧开关分闸，35、10kV 分段开关合闸。

14．监控员通过缺陷处置发现隔离开关转换接点异常造成二次反充电：某日，某 220kV 案例站 220kV 2 号母线按计划停运，所有出线倒到 1 母供电，当日 8:20，监控员发现案例 2 线 292 有功无功变为 0，电流不为 0，判断可能是测控电压空气开关跳闸造成，8:40 分运维人员现场检查发现案例 2 线 292 间隔 1 母和 2 母切换前电压熔断器都在断位，于是把电压熔断器重新给上，并通知监控员缺陷已处理，监控员发现此时停运的 220kV 2 号母线居然出现了电压（如图 3-5-6 所示），立即汇报专责，专责分析此缺陷可能是由于隔离开关转换接点异常造成二次反充电，当日立即通知检修到站检查，确认监控分析正确，292-2 隔离开关触电未复归造成电压互感器出现了二次反充电。

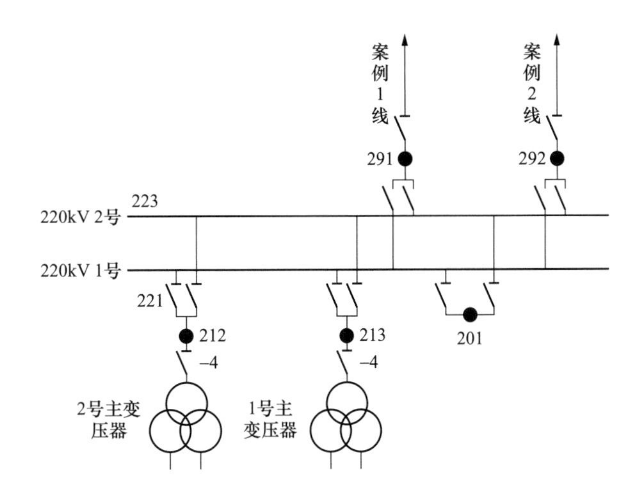

图 3-5-6　220kV 案例站缺陷现象

答：（1）异常分析。当日由于 220kV 2 母有工作，292 间隔由 2 母运行热倒至 1 母运行，此时合上 292-1，拉开 292-2，电压切换指示 2 母灯灭，但此时由于 292-2 触点不通，导致 1YQJ 不能复归，220kV 母线电压在 292 间隔并列，当日早 8:00 拉开 201 间隔后，220kV 2 母失电，此时发生二次反充电，292 间隔 1 母切换前电压、2 母切换前电压空气开关跳闸，造成 292 间隔遥测为 0，运行人员恢复空气开关后，220kV 母线再次出现反充电，造成 220kV 2 母电压出现。详细如图 3-5-7、图 3-5-8 所示。

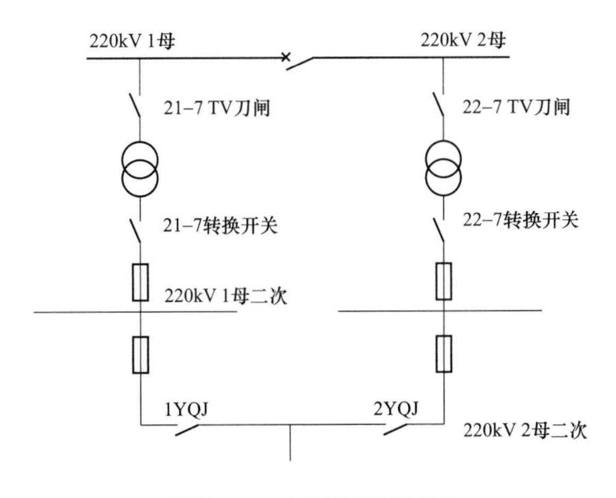

图 3-5-7　电压回路示意图

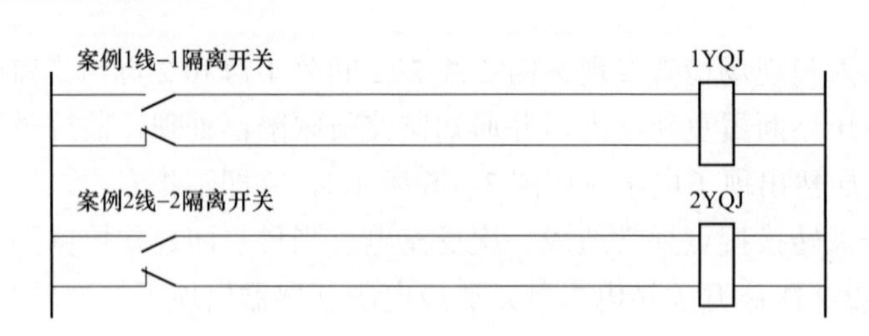

图 3-5-8 电压切换继电器回路图

（2）采取对策：

1）对相关二次装置的电压切换箱进行排查，逐步替换为单位置切换继电器。

2）发生反充电的情况，应该拉开停电母线的-7 隔离开关，断开反充电的回路。

3）断开 201 开关前，应该先断开 2 母 TV 电压熔断器，然后 TV 熔断器测量空气开关下口是否仍有电，再断开 201 开关。

4）监控人员必须发现缺陷，不能只关注当前的缺陷是否消除，还要和现场运行方式结合起来，判断消缺后是否有其他异常。

2 月 23 日 17 时 32 分 58 秒至 33 分 23 秒，监控系统瞬发“××站 10kV 1 号母线接地”信号，共计 7 次，其中最长一次持续动作时间是 8s。

2 月 24 日 2 时 17 分 59 秒至 54 分 04 秒，监控系统再次瞬发该站的“10kV 1 号母线接地”信号，共计 13 次。其中最长一次持续动作时间是 9s。

2 月 24 日 3 时 01 分 22 秒开始，监控系统该站的“10kV 1 号母线接地”信号瞬发情况加剧。据统计，3 时 01 分 22 秒至 3 时 59 分 06 秒，接地信号共频繁动作 40 次；4 时 08 分 22 秒至 5 时 00 分 13 秒，接地信号共频繁动作 121 次。

由于是瞬发信号，接地信号复归后检查母线电压恢复正常、接地情况消失，故值班监控员仅进行了监控信息人工确认操作，而未开展进一步处置。

2 月 24 日 4 时 56 分 58 秒，监控系统告警显示该站 001 充电保护或备自投出口（合并信号），011 开关事故分闸，001 开关合闸，遥测显示 10kV 1 母线三相电压显示为 0，10kV 1 母线各分路及 001 开关有遥测值。

2 月 24 日 5 时 0 分，监控系统告警显示该站 2 号主变压器低后备保护动作，001 开关分闸。同时，10kV 2 母线接地，遥测显示 10kV 2 母线三相电压为 6.73、2.26、0.12kV，线电压为 5.41kV。

2 月 24 日 6 时 20 分，运维人员到站检查后汇报：现场检查设备发现 001 开关、001-1 隔离开关柜发黑变形，隔离开关均无法拉开，10kV 1 号 TV 三相熔断器熔断，10kV 2 号 TV 的 B、C 相熔断器熔断，001 开关母联自投装置动作，跳开 011 开关、合上 001 开关，1 号主变压器保护未动，2 号主变压器保护后备保护动作跳开 001 开关。

经专业人员高压试验和检查核实，判断频发性母线单相接地造成母线电压异常升高是引发事故的原因之一。

15．案例 1：500kV 房慈Ⅱ线 AC 相故障继电保护动作分析报告

1 故障简述

2017年8月5日20时55分47秒，500kV房慈Ⅱ线发生AC相接地故障，慈云侧保护均快速动作，跳开5052、5053开关三相。

故障点：不在省检修公司管辖范围内。

2 继电保护、故障测距、故障信息系统、故障录波分析

本次故障，500kV房慈Ⅱ线慈云侧保护均正确动作，快速切除故障。慈云站5052、5053三相跳开，故障电流7.83kA。

2.1 故障发展情况

500kV房慈Ⅱ线故障后保护快速动作，46ms跳开慈云侧5052、5053 开关三相。

2.2 继电保护动作情况

保护动作及故障切除时间为慈云侧：保护最快10ms动作，46ms切除故障。保护动作报告如表3-5-3所示。

表3-5-3　　慈云侧保护动作报告

过程	慈云（5052、5053开关）		
故障	P544	RCS-902AS	RCS-931AMS
	31ms 纵联差动保护动作	32ms 距离Ⅰ段动作	10ms 电流差动保护动作
			17ms 电流差动保护动作
			33ms 距离Ⅰ段动作

2.3 测距情况

保护及故障录波测距（500kV房慈Ⅱ线全长61.2km）如表3-5-4所示。

表3-5-4　　慈 云 测 距 情 况

慈云（实际故障距离：30.1km）		
主保护Ⅰ	P544	59.0km
保护Ⅰ后备	RCS-902AS	32.0km
主保护Ⅱ	RCS-931AMS	34.5km
故障录波	ZH-3	26.9km
行波测距	XC21	30.3km

2.4 故障信息系统自动告警情况

故障信息系统自动推出了慈云站保护动作告警窗口，动作信息完整、准确。

2.5 故障录波系统运行情况

（1）故障录波器动作情况。慈云站（ZH-3型）录波器正确启动，录波完好。

（2）故障录波文件上送情况。慈云站相关故障录波文件自动上传至省调故障录波统一平台。

（3）录波主站推送智能告警情况。故障录波统一平台自动向监控综合智能告警传送了慈云站故障录波数据。

3　结论

本次故障过程中，500kV 房慈Ⅱ线慈云侧线路保护均正确动作，慈云站录波器（ZH-3 型）录波完好。故障录波图如图 3-5-9 所示。

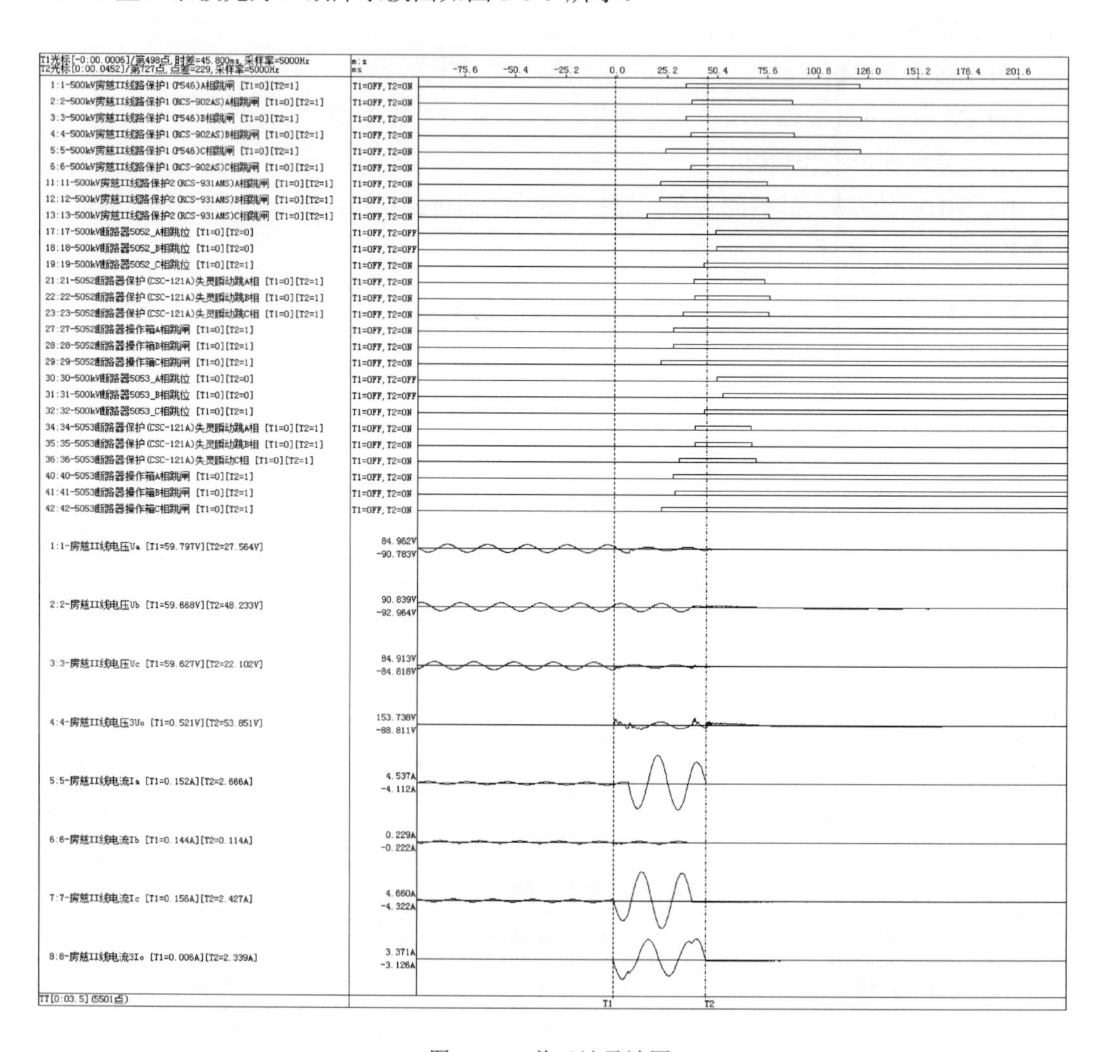

图 3-5-9　慈云站录波图

16．案例 2：500kV 辛官Ⅰ线 B 相故障后评估报告

1　故障前运行方式

系统平峰，全网统调发购 23569MW，辛安站、官路站全接线方式如图 3-5-10、图 3-5-11 所示。现场天气晴。

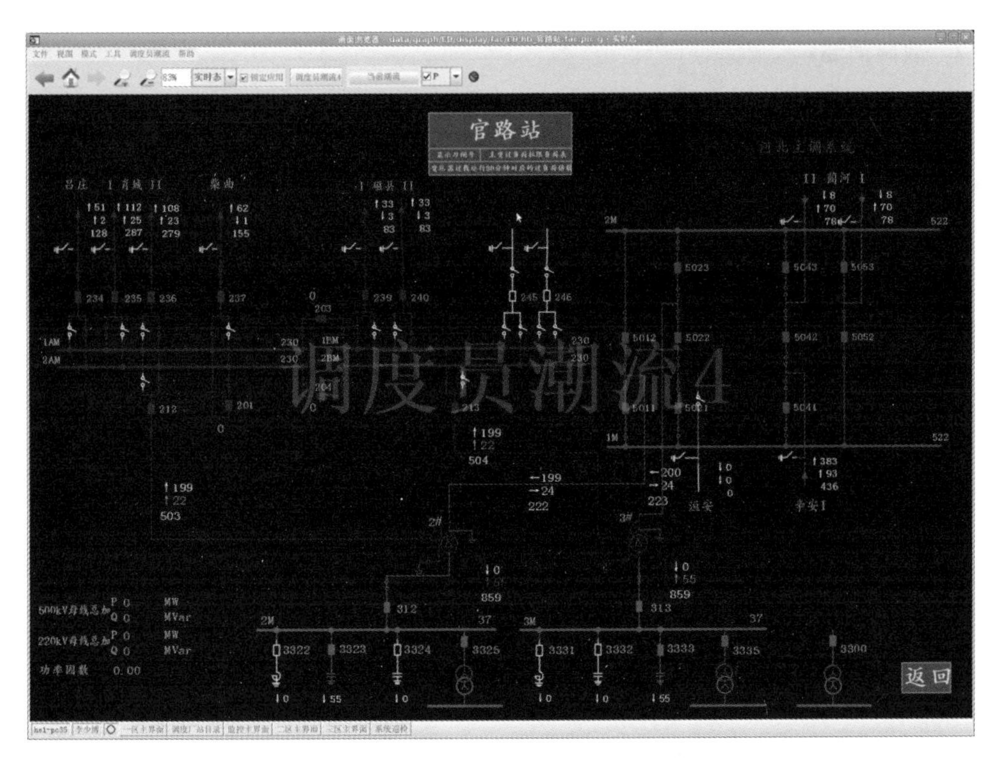

图 3-5-10　官路站

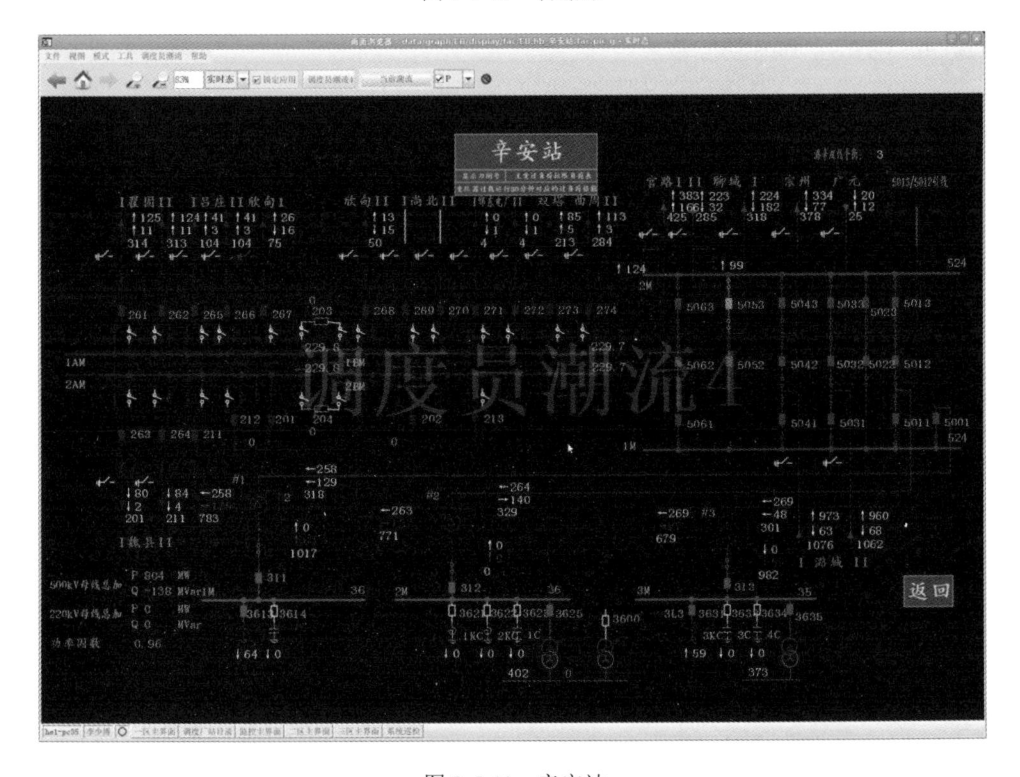

图 3-5-11　辛安站

2　故障简述

2018 年 6 月 22 日 07:40，500kV 辛官Ⅰ线掉闸，故障相别为 B 相，重合不成功，931、103 型保护动作，测距距辛安 15.708km，距官路站 22.445km（线路全长 38km）。7:54 从辛安侧试送成功，8:00 线路恢复正常运行。6 月 23 日 21:55，省检修公司报：500kV 辛官Ⅰ线查线结果为：N38 塔大号侧 B 相引流线及塔身有放电痕迹，为风刮塑料布所致，塑料布已脱落，导线无损伤，不影响正常运行（现场天气晴）。

3　继电保护、故障测距、故障信息系统、故障录波分析

500kV 辛官Ⅰ线辛安侧、官路侧保护均正确动作，快速切除故障，重合不成功，辛安站 5061 开关、5062 开关、官路站 5041 开关、5042 开关三相跳开。辛安侧故障电流 19.152kA，官路侧故障电流 10.832kA。

4　故障发展情况

500kV 辛官Ⅰ线故障后辛安侧、官路侧保护快速动作，50ms 辛安侧 5061、5062 开关 B 相跳开，41ms 官路侧 5041、5042 开关 B 相跳开，825ms 辛安侧 5061 开关重合于永久性故障，807ms 官路侧 5041 开关重合于永久性故障，892ms 辛安侧 5061、5062 开关三相跳开，891ms 官路侧 5041、5042 开关三相跳开。

5　保护动作情况

保护动作及故障切除时间：

（1）辛安侧：首次故障后，保护最快 8ms 动作，50ms 切除故障。重合于故障，保护最快 5ms 动作，50ms 切除故障。

（2）官路侧：首次故障后，保护最快 8ms 动作，41ms 切除故障。重合于故障，保护最快 8ms 动作，51ms 切除故障。

保护动作报告如表 3-5-5 所示。

表 3-5-5　　保护动作报告情况表

<table>
<tr><td rowspan="2">过程</td><td colspan="2">辛安（5061、5062 开关）</td><td colspan="4">官路（5041、5042 开关）</td></tr>
<tr><td>CSC-103A</td><td>PCS-931A</td><td colspan="2">CSC-103A</td><td colspan="2">PCS-931A</td></tr>
<tr><td rowspan="3">首次故障</td><td>15ms 纵联差动保护动作</td><td>8ms 纵联差动保护动作</td><td colspan="2">15ms 纵联差动保护动作</td><td colspan="2">8ms 纵联差动保护动作</td></tr>
<tr><td>15ms 分相差动动作</td><td>19ms 接地距离Ⅰ段动作</td><td colspan="2">15ms 分相差动动作</td><td colspan="2">35ms 接地距离Ⅰ段动作</td></tr>
<tr><td>26ms 接地距离Ⅰ段动作</td><td></td><td colspan="2">41ms 接地距离Ⅰ段动作</td><td colspan="2"></td></tr>
<tr><td rowspan="4">重合</td><td>PCS-921A-G（5061 开关）</td><td>PCS-921A-G（5062 开关）</td><td>CSC-121A（5041 开关）</td><td>CSC-121A（5041 开关）</td><td>CSC-121A（5042 开关）</td><td>CSC-121A（5042 开关）</td></tr>
<tr><td>21ms B 相跟跳动作</td><td>20ms B 相跟跳动作</td><td>27ms B 相跟跳动作</td><td>23ms B 相跟跳动作</td><td>27ms B 相跟跳动作</td><td>23ms B 相跟跳动作</td></tr>
<tr><td>778ms 重合闸动作</td><td>859ms A 相跟跳动作</td><td>79ms B 相单跳启动重合</td><td>67ms B 相单跳启动重合</td><td>79ms B 相单跳启动重合</td><td>67ms B 相单跳启动重合</td></tr>
<tr><td>859ms A 相跟跳动作</td><td>859ms C 相跟跳动作</td><td>781ms 重合闸动作</td><td>769ms 重合闸动作</td><td>867ms 三相跟跳动作</td><td>861ms 三相跟跳动作</td></tr>
</table>

续表

<table>
<tr><td rowspan="2">过程</td><td colspan="2">辛安（5061、5062 开关）</td><td colspan="4">官路（5041、5042 开关）</td></tr>
<tr><td>CSC-103A</td><td>PCS-931A</td><td colspan="2">CSC-103A</td><td colspan="2">PCS-931A</td></tr>
<tr><td rowspan="5">重合</td><td>860ms A 相跟跳动作</td><td>859ms 三相跟跳动作</td><td>865ms 三相跟跳动作</td><td>862ms 三相跟跳动作</td><td>867ms 三跳闭锁重合闸</td><td>861ms 三跳闭锁重合闸</td></tr>
<tr><td>860ms B 相跟跳动作</td><td>862ms 沟通三相跳闸动作</td><td>865ms 沟通三相跳闸动作</td><td>863ms 沟通三相跳闸动作</td><td>867ms 沟通三相跳闸动作</td><td>861ms 沟通三相跳闸动作</td></tr>
<tr><td>860ms C 相跟跳动作</td><td></td><td></td><td></td><td></td><td></td></tr>
<tr><td>860ms 三相跟跳动作</td><td></td><td></td><td></td><td></td><td></td></tr>
<tr><td>862ms 沟通三相跳闸动作</td><td></td><td></td><td></td><td></td><td></td></tr>
<tr><td rowspan="6">开关三跳</td><td>857ms 纵联差动保护动作</td><td>847ms 纵联差动保护动作</td><td colspan="2">855ms 闭锁重合闸</td><td colspan="2">848ms 纵联差动保护动作</td></tr>
<tr><td>857ms 分相差动动作</td><td>868ms 距离加速动作</td><td colspan="2">856ms 纵联差动保护动作</td><td colspan="2">868ms 距离加速动作</td></tr>
<tr><td>857ms 闭锁重合闸</td><td>881ms 接地距离Ⅰ段动作</td><td colspan="2">856ms 分相差动动作</td><td colspan="2">899ms 接地距离Ⅰ段动作</td></tr>
<tr><td>858ms 接地距离Ⅱ段动作</td><td>902ms 零序加速动作</td><td colspan="2">857ms 接地距离Ⅱ段动作</td><td colspan="2">900ms 零序加速动作</td></tr>
<tr><td>858ms 距离加速动作</td><td></td><td colspan="2">857ms 距离加速动作</td><td colspan="2"></td></tr>
<tr><td>908ms 零序加速动作</td><td></td><td colspan="2"></td><td colspan="2"></td></tr>
</table>

6 测距情况

保护及故障录波测距（500kV 辛官Ⅰ线全长 38.60km）如表 3-5-6 所示。

表 3-5-6　保护及故障录波测距表

<table>
<tr><td colspan="3">辛安站（实际故障距离：16.39km）</td><td colspan="3">官路站（实际故障距离：21.80 km）</td></tr>
<tr><td>主保护Ⅰ</td><td>PCS-931A</td><td>15.20 km</td><td>主保护Ⅰ</td><td>PCS-931A</td><td>23.30 km</td></tr>
<tr><td>主保护Ⅱ</td><td>CSC-103A</td><td>15.13km</td><td>主保护Ⅱ</td><td>CSC-103A</td><td>23.50 km</td></tr>
<tr><td rowspan="2">故障录波</td><td rowspan="2">ZH-5</td><td rowspan="2">15.71km</td><td>故障录波（A）</td><td>WDGL-VI/D</td><td>22.86km</td></tr>
<tr><td>故障录波（B）</td><td>WDGL-VI/D</td><td>22.91km</td></tr>
<tr><td>行波测距</td><td>XC-100</td><td>16.70km</td><td>行波测距</td><td>XC-200B</td><td>21.53km</td></tr>
</table>

7 故障信息系统自动告警情况

故障信息系统已自动推出辛安站、官路站保护动作告警窗口，动作信息完整、准确。

8 故障录波系统运行情况

（1）故障录波器动作情况。本次故障过程中，辛安站（ZH-5 型）、官路站（WDGL-VI/D 型）录波器均正确启动，录波完好。

（2）故障录波文件上送情况。辛安站、官路站相关故障录波文件已自动上传至省调故障录波统一平台。

（3）录波主站推送智能告警情况。故障录波统一平台自动向监控综合智能告警传送了故障录波数据。

官路侧故障录波图如图 3-5-12～图 3-5-14 所示。

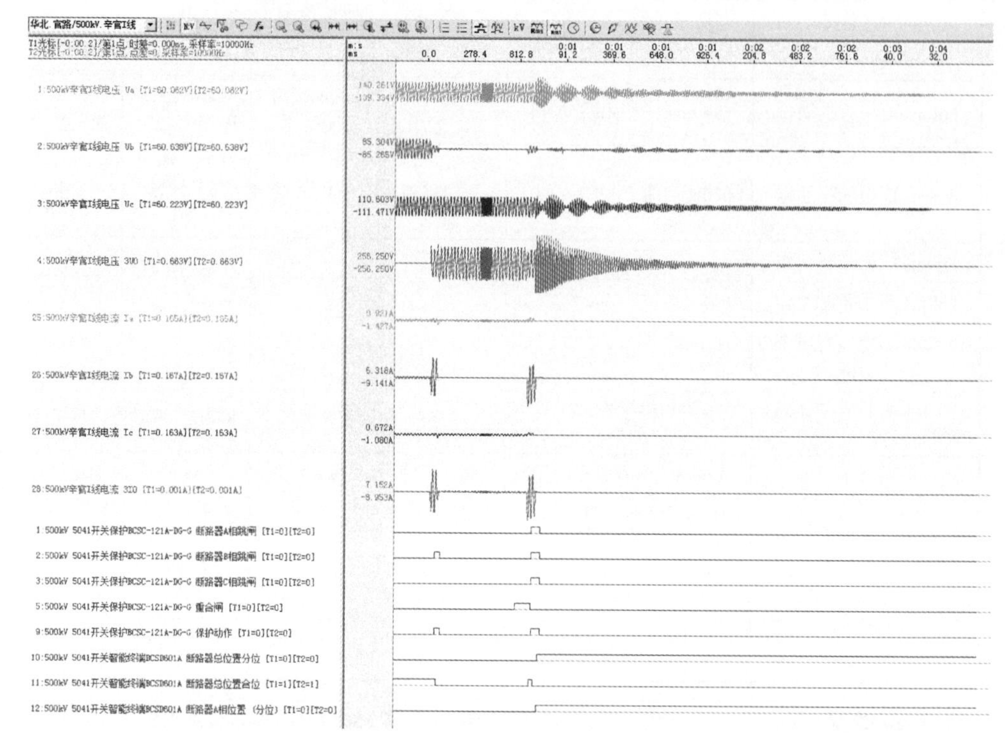

图 3-5-12　官路侧 B 套 1-1 故障录波图

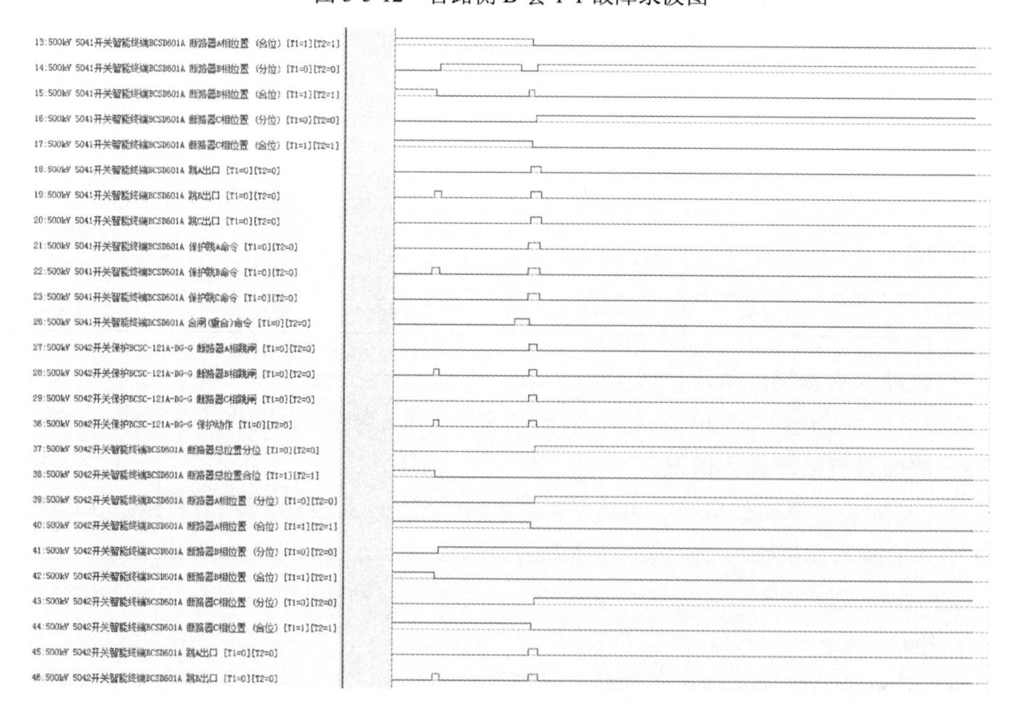

图 3-5-13　官路侧 B 套 1-2 故障录波图

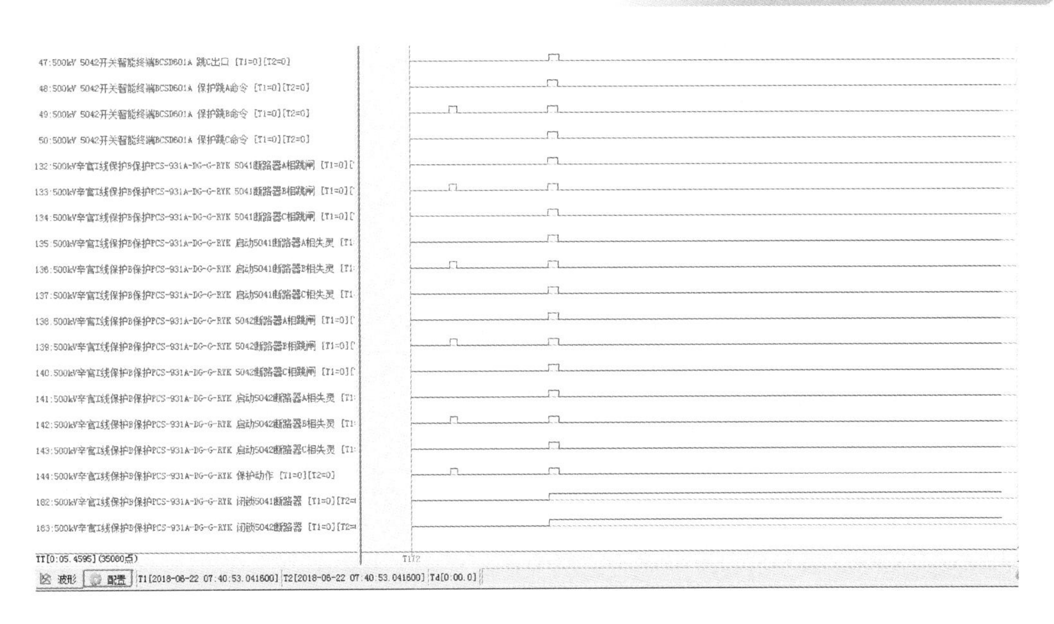

图 3-5-14 官路侧 B 套 1-3 故障录波图

9 WAMS、一次调频、自动装置动作分析

1. 本次故障无有功损失，不涉及一次调频动作。

2. 辛官Ⅰ线辛安侧配置有 PMU 装置，数据记录正常。无安全自动装置。

10 远动信息、监控系统动作分析

10.1 远动信息上送情况（见表 3-5-7）

表 3-5-7 远动信息上送情况表

序号	信号类型	信号名称	主站接收时间	子站上送当地时间（SOE）	时间差（s）
1	事故总	官路站 事故总信号动作	2018-6-22 7:40:53:892	2018-6-22 7:40:53:329	0.563
2	事故总	辛安站 事故总信号动作	2018-6-22 7:40:53:892	2018-6-22 7:40:53:320	0.172
3	开关变位	官路站 5041 开关分闸	2018-6-22 7:40:53:892	2018-6-22 7:40:53:292	0.6
4	开关变位	官路站 5042 开关分闸	2018-6-22 7:40:53:793	2018-6-22 7:40:53:291	0.502
5	开关变位	辛安站 5061 开关分闸	2018-6-22 7:40:53:492	2018-6-22 7:40:53:291	0.201
6	开关变位	辛安站 5062 开关分闸	2018-6-22 7:40:53:492	2018-6-22 7:40:53:292	0.2

10.2 远动信息分析

远动信息上传正确。

10.3　主站监控系统反映情况

故障中开关变位、综合智能告警、自动校核触发等自动化系统功能正常。

10.4　主站监控系统反映分析

主站监控系统反映正确。

11　监控信息分析

11.1　辛安站监控系统监控信息分析结果

本次故障中监控收到辛安站告警信息 15 条，如表 3-5-8 所示。其中事故类信号 11 条，异常类信号0条，事故变位信号4条，越限类信号0条，告知类信号2条。7时40分，省检报，辛安站辛官 1 线发生两次事故，5061、5062 开关事故分闸，重合闸不成功。

监控开关变位、综合智能告警、自动校核触发等自动化系统功能正常，受控站故障后监控信号上送时间准确，保护及自动装置动作信息完整，相关遥测值、遥信值正确，监控告警窗上报信息分类清晰、全面。

表 3-5-8　　监控系统信号

序号	告　警　信　号	类别
1	2018-06-22 07:41:21 河北辛安站/全站事故总信号动作	事故
2	2018-06-22 07:40:53 河北辛安站/500kV 辛官Ⅰ线 5061 开关/PCS-931A-G 保护出口动作	事故
3	2018-06-22 07:40:53 河北辛安站/500kV 辛官Ⅰ线 5061 开关/CSC-103A-G 保护出口动作	事故
4	2018-06-22 07:40:53 河北辛安站/500kV 5061 开关辛官Ⅰ线/事故总信号动作	事故
5	2018-06-22 07:40:53 国调辛安站/500kV 5061 开关分闸	变位
6	2018-06-22 07:40:53 河北辛安站/500kV 5062 开关/事故总信号动作	事故
7	2018-06-22 07:40:53 国调辛安站/500kV 5062 开关分闸	变位
8	2018-06-22 07:40:54 河北辛安站/500kV 5061 开关辛官Ⅰ线/PCS-921 重合闸出口动作	事故
9	2018-06-22 07:40:54 国调辛安站/500kV 5061 开关合闸	变位
10	2018-06-22 07:40:53 河北辛安站/500kV 5061 开关辛官Ⅰ线/PCS-921 保护出口动作	事故
11	2018-06-22 07:40:53 河北辛安站/500kV 5061 开关辛官Ⅰ线/操作箱出口跳闸动作	事故
12	2018-06-22 07:40:53 河北辛安站/500kV 5062 开关/PCS-921 保护出口动作	事故
13	2018-06-22 07:40:53 河北辛安站/500kV 5062 开关/操作箱出口跳闸动作	事故
14	2018-06-22 07:40:54 国调辛安站/500kV 5061 开关分闸	变位
15	2018-06-22 07:41:31 河北辛安站/全站事故总信号复归	事故

11.2　官路站监控系统监控信息分析结果

本次故障中监控收到官路站告警信息 37 条，如表 3-5-9 所示。其中事故类信号 33 条，异常类信号 0 条，事故变位信号 4 条，越限类信号 0 条，告知类信号 0 条。7 时 40 分，省检报，官路站辛官 1 线发生两次事故，5041、5042 开关事故分闸，重合闸不成功。

监控开关变位、综合智能告警、自动校核触发等自动化系统功能正常，受控站故障后监控信号上送时间准确，保护及自动装置动作信息完整，相关遥测值、遥信值正确，监控告警窗上报信息分类清晰、全面。

表 3-5-9　　监 控 系 统 信 号

序号	告 警 信 号	类别
1	2018-06-22 07:40:53 华北官路/全站事故总信号动作	事故
2	2018-06-22 07:40:53 华北官路/500kV 辛官Ⅰ线/B 套 PCS-931A 接地距离Ⅰ段出口动作	事故
3	2018-06-22 07:40:53 华北官路/500kV 辛官Ⅰ线/B 套 PCS-931A 纵联差动保护出口动作	事故
4	2018-06-22 07:40:53 华北官路/500kV 辛官Ⅰ线/B 套 PCS-931A 保护出口动作	事故
5	2018-06-22 07:40:53 华北官路/500kV 辛官Ⅰ线/B 套 PCS-931A 保护 B 跳出口动作	事故
6	2018-06-22 07:40:53 华北官路/500kV 辛官Ⅰ线/A 套 CSC-103A 纵联差动保护出口动作	事故
7	2018-06-22 07:40:53 华北官路/500kV 辛官Ⅰ线/A 套 CSC-103A 保护出口动作	事故
8	2018-06-22 07:40:53 华北官路/500kV 5041 开关/A 套 CSC-121A 保护出口动作	事故
9	2018-06-22 07:40:53 华北官路/500kV 5041 开关/A 套 CSC-121AB 相跟跳出口动作	事故
10	2018-06-22 07:40:53 华北官路/500kV 5041 开关/B 套 CSC-121A 保护出口动作	事故
11	2018-06-22 07:40:53 华北官路/500kV 5041 开关/B 套 CSC-121AB 相跟跳出口动作	事故
12	2018-06-22 07:40:53 华北官路/500kV 5042 开关/A 套 CSC-121A 保护出口动作	事故
13	2018-06-22 07:40:53 华北官路/500kV 5042 开关/A 套 CSC-121AB 相跟跳出口动作	事故
14	2018-06-22 07:40:53 华北官路/500kV 5042 开关/B 套 CSC-121A 保护出口动作	事故
15	2018-06-22 07:40:53 华北官路/500kV 5042 开关/B 套 CSC-121AB 相跟跳出口动作	事故
16	2018-06-22 07:40:53 华北官路/500kV 5041 开关分闸	变位
17	2018-06-22 07:40:53 华北官路/500kV 5042 开关分闸	变位
18	2018-06-22 07:40:54 华北官路/500kV 5041 开关/A 套 CSC-121A 重合闸出口动作	事故
19	2018-06-22 07:40:54 华北官路/500kV 5041 开关/B 套 CSC-121A 重合闸出口动作	事故
20	2018-06-22 07:40:54 华北官路/500kV 5041 开关合闸	变位
21	2018-06-22 07:40:54 华北官路/500kV 辛官Ⅰ线/B 套 PCS-931A 纵联差动保护出口动作	事故
22	2018-06-22 07:40:54 华北官路/500kV 辛官Ⅰ线/B 套 PCS-931A 零序加速出口动作	事故
23	2018-06-22 07:40:54 华北官路/500kV 辛官Ⅰ线/B 套 PCS-931A 接地距离Ⅰ段出口动作	事故
24	2018-06-22 07:40:54 华北官路/500kV 辛官Ⅰ线/B 套 PCS-931A 距离加速出口动作	事故
25	2018-06-22 07:40:54 华北官路/500kV 辛官Ⅰ线/B 套 PCS-931A 保护出口动作	事故
26	2018-06-22 07:40:54 华北官路/500kV 辛官Ⅰ线/B 套 PCS-931A 保护 C 跳出口动作	事故
27	2018-06-22 07:40:54 华北官路/500kV 辛官Ⅰ线/B 套 PCS-931A 保护 B 跳出口动作	事故
28	2018-06-22 07:40:54 华北官路/500kV 辛官Ⅰ线/B 套 PCS-931A 保护 A 跳出口动作	事故
29	2018-06-22 07:40:54 华北官路/500kV 辛官Ⅰ线/A 套 CSC-103A 分相差动保护出口动作	事故

续表

时间	告 警 信 号	类别
30	2018-06-22 07:40:54 华北官路/500kV 辛官Ⅰ线/A 套 CSC-103A 距离加速出口动作	事故
31	2018-06-22 07:40:54 华北官路/500kV 辛官Ⅰ线/A 套 CSC-103A 接地距离Ⅰ段出口动作	事故
32	2018-06-22 07:40:54 华北官路/500kV 5041 开关/A 套 CSC-121A 三相跳出口动作	事故
33	2018-06-22 07:40:54 华北官路/500kV 5041 开关/B 套 CSC-121A 三相跳出口动作	事故
34	2018-06-22 07:40:54 华北官路/500kV 5042 开关/A 套 CSC-121A 三相跳出口动作	事故
35	2018-06-22 07:40:54 华北官路/500kV 5042 开关/B 套 CSC-121A 三相跳出口动作	事故
36	2018-06-22 07:40:55 华北官路/500kV 5041 开关分闸	变位
37	2018-06-22 7:41:03 华北官路/全站事故总信号复归	事故

12　调度处理情况

12.1　调度处理情况

故障汇报及故障处置情况：

（1）本次掉闸设备为华北分中心调管设备。

（2）6 月 22 日 07:40，省调监控报：500kV 辛官Ⅰ线掉闸，重合不成功。

（3）6 月 22 日 07:41，省调监控根据华北分中心要求，令辛安站、官路站迅速检查站内一、二次设备和保护动作情况。

（4）6 月 22 日 07:41，省调经 *N*-1 安全校核分析计算后河北南网主网无问题。

（5）6 月 22 日 07:49，省调监控、辛安站、官路站报：07:40，500kV 辛官Ⅰ线掉闸，故障相别为 B 相，重合不成功，931、103 型保护动作，测距距辛安 15.708km，距官路站 22.445km（线路全长 38km），现场天气晴，现场一、二次设备检查无问题。

（6）6 月 22 日 07:54，华北分中心从辛安站试送电成功。08:00，500kV 辛官Ⅰ线恢复运行。

（7）6 月 22 日 07:55，省调汇总华北分中心故障情况，通知检修分公司带电查线。

（8）6 月 22 日 07:59，线路跨越京广高铁、邯大高速，初步判断故障点不在三跨区段。

（9）6 月 23 日 21:55，省检修公司报：500kV 辛官Ⅰ线查线结果为 N38 塔大号侧 B 相引流线及塔身有放电痕迹，为风刮塑料布所致，塑料布已脱落，导线无损伤，不影响正常运行。

12.2　调度处理评估

（1）故障中开关变位、综合智能告警、自动校核触发等自动化系统功能正常。

（2）故障中保护正确动作。

（3）故障中不涉及自动装置。

（4）当值事故处理判断准确，处置合理。

（5）省调监控员、检修公司运行人员、现场运维人员汇报及时、信息完整，故障处理得当。

（6）调控处与此类故障相关的调度事故预案针对性强，具备可执行性，无须进行修改。

（7）本次掉闸设备为华北分中心调管设备，《华北电网事故联合处置预案》包含该故障类型，预案针对性强，具备可执行性，无须进行修改。

13 输变电设备故障原因分析

13.1 故障检查情况

2018 年 06 月 22 日 07:40，500kV 辛官Ⅰ线 B 相跳闸，重合闸动作，重合不成功，07:54 试送成功，故障测距辛安站录波测距 15.708km，官路站测距 22.445km，通过带电登塔检查及无人机巡检，发现 500kV 辛官Ⅰ线 N38 塔 B 相（中相）引流线、塔身塔材有放电痕迹，线路附近地面发现有 9m 长烧伤痕迹塑料布，综合故障测距及现场情况，判断为异物搭挂造成闪络故障。不影响线路正常运行。故障前辛官Ⅰ线为正常运行方式，负荷为 325MW，故障电流 18.825kA。

13.2 故障起因分析

塑料布在大风作用下卷起搭挂在 N38 塔中项引流线及铁塔塔身间，由于塑料布脏污，造成线路引流导线与塔身短路跳闸。

13.3 处理措施

前正值迎峰度夏期间，夏季为恶劣天气多发季节，瞬时大风风刮异物搭挂导线、铁塔隐患问题突出。下一步，检修公司将深刻汲取本次故障教训，在继续深入开展防异物上线隐患排查治理的基础上，进一步强化运维管控手段。重点开展以下工作：

（1）举一反三，对运维输电线路周边 2km 范围内地膜、塑料大棚、彩钢板房、施工作业点开展隐患开展再次排查，对排查出的隐患区段做好塑料布（网）压实、清理，严防异物上线隐患发生。

（2）充分发挥属地巡视人员地域优势，增加重点区段专业、属地巡视次数，对县公司属地巡视中发现的重大缺陷加强奖励力度，通过提高巡视技能和工作责任等措施，提高日常线路巡视水平。特别是大风等恶劣天气后及时开展特巡，一旦发现异物上线隐患，第一时间内使用激光清除异物装置或带电作业消除。

（3）加大对线路沿线村庄护电宣传力度，提高蔬菜大棚户主电力设施保护责任意识及防范水平。

（4）强化日常巡视监察管理，对重点区域、重点人员开展专项巡视质量检查工作，并将检查结果实时纳入月度考核。通过考核检查相结合的手段，提高巡视人员安全意识和重点区域的维护力度。

具体情况附图，如图 3-5-15～图 3-5-22 所示。

（1）故障杆塔。

图 3-5-15　辛官Ⅰ线 N185 塔号牌

图 3-5-16　辛官Ⅰ线 N38 全塔

（2）线路通道。

图 3-5-17　辛官Ⅰ线 N38 小号侧通道

图 3-5-18　辛官Ⅰ线 N38 大号侧通道

（3）导线放电痕迹。

图 3-5-19　辛官Ⅰ线 N38 塔 B 相绝引流导线闪络痕迹

图 3-5-20　辛官Ⅰ线 N38 塔材闪络情况

图 3-5-21 辛官Ⅰ线 N38 引流导线与塔材放电通道示意图

图 3-5-22 线路附近散落 46 号附近散落的锡箔纸条

17．案例 3：500kV 潞辛Ⅰ线 B 相故障后评估报告

1 故障前运行方式

系统平峰，全网统调发购 22173MW，辛安站辛聊Ⅰ线 5053 开关检修，如图 3-5-23 所示。其他为全接线方式，现场天气晴。

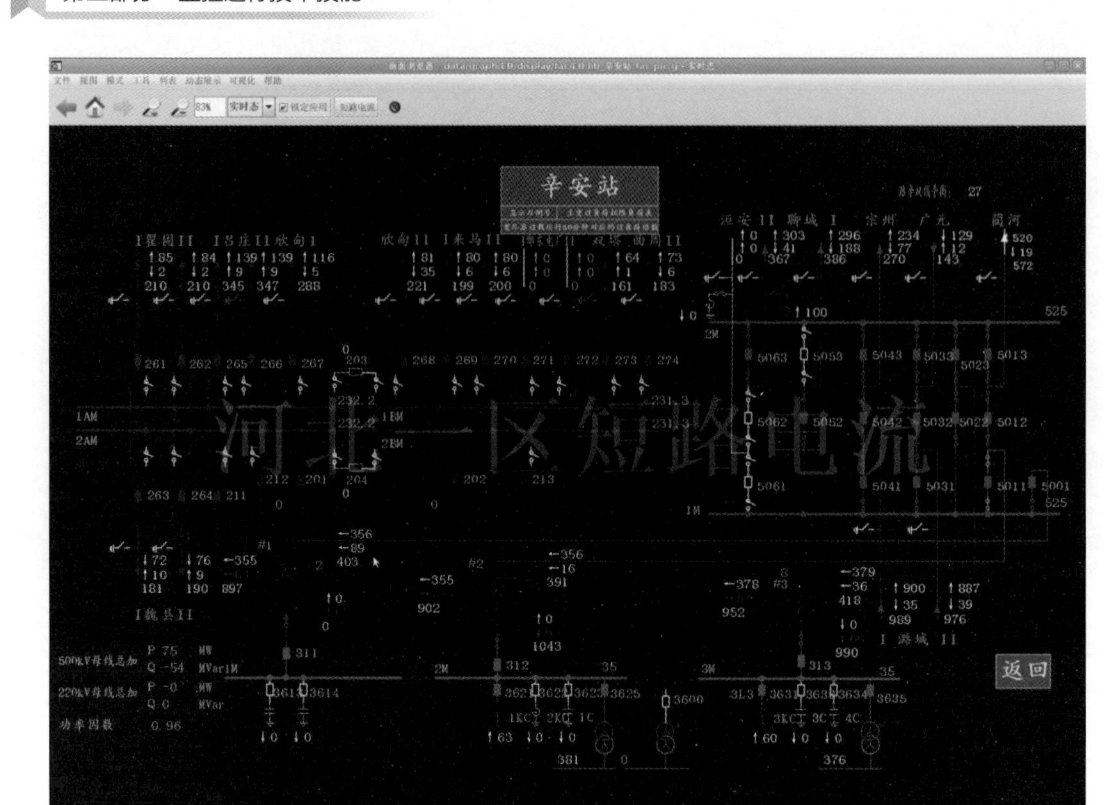

图 3-5-23 辛安站

2 故障简述

2017 年 9 月 7 日 21:44，潞辛 I 线掉闸，故障相别为 B 相，重合不成功，603、931 型保护动作，测距距辛安站 62km，距潞城站 93km（线路全长 165km，河北管段距辛安站 131km，现场天气晴）。22:05，华北分中心令省调监控用辛安侧开关对线路试送电成功。22:14，500kV 潞辛 I 线恢复运行。9 月 8 日 17:35，省检修公司报 500kV 潞辛 I 线查线结果为 N233 塔 B 相（右相）线夹出口导线、铁塔塔身上均有明显烧伤痕迹，原因为风刮防尘网造成导线对塔身放电，防尘网已脱落，导线无断股，不影响线路运行。

3 继电保护、故障测距、故障信息系统、故障录波分析

本次故障，500kV 潞辛 I 线辛安侧保护均正确动作，快速切除故障，重合不成功，辛安站 5041、5042 开关加速跳开三相，故障电流为 6.78kA。

3.1 故障发展情况

500kV 潞辛 I 线故障后保护快速动作，40ms 跳开辛安侧 5041、5042 开关，744ms 辛安侧 5041、5042 开关重合于故障，789ms 加速跳开三相。

3.2 继电保护动作情况

保护动作及故障切除时间：辛安侧故障发生后，保护最快 13ms 动作，40ms 切除故障；重合于故障，保护最快 19ms 动作，47ms 切除故障。

保护动作报告如表 3-5-10 所示。

表 3-5-10 保护动作报告表

过程	辛安（潞辛Ⅰ线）	
故障	PCS-931A-G-R	PSL-603UA-G-R
	13ms B 相 纵联差动保护动作	14ms 分相差动动作
	34ms B 相 接地距离Ⅰ段动作	14ms 保护 B 跳出口
		52ms 接地距离Ⅰ段动作
重合	PCS-921A-G（5041 开关）	PCS-921A-G（5042 开关）
	25ms B 相跟跳动作	25ms B 相跟跳动作
	671ms 重合闸动作	772ms A 相跟跳动作
	771ms C 相跟跳动作	772ms C 相跟跳动作
	772ms A 相跟跳动作	772ms 三相跟跳动作
	772ms B 相跟跳动作	774ms 沟通三相跳闸动作
	772ms C 相跟跳动作	
	772ms 三相跟跳动作	
	773ms 沟通三相跳闸动作	
重合于故障	PCS-931A-G-R	PSL-603UA-G-R
	759ms A、B、C 相 纵联差动保护动作	761ms 分相差动动作
	777ms A、B、C 相距离加速动作	761ms 保护永跳出口
		767ms 距离重合加速动作
		797ms 接地距离Ⅰ段动作

3.3 测距情况

保护及故障录波测距（500kV 潞辛Ⅰ线全长 165.0km），如表 3-5-11 所示。

表 3-5-11 保护及故障录波测距表

辛安（实际故障距离：km）		
主保护Ⅰ	PCS-931A-G-R	70.8
主保护Ⅱ	PSL-603UA-G-R	71.7
故障录波	ZH-3	62.1
行波测距	XC21	71.5

3.4 故障信息系统自动告警情况

故障信息系统自动推出了辛安站保护动作告警窗口，动作信息完整、准确。

3.5 故障录波系统运行情况

（1）故障录波器动作情况。辛安站 54 号故障录波器（ZH-3 型）正确启动，查阅录波完好。

（2）故障录波文件上送情况。辛安站相关故障录波文件自动上传至省调故障录波统一平台。

（3）录波主站推送智能告警情况正常。

4　WAMS、一次调频、自动装置动作分析

（1）本次故障无功率损失，不涉及一次调频动作。

（2）潞辛Ⅰ线故障时，在辛安站装设的 PMU 装置记录了故障期间的动态数据；无安全自动装置。

5　远动信息、监控系统动作分析

5.1　远动信息上送情况（见表 3-5-12）

表 3-5-12　远动信息上送情况表

序号	信号类型	信号名称	主站接收时间	子站上送当地时间（SOE）	时间差（s）
1	事故总	辛安站 事故总信号动作	2017-9-7 21:44:49:753	2017-9-7 21:44:49:410	0.343
2	开关变位	辛安站 5041 开关分闸	2017-9-7 21:44:49:553	2017-9-7 21:44:49:407	0.146
3	开关变位	辛安站 5042 开关分闸	2017-9-7 21:44:49:553	2017-9-7 21:44:49:408	0.145

5.2　远动信息分析

远动信息上传正常。

5.3　主站监控系统反应情况

故障中开关变位、综合智能告警、自动校核触发等自动化系统功能正常。

5.4　主站监控系统反应分析

主站监控系统反应正确。

6　监控信息分析

（1）本次故障中监控收到告警信息 34 条（其中事故类信号 10 条，异常类信号 13 条，变位类信号 2 条，告知类信号 9 条），监控信号上送时间准确如表 3-5-13 所示。7 日 21 时 44 分，辛安站报：500kV 潞辛Ⅰ线 B 相掉闸，重合不成功。

（2）开关变位正常，监控告警窗上报信息分类清晰、全面。

（3）主接线图开关变位正确，相关遥测值、遥信值正确。

表 3-5-13　监控系统监控信息表

序号	监控系统监控信息内容	
1	2017-09-07 21:44:49	河北辛安站/500kV 5042 开关/PCS-921AG 保护出口动作→复归
2	2017-09-07 21:44:49	河北辛安站/500kV 5041 开关潞辛Ⅰ线/PCS-921AG 保护出口动作→复归

续表

序号	监控系统监控信息内容	
3	2017-09-07 21:44:49	河北辛安站/500kV 5041 开关潞辛Ⅰ线/保护出口动作→复归
4	2017-09-07 21:44:49	河北辛安站/500kV 5042 开关/保护出口动作→复归
5	2017-09-07 21:44:49	河北辛安站/500kV 潞辛Ⅰ线 5041 开关/PCS-931A-G 保护出口动作→复归
6	2017-09-07 21:44:49	河北辛安站/500kV 潞辛Ⅰ线 5041 开关/PSL603UA 保护出口动作→复归
7	2017-09-07 21:44:50	河北辛安站/500kV 5041 开关潞辛Ⅰ线/PCS-921A-G 重合闸出口动作→复归
8	2017-09-07 21:44:50	河北辛安站/500kV 5042 开关/事故总信号动作→复归
9	2017-09-07 21:44:50	河北辛安站/500kV 5041 开关潞辛Ⅰ线/事故总信号动作
10	2017-09-07 21:45:13	河北辛安站/500kV 5041 开关潞辛Ⅰ线/事故总信号动作→复归
11	2017-09-07 21:44:49	河北辛安站/500kV 5042 开关/油压低重合闸闭锁告警→复归
12	2017-09-07 21:44:49	河北辛安站/500kV 5041 开关潞辛Ⅰ线/油压低重合闸闭锁告警→复归
13	2017-09-07 21:44:50	河北辛安站/500kV 5041 开关潞辛Ⅰ线/控制回路断线告警→复归
14	2017-09-07 21:44:50	河北辛安站/500kV 5041 开关潞辛Ⅰ线/油压低分合闸总闭锁告警→复归
15	2017-09-07 21:44:50	河北辛安站/500kV 5042 开关/压力低重合闸闭锁告警→复归
16	2017-09-07 21:44:50	河北辛安站/500kV 5041 开关潞辛Ⅰ线/油压低合闸闭锁告警→复归
17	2017-09-07 21:44:50	河北辛安站/500kV 5041 开关潞辛Ⅰ线/压力低重合闸闭锁告警→复归
18	2017-09-07 21:44:50	河北辛安站/500kV 潞辛Ⅰ线 5041 开关/TV 断线告警→复归
19	2017-09-07 21:44:51	河北辛安站/500kV 潞辛Ⅰ线 5041 开关/远方电量表 TV 断线告警→复归
20	2017-09-07 21:44:54	河北辛安站/500kV 潞辛Ⅰ线 5041 开关/SSR530U 装置异常告警→复归
21	2017-09-07 21:44:56	河北辛安站/500kV 潞辛Ⅰ线 5041 开关/PSL603UA 装置异常告警→复归
22	2017-09-07 21:44:58	河北辛安站/500kV 潞辛Ⅰ线 5041 开关/PCS-925A-G 装置异常告警→复归
23	2017-09-07 21:44:58	河北辛安站/500kV 潞辛Ⅰ线 5041 开关/PCS-931A-G 装置异常告警→复归
24	2017-09-07 21:44:49	国调辛安站/500kV 5042 开关分闸
25	2017-09-07 21:44:49	国调辛安站/500kV 5041 开关分闸
26	2017-09-07 21:44:49	河北辛安站/监控系统/500kV 第二保护小室故障录波柜Ⅱ录波启动动作→复归
27	2017-09-07 21:44:49	河北辛安站/监控系统/500kV 第三保护小室故障录波柜Ⅱ录波启动动作→复归
28	2017-09-07 21:44:49	河北辛安站/监控系统/500kV 第三保护小室故障录波柜Ⅰ录波启动动作→复归
29	2017-09-07 21:44:49	河北辛安站/220kV 公用测控/2 主变压器故障录波器装置启动动作→复归
30	2017-09-07 21:44:49	河北辛安站/220kV 公用测控/22 故障录波装置启动动作→复归
31	2017-09-07 21:44:49	河北辛安站/监控系统/500kV 第一保护小室故障录波柜Ⅰ录波启动动作→复归
32	2017-09-07 21:44:49	河北辛安站/220kV 公用测控/21 号故障录波装置启动动作→复归
33	2017-09-07 21:44:49	河北辛安站/监控系统/500kV 第二保护小室故障录波柜Ⅰ录波启动动作→复归
34	2017-09-07 21:44:50	河北辛安站/500kV 5042 开关/油泵启动动作→复归

7　调度处理情况

7.1　调度处理情况

（1）9 月 7 日 21:45，省调监控报：21:44，潞辛Ⅰ线掉闸，故障相别为 B 相，重合不成功，603、931 型保护动作，测距距辛安站 62km，现场天气晴，已通知检修分公司带电查线。

（2）9 月 7 日 21:50，本次掉闸设备为华北分中心调管设备，省调经 $N-1$ 安全校核分析计算后河北南网主网无问题。

（3）9 月 7 日 21:51，通知检修分公司对 500kV 潞辛Ⅰ线带电查线。

（4）9 月 7 日 21:55，辛安站报：21:44，辛安站潞辛Ⅰ线 5041、5042 开关掉闸，603、931 型保护动作，故障相别为 B 相，重合不成功，测距距辛安站 62km，现场天气晴。

（5）9 月 7 日 22:05，华北分中心用辛安站潞辛Ⅰ线 5041 开关对 500kV 潞辛Ⅰ线试送电成功。22:14，500kV 潞辛Ⅰ线恢复运行。

（6）9 月 7 日 22:05，省调汇总华北分中心故障情况，通知检修分公司带电查线。

（7）9 月 8 日 17:35，省检修公司报 500kV 潞辛Ⅰ线查线结果为 N233 塔 B 相（右相）线夹出口导线、铁塔塔身上均有明显烧伤痕迹，原因为风刮防尘网造成导线对塔身放电，防尘网已脱落，导线无断股，不影响线路运行。

7.2　调度处理评估

（1）故障中开关变位、综合智能告警、自动校核触发等自动化系统功能正常。

（2）故障中保护正确动作。

（3）故障中不涉及自动装置。

（4）当值事故处理判断准确，处置合理。

（5）省调监控员、现场运维人员汇报及时、信息完整，故障处理得当。

（6）调控处与此类故障相关的调度事故预案针对性强，具备可执行性，无须进行修改。

（7）本次掉闸设备为华北分中心调管设备，《华北电网事故联合处置预案》包含该故障类型，预案针对性强，具备可执行性，无需进行修改。

第四部分

监控运行专业管理

第一章　设备监控信息管理

一、技术问答

1．监控信息“间隔事故总”信号是如何生成的？

答：监控信息“间隔事故总”信号是由保护操作箱或智能终端内的开关合后位置继电器（KKJ）和跳闸位置继电器（TWJ）串联引出形成，KKJ 合后位置继电器在合后位置，同时检测到开关三相 TWJ 中任一相闭合，则生成间隔事故总信号（见图 4-1-1）。

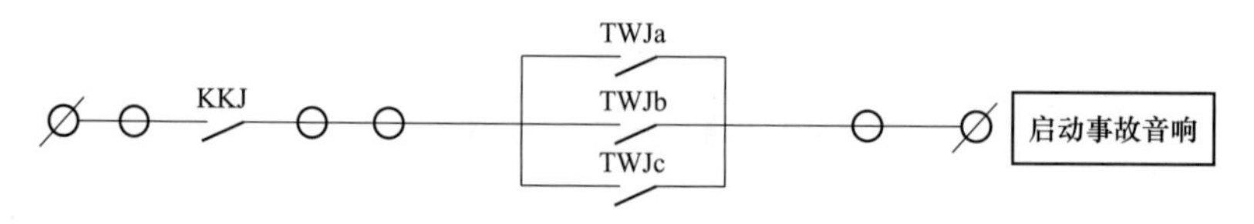

图 4-1-1　间隔事故总生成图

2．地区电网关于“全站事故总”的合成方式有哪几种？针对新建变电站合成的方式有哪些要求？针对已投运变电站应采取哪种改造方案？

答：（1）全站事故总信号通过远动机对参与逻辑运算的计算因子进行“或逻辑”计算生成，并延时 10s 复归。形成逻辑可有以下几种：

1）方式 1：采用“KKJ＋TWJ 接点串联”的方式形成间隔事故总信号，同时厂站各间隔保护装置“保护动作”硬接点信号接入各间隔测控单元，由Ⅰ区数据通信网关机将间隔事故总信号、保护动作硬接点信号作为“或逻辑”计算因子参与全站事故总信号逻辑运算。

2）方式 2：采用“KKJ＋TWJ 接点串联”的方式形成间隔事故总信号，由Ⅰ区数据通信网关机将间隔事故总信号作为“或逻辑”计算因子参与全站事故总信号逻辑运算。

3）方式 3：采用“保护动作”信号直接触发的方式形成间隔事故总信号，由Ⅰ区数据通信网关机将间隔事故总信号作为“或逻辑”计算因子参与全站事故总信号逻辑运算。

全站事故总信号计算因子应包括通过手跳回路实现跳闸的保护装置动作硬结点信号，例如母差保护、低频减载、过负荷联切等。

（2）新建变电站“全站事故总”合成方式：

1）220kV 厂站：220kV 间隔、主变压器高压侧间隔、主变压器中压侧间隔、主变压器低压侧间隔、110kV 间隔适用方式 1；35kV 及以下电压等级间隔适用方式 2。

2）110kV 及以下厂站：当 110kV 侧配备线路保护的间隔适用方式 1；其他 110kV、主变压器及以下电压等级间隔适用方式 2。

已投运变电站“全站事故总”改造方案：

1）220kV 厂站：220kV 间隔、主变压器高压侧间隔、主变压器中压侧间隔、主变压器低压侧间隔、110kV 间隔若满足方式 1 条件，则采用方式 1，否则采用方式 2；35kV 及以下电压等级间隔若满足方式 2 条件，则采用方式 2，否则采用方式 3。

2）110kV 及以下厂站：当 110kV 侧配备线路保护的间隔满足方式 1 条件，则采用方式 1，否则采用方式 2；其他 110kV、主变压器及以下电压等级间隔若满足方式 2 条件，则采用方式 2，否则采用方式 3。

3．何谓“变电站设备监控信息”？

答：“变电站设备监控信息”是指为满足集中监控需要接入智能电网监控系统的变电站一次设备、二次设备及辅助设备监视和控制信息。按业务需求可分为设备运行数据、设备动作信息、设备告警信息、设备控制命令、辅助系统信息五部分。

4．何谓调控机构设备监控信息表？

答：调控机构设备监控信息表是指满足调控机构变电站集中监控需要的接入调控机构的变电站信息表，包括遥测、遥信、遥控信息及其与变电站现场监控系统信息的对应关系。监控信息表的信息描述、优化和分类原则应满足《变电站典型信息表》要求。

5．变电站设备监控信息的分类及含义是什么？

答：监控告警是监控信息在技术支持系统、变电站监控系统对设备监控信息处理后在告警窗出现的告警条文，是监控运行的主要关注对象，按对电网和设备影响的轻重缓急程度分为事故、异常、越限、变位和告知五类。事故信息和变位信息应同时上送 SOE 信号。

（1）事故信息是由于电网故障、设备故障等，引起开关跳闸（包含非人工操作的跳闸）保护及安控装置动作出口跳合闸的信息以及影响全站安全运行的其他信息。是需实时监控、立即处理的重要信息。

（2）异常信息是反映设备运行异常情况的报警信息和影响设备遥控操作的信息，直接威胁电网安全与设备运行，是需要实时监控、及时处理的重要信息。

（3）越限信息是反映重要遥测量超出报警上下限区间的信息。重要遥测量主要有设备有功、无功、电流、电压、主变压器油温、断面潮流等，是需实时监控、及时处理的重要信息。

（4）变位信息特指开关类设备状态（分、合闸）改变的信息。该类信息直接反映电网运行方式的改变，是需要实时监控的重要信息。

（5）告知信息是反映电网设备运行情况、状态监测的一般信息。主要包括隔离开关、接地刀闸位置信息、主变压器运行挡位，以及设备正常操作时的伴生信息（如保护压板投/退，保护装置、故障录波器、收发信机的启动、异常消失信息，测控装置就地/远方等）。该类信息需定期查询。

6．变电站设备监控信息接入技术支持系统的总体原则是什么？

答：变电站设备监控信息接入技术支持系统的总体原则是：

（1）设备监控信息应全面完整。设备监控信息应涵盖变电站内一次设备、二次设备及辅助设备，采集应完整准确、描述应简明扼要，满足无人值守变电站远方故障判断、分析处置的要求。

（2）设备监控信息应描述准确。设备编号和信息命名应满足要求，信息描述准确，含义清晰，不引起歧义。

（3）设备监控信息应稳定可靠。不上送干扰信号、不误发告警信号，不受单个设备故障、失电等因素影响而失去全站监视；上送技术支持系统监控信息应有合理的校验手段和重传措施，不因通信干扰造成监控信息错误。

（4）设备监控信息应源端规范。继电保护及安全自动装置、测控装置、合并单元、智能终端等二次设备应优先通过设备自身形成其监控信息，以降低对外部设备依赖，实现监控信息的源端规范。变压器、断路器等一次设备智能化后，应在源端形成其设备监控信息。

（5）设备监控信息应上下一致。变电站监控系统监控主机应完整包含上送技术支持系统的设备监控信息，且内容、名称、分类保持一致。

（6）设备监控信息应接入便捷，灵活适应不同类别设备监控信息接入要求，并可根据实际需要调整。

7．变电站设备监控信息设备动作信息主要包括哪些内容？

答：设备动作信息主要包括变电站内断路器、继电保护和安全自动装置等设备或间隔的动作信号：

（1）继电保护及安全自动装置应提供动作出口总信号。对于需区分主保护和后备保护的，应提供主保护出口总信号。

（2）断路器机构动作信号应包括机构三相不一致跳闸。

（3）间隔事故信号应选择断路器合后位置与跳闸位置继电器触点串联生成。

（4）全站事故总信号，应将各电气间隔事故信号逻辑或组合，采用“触发加自动复归”方式形成全站事故总信号，全站事故总信号为告知类信息。

8．监控远方遥控操作时，断路器、隔离开关、变压器分接头、软压板有哪些双确认条件？

答：双确认时监控实现远方遥控操作安全性的必备条件：

（1）断路器远方操作有合闸、分闸两种方式。采用断路器分合闸位置和相应设备有功、无功、电流、电压等两个非同原理指示同时变化作为双确认条件。

（2）隔离开关远方操作有合闸、分闸两种方式。采用隔离开关双位置，辅助视频、姿态传感器或压力传感器等两个非同原理指示同时变化作为双确认条件。

（3）变压器分接头远方操作有升挡、降挡、急停三种方式，采用分接头挡位和相应设备无功、电压变化作为确认条件。

（4）电容器、电抗器投切采用对应断路器开关位置和相应设备无功等两个非同原理指示同时变化作为双确认条件。

（5）重合闸软压板投退采用重合闸软压板位置、重合闸充电状态等两个指示同时变化作为确认条件。

（6）主保护软压板投退采用主保护软压板位置、主保护功能等两个指示同时变化作为确认条件。

（7）备自投软压板投退采用备自投软压板位置、备自投装置充电状态等两个指示同时变化作为确认条件。

9．变电站设备监控信息应如何开展综合治理？

答：开展设备监控信息综合治理，目的是减少干扰正常监控信息的上送：

（1）技术支持系统应建立一次、二次设备模型，信息应实现关联，满足监控信息综合分析决策和处置要求。

（2）技术支持系统均应具备对实时监视信息分类检索、置牌屏蔽、按类组合、统计分析等功能。

（3）设备操作过程中产生的可短时复归的伴生信息（如弹簧未储能、控制回路断线等），设备正常运行时产生的伴生信息（如油泵启动、故障录波启动等），技术支持系统宜采用延时计次等措施进行优化。

（4）设备检修或数据无效时，相关监控信息应带品质位上送，避免与正常数据混淆。

10．出现哪些情况需要进行“四遥”信息核对？

答：（1）新建、扩建设备或经过大修（涉及遥信名称变更）、综自改造变电站，必须进行所有“四遥”信息核对。

（2）远动主机升级或更换时，引起远动数据库（或远动转发表）变动的工作，必须制订相应的安全工作方案，所有运行开关均要与主站监控系统进行遥控测试。

（3）改变外部接线工作，引起遥信、遥控、遥调变动时，未涉及远动数据库变更时，应与站端监控系统进行对调。

（4）电流互感器变比变更后，需要进行遥测值核对。

（5）主站监控系统升级或更换时，自动化运维人员核对确认新老主站系统中的遥测、遥信、遥控（调）数据库信息是否完全一致；监控员和自动化运维人员共同核对新老主站系统的监控画面遥测值是否一致，抽取部分遥信、全部遥控（调）信号做遥控测试。

11．什么是信号的封锁、抑制管理？

（1）对由于接点接触不良等原因引起个别遥信频繁变位，对设备监控造成影响时，值班监控员应通知运维人员或自动化值班员检查处理。

（2）监控信号频繁动作复归，经处理后仍不能消除的，值班监控员可对相应设备进行封锁监控信号处理；值班监控员应在监控日志中填写封锁记录。

（3）经处理后，监控信号频繁动作更加严重，甚至出现刷屏影响监控安全时，值班监控员应立即恢复该变电站有人值班，临时封锁该信号，做好封锁记录、上报和督促消缺工作。

（4）信号封锁期间运维人员应加强巡视，信号处理正常后，运维人员应及时通知值班监控员，值班监控员将信号解除封锁，并在监控日志中填写解封锁记录。

二、基础题库

（一）选择题

1. 设备监控事故信息主要包括（　ABCD　）。

A. 全站事故总信息

B. 单元事故总信息

C. 各类保护、安全自动装置动作出口信息

D. 开关异常变位信息。

2. 设备监控异常信息主要包括（　ABCD　）。

A. 一次设备异常告警信息

B. 二次设备、回路异常告警信息

C. 自动化、通信设备异常告警信息

D. 其他设备异常告警信息

3. 监控机发“主变本体轻瓦斯告警”信号，属于（　B　）缺陷。

A. 危急　　B. 严重　　C. 一般　　D. 紧急

4. 变压器的量测主要包括如下几种类型？（　ABCD　）

A. 有功　　B. 无功

C. 电流　　D. 分接头位置

5. 一次设备量测数据时反映电网和设备运行状况的电气和非电气变化量，下面哪些内容为一次设备量测数据？（　ABCD　）

A. 线路有功、无功、电流，线路电压

B. 变压器各侧有功、无功、电流、功率因数、挡位、温度、中性点电压

C. 母联（分段）电流、母线电压、$3U_0$电压

D. 电容器、电抗器无功、电流；站内交直流电源电压、电流

6. 二次设备位置状态是反映二次设备压板投退等运行状况的状态量，信息定义采用正逻辑，下面哪些规定是正确的？（　ABD　）

A. 软压板位置（投入：1；退出：0）

B. 重合闸、备自投充电状态（完成：1；未充电：0）

C. 设备控制切换把手位置（就地：0；远方：1）

D. 联锁方式控制把手位置（解锁：1；联锁：0）

7. 变电站辅助系统信息主要包括（　ABCD　）系统量测数据、告警及控制信息。

A. 设备状态在线监测系统　　B. 安全防范系统

C. 消防系统　　D. 环境监测系统

8. 变电站站内火灾告警或变压器火灾告警动作告警分为应为（ A ）。

A. 事故　　B. 异常　　C. 变位　　D. 告知

9. 变电站隔离开关（刀闸）需常态化开展远方遥控操作时，刀闸机构就地控制告警分为（ B ）。

A. 事故　　B. 异常　　C. 变位　　D. 告知

10. 下列哪个变电站监控信息是由站端合并的信息？（ BD ）

A. 开关 SF_6 气压低告警　　B. 变压器差动保护出口

C. 电容器过电压保护出口　　D. 220kV 母线差动保护出口

11. 智能变电站“智能组件柜温度异常”告警分类为（ B ）。

A. 事故　　B. 异常　　C. 变位　　D. 告知

12. 保护定值区号以（ A ）形式上传。

A. 遥测　　B. 遥信　　C. 遥调　　D. 遥脉

13. 在远动主机或其他远动终端工作，引起（ A ），应组织开展监控信息验收。

A. 远动数据库变动　　B. 通信中断　　C. 设备异常　　D. 事故跳闸

14. 变电设备检修，涉及信号、测量或控制回路的，即使监控信息表未发生变化，运维单位也应在工作前向（ B ）汇报。

A. 值班调度员　　B. 值班监控员

C. 运检部门　　D. 设备监控管理处

15. 远动四遥是指（ ABCD ）。

A. 遥测　　B. 遥信　　C. 遥控　　D. 遥调

E. 遥视

（二）判断题

1. 双确认指的是至少有两个非同样原理或非同源的指示同时发生对应变化。（ √ ）

2. 一次设备异常是指一次设备发生缺陷造成设备无法长期运行或性能降低的情况。（ √ ）

3. 二次设备及辅助设备异常是指设备自身、辅助装置、通信链路或回路原因发生不影响主要功能的缺陷。（ √ ）

4. 线路、主变压器等一次设备有功和无功参考方向以母线为参照对象，送出母线为负值，反之为正值。（ × ）

5. 断路器位置信号应采集常开、常闭辅助触点信息，隔离开关、接地刀闸等位置信号宜采集常开、常闭辅助触点信息，并形成双位置信号上送技术支持系统。（ √ ）

6. 分相操动机构断路器除采集总位置信号外，还应采集断路器的分相位置信号，其中总位置信号应采用分相位置信号串联，由断路器辅助触点直接提供。（ √ ）

7. 一次设备故障是指一次设备发生缺陷造成无法继续运行或正常操作的情况。（ √ ）

8．二次设备及辅助设备故障是指设备（系统）因自身、辅助装置、通信链路或回路原因发生重要缺陷、失电等引起设备（系统）闭锁或主要功能失去的情况。（√）

9．变电站“全站事故总”动作后，需由现场运维人员手动复归。（×）

10．程序化操作由技术支持系统通过变电站监控系统直接获取站内调试确认并固化的程序化控制信息，操作范围为间隔内设备“热备用”“冷备用”相互转换。（×）

11．技术支持系统确认程序化控制信息后，下发相应的命令到变电站端测控装置直接完成具体操作。（×）

12．变电设备检修，涉及信号、测量或控制回路的，如果监控信息表未发生变化，运维单位不必在工作前向值班监控员汇报。（×）

13．变电站一、二次设备检修、改造不涉及监控信息变更时，运维单位仍需配合做好信息接入调试。若变更仅是设备命名调整，调控机构做好主站修改工作，运维单位做好站端修改工作，并配合调控机构做好调试工作。（√）

三、经典案例

1．某日，一新建110kV变电站在调试阶段，主站端对点时，监控发现“1号主变压器有载调压轻瓦斯告警”监控信息缺失。原因为点表审核时，正好《国家电网有限公司十八项电网重大反事故措施》宣贯学习，站端工作人员按照惯性思维以为主变压器配置的是油灭弧有载分接开关，反馈信息有误，造成主变压器有载调压轻瓦斯告警缺失。在监控信息点表审核时应注意哪些事项？

答：国家电网设备〔2018〕979号《国家电网有限公司十八项电网重大反事故措施》9.3.1.1规定：油灭弧有载分接开关应选用油流速动继电器，不应采用具有气体报警（轻瓦斯）功能的气体继电器；真空灭弧有载分接开关应选用具有油流速动、气体报警（轻瓦斯）功能的气体继电器。新安装的真空灭弧有载分接开关，宜选用具有集气盒的气体继电器。因此，在变电站监控信息点表审核时应注意以下事项：

（1）要熟悉最新的相关文件（保护九统一）、《国家电网有限公司十八项电网重大反事故措施》、继电保护就地在线目录等；

（2）及时与站端输变电、厂家人员进行、自动化专业等相关人员沟通；

（3）监控信息点表提交时务必伴随有站端对应关系表；

（4）针对缺失的信息、要求拆分而无法拆分的应书面申请经相关领导签字；

（5）智能变电站必须结合SCD文件；

（6）根据公司新规定、制度实时更新变电站典型监控信息点表。

2．某日，监控员在与站端运维人员开展“一键顺控”程序化控制遥控验收时，出现××开关遥控失败导致“一键顺控”程序自动停止，通过与现场核实为现场人员将××开关远方/就地把手切制就地位置造成，通过上述情况，监控员在开展“一键顺控”程序化控制遥控验收时应要求调度端和站端注意哪些事项？

答：调度端“一键顺控”程序，即利用主站调用子站顺控功能预设操作票的模式进

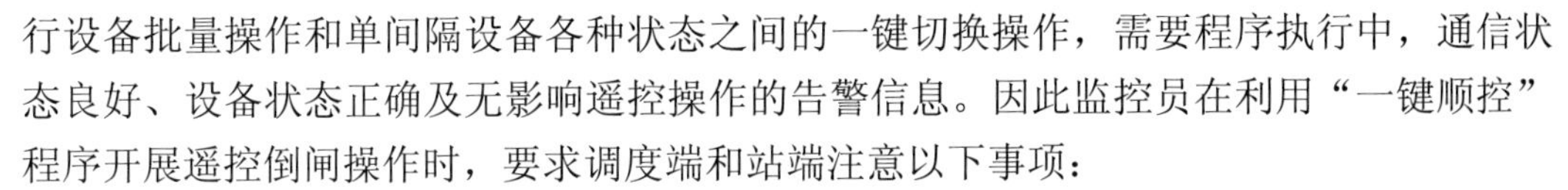

行设备批量操作和单间隔设备各种状态之间的一键切换操作，需要程序执行中，通信状态良好、设备状态正确及无影响遥控操作的告警信息。因此监控员在利用“一键顺控”程序开展遥控倒闸操作时，要求调度端和站端注意以下事项：

（1）在“一键顺控”程序执行前，通知监控员及相关县调应暂停与本站有关的操作；

（2）通知自动化或通信人员停止与本站有关的通信工作；

（3）通知现场运维人员，停止与本“一键顺控”程序有关联设备的相关工作，确保无影响远方遥控操作的异常信息或其他情况。

3．某日，在进行 110kV 新建智能站监控信息点表审核时，发现各 110kV 出线间隔智能终端均收到 110kV 母线保护的信息，但 110kV 母线保护本装置相关信号缺失。遇有此种情况应如何进行核实处置？

答：首先应查看 SCD 文件，核实 110kV 各出线智能终端是否通过 GOOSE 网收接收 110kV 母线保护的跳闸指令。其次是查看 SCD 是否有 110kV 母线保护配置信息。经确定有 110kV 母线保护信息时，应及时与现场人员进行沟通，要求添加相关信息。

同时在点表审核过程中：第一，切记克服惯性思维，忽略不同接线方式新增设备的审核；第二，要对照典型信息表逐条进行核对；第三，根据变电站设备命名及一次接线图进行审核；第四，加强与现场工作人员的沟通，了解一、二次设备实际情况。

4．某日，某 110kV 变电站一 10kV 线路故障跳闸，本间隔保护动作、异常信息均延时自动复归，只有“间隔事故总”未复归，在线路故障点处置完毕后，县调调控员因“间隔事故总”未复归延期送电。试说明“间隔事故总”不复归的原因？

答：“间隔事故总”信号是由开关合后位置继电器（KKJ）和跳闸位置继电器（TWJ）串联引出形成，当保护动作跳闸后，跳闸位置继电器（TWJ）辅助触点接通触发“间隔事故总”，若现场运维不对跳闸位置继电器复归的情况下，“间隔事故总”光字牌一直处于动作状态。当监控员遥控合上此开关时，跳闸位置继电器（TWJ）辅助触点断开，“间隔事故总”信息复归。因此“间隔事故总”动作不影响远方遥控操作恢复送电。

5．2019 年 6 月 2 日 9 时 15 分，正值高峰大负荷期间，220kV 唐尧站供电区域内母线电压普遍偏低，220kV 唐尧站无功功率欠补，1、2 号主变压器功率因数较低。经查看一次主接线画面图、异常缺陷记录及电容器间隔图，未发现电容器存在无法投入的异常情况。通过核查 AVC 告警信息一览表和数据库保护信号表 AVC 关联关系，发现唐尧站 1～8 号电容器均处于“低电压保护出口”“不平衡电压保护出口”“过电压保护出口”“间隔事故总”等保护动作闭锁状态，导致无法 AVC 自动投入。

答：通过查看监控系统历史告警记录、检修工作票及运行日志等内容，发现在 2019 年 6 月 1 日当天，220kV 唐尧站 1～8 号电容器开展迎峰度夏前例行检修预试、保护传动等工作。在工作完毕后，虽然 1～8 号电容器所有保护动作信号已复归（不包括 7 号电容器间隔事故总），但由于电容器“保护出口”等信息设置的是“人工闭锁”，因此在信号已复归情况下需要人工进行解除闭锁方可自动投入投切状态。通过分析得出以下问题：

（1）电容器设备检修预试期间进行开关保护传送试验，造成电容器因 AVC 保护动作信息闭锁而无法自动投切，反映出监控员针对电容器检修预试工作流程不熟悉，未及时进行解闭锁，导致母线电压和无功功率不满足要求，影响供电质量。

（2）针对 7 号电容器开关间隔事故总，在开关遥控验收完成后，保护专业由于对 7 号电容器再次进行了保护传动试验，导致虽然保护动作信号已复归，但间隔事故总由断路器合后位置与跳闸位置继电器触点串联生成的信号无法自动复归，需要人工遥控合闸后方可复归，因此要求现场对遥控验收和保护传动先后顺序执行不严格，同时监控员在验收时信号核对不及时。

6．为什么智能站 220kV 母差保护需要配置启动失灵 GOOSE 接收软压板？

答：智能变电站 220kV 母差保护装置失灵保护需要接收线路保护装置、主变压器保护装置、母联保护装置的失灵启动开入。

为防止误开入，母差保护装置上对应支路应配置启动失灵 GOOSE 接收软压板。只有启动失灵 GOOSE 接收软压板投入的情况下，失灵开入才计入失灵逻辑，配置启动失灵 GOOSE 接收软压板可提高保护的可靠性。

因为母差保护装置如果动作是将这条母线所有的开关都跳开，它的影响较大，所以如果失灵启动误开入的话，造成的后果和风险非常大。因此要防止误开入。如果启动失灵 GOOSE 接收软压板未投入，即使有一个失灵启动开入是不计入失灵逻辑，也就是失灵保护是不会动作的。

例如，母线上某一条支路检修，那么将这一条支路的启动失灵 GOOSE 接收软压板退出，在检修过程中即使失灵保护收到了此支路的失灵启动开入（误开入），失灵开入也不会计入失灵逻辑。

7．值班监控员如何验收监控系统四遥信息的责任区和告警分级划分是否正确？

答：自动化人员根据调控值班员的需求，按照地、县调管辖范围和监控信息告警的重要性，在监控系统内对遥信、遥测、遥控及遥调四遥信息进行责任区和告警分级的划分。若责任区划分错误：将会导致非调控管辖范围的告警信息误报、调控管辖范围的告警信息漏报；告警分级划分错误：将会导致告警误报和漏报，同时导致事故推图等功能失败。

因此，进行监控系统四遥信息责任区和告警分级划分的正确性是保证监控员安全监控的基础。

责任区划分：方法一：通过监控数据库—SCADA—设备类—保护信号表、断路器表、刀闸表、变压器表等核查相关遥信、遥测信息责任区的正确性。方法二：通过监控主控台—责任区定义核查各间隔信息责任区的正确性。

告警分级划分：通过监控数据库—SCADA—参数类—遥信表核查遥信告警分级的正确性。

8．2021 年 3 月 21 日 8 时 52 分，监控班小王通过自动巡检系统发现 110kV 丰州站 10kV 丰泉光伏线 056 开关（地调直调设备）测保装置对时异常未上实时告警窗，通过自动化核查发现为此间隔所有信息未划分至地调监控责任区，导致信息漏报。小王请教监控技术员和自动化专业人员，在主站端设备正常的情况下，可能导致主站端监控信息不上告警窗的原因有哪些？

答：监控告警信息不上告警窗的原因需综合考虑责任区、分级等监控数据库相关设置和调控人员操作，可能包括如下方面：

（1）责任区划分错误导致监控告警信息漏报；

（2）由于告知类监控信息不上传实时告警窗，因此若事故类、异常类告警信息误设定为告知类；

（3）监控员根据工作检修情况对相关信号进行“信息抑制”“间隔抑制”或“厂站抑制”等；

（4）监控员根据工作检修情况对相关信号进行“遥信封锁”等；

（5）“弹簧未储能”“装置通信中断”等监控信息设置告警延时。

9．论述 AVC 主变压器错挡和主变压器滑挡之间的关系（见图 4-1-2、图 4-1-3）。

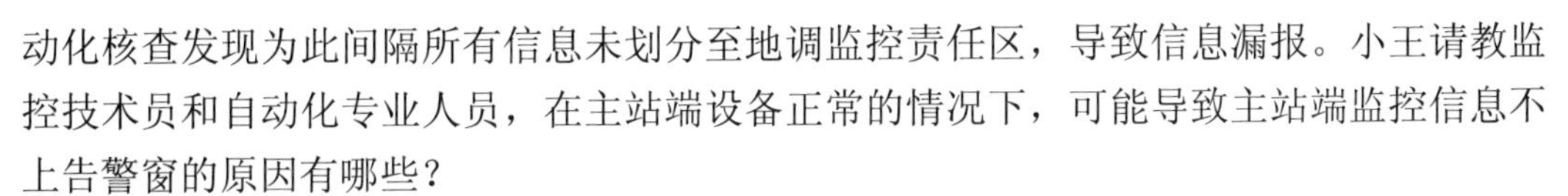

图 4-1-2　35kV 东环站进线潮流图

10．2016 年 5 月 12 日，内桥接线方式的 110kV 变电站电源进线线路瞬时性故障造成变电站短时失电，同时监控告警窗推送 110kV 变电站“110kV 电网解裂装置出口”动作后立即复归，监控员误认为是信息误动作，未及时汇报地调，造成 35kV 小电源线路长时间停机。

答：原因是监控员对 110kV 电网解裂装置出口此类联切小电源线路的信息不熟悉，造成信息误判。随着光伏电站的投运增加以及前期已投运的生物、垃圾及自备电厂等，当通过变电站中低压母线并网运行时，使得变电站的保护、自动装置配置复杂化。要求中低压母线带有小电源并网线时，需配置相关解列装置，以防止上一级电源跳闸时出现非同期并列现象。

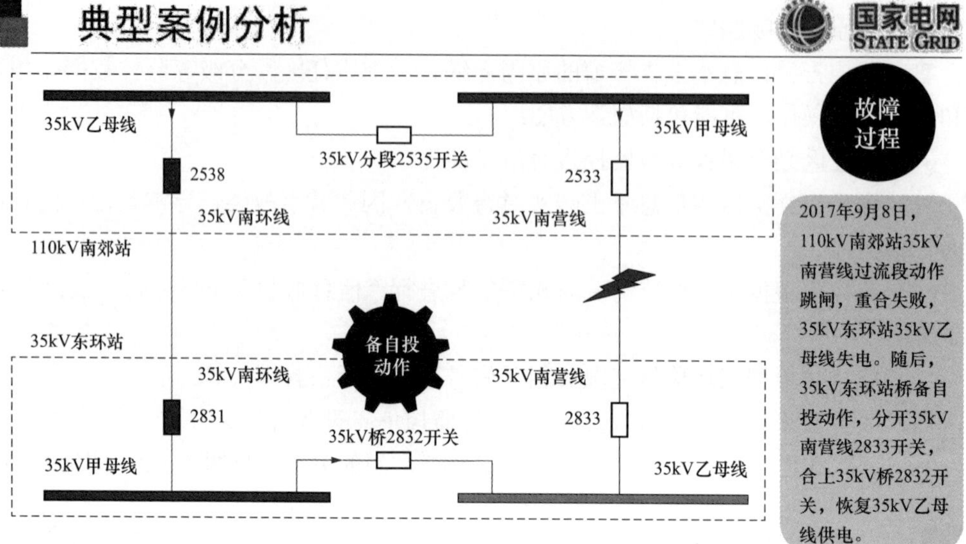

图 4-1-3　35kV 东环站进线潮流图

控制措施及注意事项：

（1）要求监控掌握带有小电源的《变电站相关保护及自动装置跳小电源压板运行管理规定》。包括 110kV 备自投、110kV Ⅰ/Ⅱ解列装置、1、2 号主变压器间隙保护、35kV 备自投、10kV 备自投远切、就地跳闸原理。

（2）一般小电源并网线路均配置纵联差动保护，清楚调度管辖范围。

（3）当带有并网电源线的变电站上一级电源或相关设备发生故障跳闸时，汇报调度时应注意：解列装置、主变压器间隙保护出口的动作信息。切记不因无开关跳闸信息而漏报、误报。

（4）可通过监控系统一次接线图上对小电厂、光伏站等线路进行标注。

（5）应注意在变电站 110kV 母线电压互感器发生异常时，若不及时退出解列功能，在现场处置过程中可能出现 110kV 故障解列装置误动作的情况，切除 35kV 并网光伏电厂对侧开关。

11．2018 年 8 月 1 日，新入职员工小王说："快哥，快哥！刚才 110kV 隆莲线线路转热备用操作后，110kV 莲东站发"110kV 备自投充电未完成"告警信息，正常隆莲线莲东站侧开关热备用状态，我及时通知现场运维人员，现场说这是正常信息，说我连这个都不清楚。"你能给我详细讲讲备自投的相关知识吗？

答：备自投就是备用电源自动投入装置，是电力系统中十分重要的自动元器件，当系统主供电源不论因何原因消失时，由备用电源自投装置动作，确保用电负荷及用户不失电。地区电网备自投装置主要体现在内桥接线方式的 110kV 变电站，主要包括 110kV

内桥接线分段备自投、进线备自投；经济运行状态下（一台变压器运行、一台变压器热备用）的主变压器备自投；35、10kV 单母分段备自投等。

（1）备用电源自动投入装置的要求：

1）应保证在工作电源或设备断开后，才投入备用电源或设备。

2）工作电源或设备上的电压，不论因何原因消失时，自动投入装置均应动作。

3）自动投入装置应保证只动作一次。

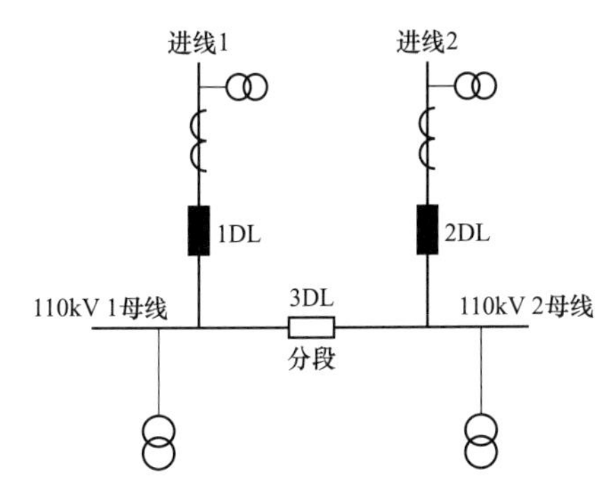

图 4-1-4 内桥接线 110kV 分段备自投接线图

内桥接线 110kV 分段备自投接线图如图 4-1-4 所示。

（2）110kV 分段备用电源自动投入装置充电所需判据条件：

1）备自投压板投入；

2）备自投闭锁信号断开；

3）110kV 1 母线有压；

4）110kV 2 母线有压；

5）进线 1 开关 1DL 合位；

6）进线 2 开关 2DL 合位；

7）分段开关 3DL 分位。

（3）110kV 分段备自投放电条件（1 主 2 备）：

1）分段开关 3DL 合位；

2）110kV 1、2 母线均三相无压；

3）手跳（遥控）1DL 或 2DL；

4）其他外部闭锁信号（保护闭锁备自投）；

5）1DL、2DL、3DL 的 TWJ 异常；

6）整定控制字不允许母联开关自投。

内桥接线 110kV 进线备自投接线图如图 4-1-5 所示。

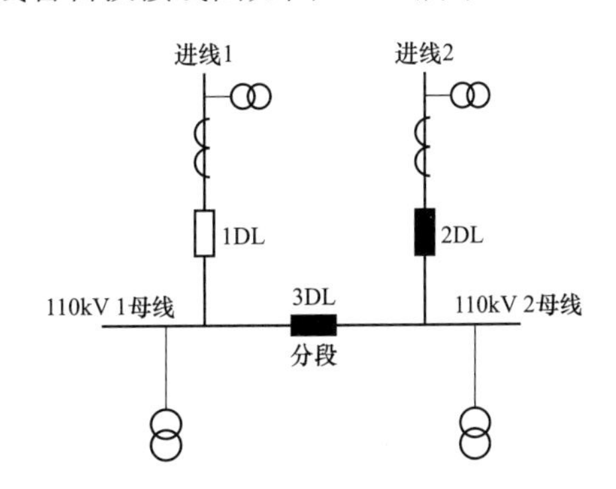

图 4-1-5 内桥接线 110kV 进线备自投接线图

（1）110kV 线路备自投充电所需判据条件：

1）备自投压板投入；

2）备自投闭锁信号断开；

3）进线1有压（可选）；

4）进线2有压（可选）；

5）110kV 1母线有压；

6）110kV 2母线有压；

7）进线1开关1DL合位；

8）进线2开关2DL分位；

9）分段开关3DL合位。

（2）110kV进线备自投放电条件（1主2备）：

1）当进线2电压检查控制字投入时，线路2无压（既满足上述莲东站110kV备自投放电条件）；

2）进线2的2DL断路器合位；

3）手跳（遥控）1DL或3DL；

4）其他外部闭锁信号（保护闭锁备自投）；

5）1DL、2DL、3DL的TWJ异常；

6）整定控制字不允许进线2开关自投。

为防止电压互感器断线时备自投误动，取线路电流作为线路失压的闭锁判据。

12．双母线倒闸操作时为什么要退母联控制电源和投入母线互联压板？

答：准确地说，你的问题应该是热倒时为什么要把母联开关的控制回路断开？因为在热倒时，为保证线路不断电，是将该线路上的两把母线刀闸都处在合闸位置，若正在倒闸时发生一个单母线的故障，母线保护动作，跳开母联和分段开关以隔绝故障区域。但因为线路两把母线刀闸均在合闸位置，导致故障母线依然带电，故障未能隔离。所以，考虑这种情况，热倒时不仅要将母联开关的控制回路断开，还要把“单母线压板（有的地方叫母线互联压板）”给投上，保证故障时，母联不会断开，从而故障母线和正常母线同时跳开，进而隔离了故障。

将母联开关设置为死开关意思就是断开母联控制回路空气开关。因为在将母联开关设置为死开关之前要投入单母连接片，也就是说2条母线成为一条。这样可以保证倒母操作时候顺利。如果没有设置为死开关，当在倒母操作的时候发生问题，会跳开母联开关，会造成带负荷拉合隔离开关。因为隔离开关是没有灭弧能力的，所以跳开母联开关后会对人身有威胁。

13．2018年7月11日9时30分，如图4-1-6所示，220kV西岭站110kV嘉裕光伏线线路发生故障，差动保护动作，193开关跳闸，重合成功；110kV嘉裕光伏站152开关跳闸未重合。值班员小李问值长：我记得220kV线路差动保护后，两侧开关同时跳闸，为什么110kV嘉裕光伏线差动保护动作后，220kV西岭站193开关、嘉裕光伏站152开关跳闸，而110kV丰州站146开关没有跳闸。

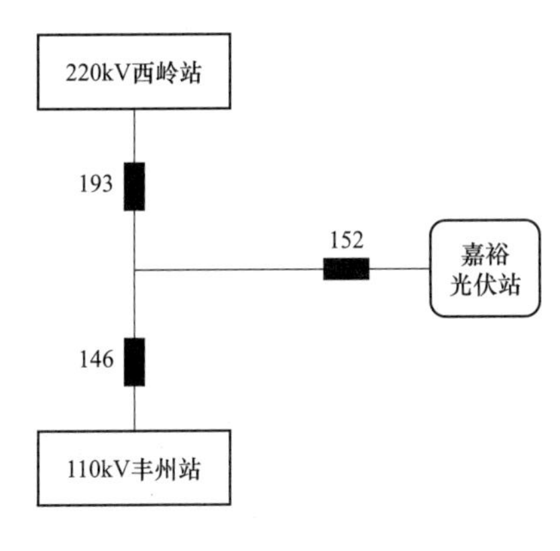

图 4-1-6 220kV 西岭站 110kV 嘉裕光伏线线路故障图

答：首先我们先了解下智能变电站继电保护装置投入运行、投入信号状态及退出运行状态的含义。

（1）智能变电站继电保护装置投入运行是指继电保护功能压板、GOOSE 出口软压板（包括跳闸、合闸、启动重合闸、启动失灵、启动远跳、联跳相关断路器的 GOOSE 出口软压板）、SV 接收软压板、间隔投入软压板、电源等均按正常方式投入，保护装置检修硬压板断开，继电保护正常发挥作用。

（2）智能变电站继电保护装置投入信号状态是指继电保护功能压板投入，SV 接收软压板、间隔投入软压板、电源开关等投入，保护装置检修硬压板断开。GOOSE 出口软压板退出（包括跳闸、合闸、启动重合闸、启动失灵、启动远跳、联跳相关断路器的 GOOOSE 出口软压板）。

（3）智能变电站继电保护装置退出运行状态是指继电保护功能压板、GOOSE 出口软压板、SV 接收软压板、间隔投入软压板均退出，保护装置检修硬压板投入。

然后根据上述事故案例进行分析，为了快速切除线路故障点，因此在接有电源的线路各侧均配置差动保护。而 110kV 丰州站为末端变电站，可能看做一个负荷，在既要保证故障快速隔离，又要保证负荷快速恢复，因此在 110kV 丰州站只投入差动功能、光伏站出口但不重合。这样在线路发生瞬时故障时，193、152 开关同时跳闸，193 开关重合以恢复丰州站运行。

14．某日，某 110kV 智能变电站发“一体化电源充电机母线电压异常”“一体化电源系统总故障”告警信息，同时直流母线电压由 234V 突升至 244V，通知现场运维人员反馈得知，均充电造成，大概 24h 左右均充电结束后信号自动复归。请问为什么会出现上述现象？

答：直流系统主要由充电屏和蓄电池组成。充电屏一般有充电模块 4 组，完成 AC/DC 变换，实现系统最为基本的功能。直流系统充电主要包括均充电和浮充电两种状态，在正常运行方式下提供常用直流负荷电源并对蓄电池进行浮充电。

所谓浮充电：保持电池容量的一种充电方式，一般电压较低，常用来平衡电池自放电导致的容量损失，也可用来恢复电池容量，浮充电压为 234V；所谓均充电：用于均衡单体电池容量的充电方式，一般充电电压较高，常用作快速恢复电池容量，均充电压为 245V 左右，大概每 30d 均充一次，每次 24h 左右。

因此直流系统处于均充电状态时，直流母线电压升高以及充电母线电压异常（升高）属于正常现象。

15．某日，某 220kV 断路器间隔发“第二组控制电源消失”和“第二组控制电源断线”告警信息，由于值班员经验不足，在省调值班调度员询问时，误以为控制电源断线将造成开关不能合闸、分闸及保护动作时开关拒动，造成异常处置时扩大停电范围。通过上述异常处置过程，试分析 220kV 断路器控制电源配置情况和断路器操作方式。

答：220kV 断路器控制回路中，合闸回路和第一组分闸回路共用第一组控制电源，第二组分闸回路使用第二组控制电源。

断路器操作方式：

（1）主控制室远方操作：通过测控屏操作把手进行操作。现场一般是通过后台机进行远方操作，传达命令到测控。

（2）就地操作：通过机构箱上的分合按钮进行就地操作。

（3）遥控操作：调度端发遥控命令，通过通信设备、远动设备将操作信号传递至变电站远动屏，远动屏将遥控接点信号传递到测控屏，实现断路器的操作。

（4）开关本身保护装置、重合闸装置动作，发跳、合闸命令至操作箱，对开关进行跳、合闸操作。母差、低频减载等其他保护装置及自动装置动作，引起断路器跳闸。

16．2019 年 1 月 11 日，缺乏变电站现场运行经验的值班员小杨请教班长：为什么最近出现这么多主变压器有载调压轻瓦斯告警信息，导致 AVC 自动闭锁无法调压？班长能给讲讲变压器瓦斯保护的相关知识吗？

答：在夏季大负荷和近年来冬季煤改电供暖期间，由于负荷变动较大造成 AVC 系统自动调节挡位次数较多，在主变压器挡位切换过程中会出现轻微电弧，由于电弧的作用会产生气体，因此频繁调压就会造成有载调压轻瓦斯告警。

变压器瓦斯保护，也叫气体保护。它是变压器内部发生在匝间和层间短路、铁芯故障、油面下降等内部故障的非电量主保护。

瓦斯保护的原理如图 4-1-7 所示。变压器内部发生故障时，会在故障点产生电弧，造成局部发热，加热周围的变压器油，变压器油受热分解产生气体，带动油流一起从油箱向油枕流动。

图 4-1-7　瓦斯保护原理

反映这种气流和油流而动作的保护叫瓦斯保护（气体保护）。反复试验中找到一条故障规律，即其气体和油流涌动的强烈程度随故障严重程度不同而不同。

瓦斯继电器的工作原理如图 4-1-8 所示。瓦斯继电器也被称为气体继电器。

变压器油充满瓦斯继电器，上下油杯由于浮力的作用触点处于打开状态，此时由于内部出现轻微故障，变压器受热产生少量气体，由于涌动速度慢，这些气体在流经瓦斯继电器会在上部停留，导致油面下降，上油杯失去浮力后向下转动，促使触点导通发出信号，这个就是表示主变压器内部轻微故障的“轻瓦斯告警”。

当变压器内部故障严重，变压器油分解大量气体，带动油流快速涌动，由于速度快，气体在气体继电器上部存留不住，会和油流一起冲击下部气体继电器挡板，导致重瓦斯继电器触点闭合，发出跳闸信号和指令，也就是跳开主变压器各侧开关。极端情况下变压器严重漏油，此时油面下降严重，上下油杯都失去浮力，触点先后闭合，发出主变“轻瓦斯告警”“重瓦斯出口”信号。

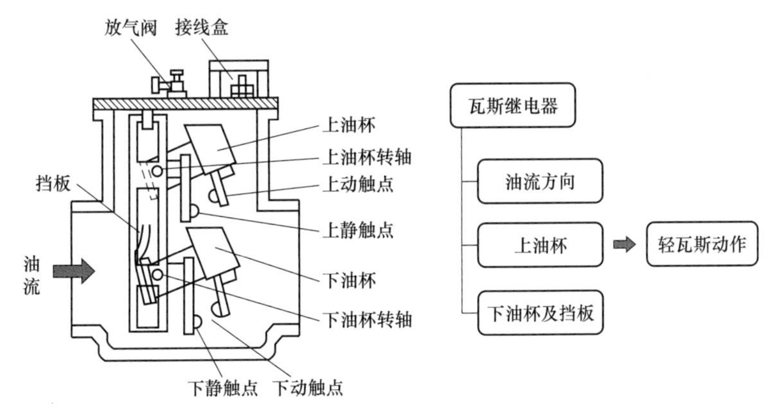

图 4-1-8　瓦斯继电器工作原理图

17．最近恶劣天气较多，35、10kV 小电流接地系统线路发生接地故障频繁造成电压互感器一、二次熔断器熔断？为什么电压互感器一、二次侧需要加装熔断器？

答：电压互感器的特点是容量很小，其负荷通常是恒定的，负载阻抗又很大，因此二次电流很小，正常运行时相当于空载的变压器。二次发生短路时，由于互感器本身的阻抗很小，短路电流很大，会烧毁线圈。为了防止短路，通常在电压互感器的一次和二次侧安装熔断器。

电压互感器一次侧装熔断器的作用：

（1）防止电压互感器本身或引出线故障而影响高压系统（如电压互感器所接的那个电压等级的系统）的正常工作。

（2）保护电压互感器本身。但装高压侧熔断器不能防止电压互感器二次侧过流的影响。因为熔丝截面积是根据机械强度的条件而选择的最小可能值，其额定电流比电压感器的额定电流大很多倍，二次过流时可能熔断不了。所以，为了防止电压互感器二次回路所引起的持续过电流，在电压互感器的二次侧还得装设低压熔断器。

装于室内配电装置的高压熔断器，是装有石英填料的，能截断 1000MW 的短路功率。在 110kV 及以上电压的配电装置中，电压互感器高压侧不装熔断器。这是由于高压系统灭弧问题较大，高压熔断器制造较困难，价格也昂贵，且考虑到高压配电装置相间距离大，故障机会较少，故不装设。 二次侧短路的保护由二次侧熔断器担负。二次侧出口是否装熔断器有几个特殊情况：

（1）二次开口三角接线的出线端一般不装熔断器。这是唯恐接触不良发不出接地信号，因为平时开口三角端头无电压，无法监视熔断器的接触情况。但也有的供零序过电压保护用，开口三角出线端是装熔断器的。

（2）中性线上不装设熔断器。这是避免熔丝熔断或接触不良使断线闭锁失灵，或使绝缘监察电压表失去指示故障的作用。

（3）用于自动励磁调整装置的电压互感器二次侧一般不装设熔断器。这是为了防止熔断器接触不良或熔断，使自动励磁调整装置强行励磁误动作。

（4）220kV 的电压互感器二次侧现在一般都装设空气小开关而不用熔断器，以满足距离保护的需要。

二次侧熔断器选择的一般原则有：

（1）熔丝的熔断时间必须保证在二次回路发生短路时，小于继电保护装置的动作时间。

（2）熔断器的容量应满足以下条件：熔线额定电流应大于最大负荷电流，且取可靠系数为 1.5。

（3）继电保护装置与测量仪表共用一组电压互感器时，应考虑装设在继电保护装置的熔断器与仪表回路的熔断器在动作时间和灵敏度上相配合，即仪表回路熔断器的动作时间应小于继电保护装置的动作时间，这样仪表回路短路时，不致引起继电保护装置误动作。

正常运行时，电压互感器二次线圈相当于开路，阻抗 ZL 很大，若二次回路短路时，阻抗 ZL 迅速减小到几乎为零，这时二次回路会产生很大的短路电流，将损坏二次设备甚至危及人身安全。电压互感器可以在二次侧装设熔断器以保护其自身不因二次侧短路而损坏。在可能的情况下，一次侧也应装设熔断器以保护高压电网不因互感器高压绕组或引线故障危及一次系统的安全。

第二章　变电站集中监控管理

一、技术问答

1. 在出现哪些情况时，应组织开展监控信息验收？

答：出现以下情况，集控站应组织开展监控信息验收：

（1）新建、改建、扩建工程投产；

（2）变电站综自系统改造、变电站远动机或其他变电站终端设备以及调度监控系统更换；

（3）在远动主机或其他远动终端工作，引起远动数据库变动。

2. 变电站监控信息联调验收应具备哪些条件？

答：变电站监控信息联调验收应具备以下条件：

（1）变电站监控系统已完成验收工作，监控数据完整、正确；

（2）相关技术支持系统已完成数据接入和维护工作，自验收合格；

（3）相关远动设备和通信通道应正常、可靠。

3. 变电站实施集中监控应满足哪些技术要求？

答：变电站实施集中监控应满足以下技术要求：

（1）满足 Q/GDW 231—2008《无人值守变电站及监控中心技术导则》要求；

（2）变电站设备已完成验收和调试，正式投入运行；

（3）按照监控信息管理的相关规定，完成监控信息的接入和验收；

（4）消防、技防等监控辅助系统告警总信号接入技术支持系统。

4. 地区电网 220kV 及以下变电站“监控效率”如何定义及计算？

答：设备监控能效指标“监控效率”等于监控变电站数量乘以不同电压等级变电站折算系数与每值值班人员数量的比值（折算系数有 750kV：2.3；500（330）kV：2.0；220kV：1.0；110（66）kV：0.5；35kV：0.3）。

5. 调控机构设备监控运行分析包括哪些，何种情况下需开展专项分析？

答：监控运行分析包括定期分析和专项分析，其中定期分析分为月度分析和年度分析。当设备发生以下故障时，调度控制处应及时开展专项分析，并形成分析报告：

（1）220kV 及以上主变压器故障跳闸；

（2）110kV 及以上母线故障跳闸；

（3）发生越级故障跳闸；

（4）发生保护误动、拒动；

（5）其他需开展专项分析的情况。

6．变电站集中监控许可管理典型控制措施有哪些？

答：集中监控许可典型控制措施应包括：

（1）变电站设备已完成验收和调试，正式投入运行，并满足集中监控变电站技术条件要求；

（2）按变电站集中监控许可管理规定做好集中监控许可申请流程并闭环；

（3）严格履行变电站集中监控申请许可、审核、批复制度；

（4）成立监控业务移交工作小组，按规定进行变电站集中监控试运行工作（至少两周）；

（5）制订监控业务移交工作计划和日期，并做好监控运行人员现场设备熟悉和培训工作；

（6）定期开展集中监控信息核对工作，落实监控缺陷整改情况；

（7）变电站在集中监控试运行期满后，监控业务移交工作组对试运行情况进行分析评估，形成集中监控评估报告，集中监控评估报告作为许可变电站集中监控的依据；

（8）运维单位和集控站按照批复进行监控职责移交，由集控站当值值班监控员与现场值班运维人员通过录音电话按时办理集中监控职责交接手续并向相关调度汇报，同时做好交接记录。

7．变电站集中监控许可审核中，存在哪些影响正常监控的情况应不予通过评估？

答：存在以下情况时应不予通过集中监控许可评估：

（1）设备存在危急或严重缺陷；

（2）监控信息存在误报、漏报、频繁变位现象；

（3）现场检查的问题尚未整改完成，不满足集中监控技术条件；

（4）其他影响正常监控的情况。

8．论述监控职责移交及收回的工作要求。

答：（1）监控职责移交：

1）监控职责临时移交时，监控员应以录音电话方式与运维单位明确移交范围、时间、移交前运行方式等内容，并做好相关记录；

2）监控职责移交完成后，监控员应将移交情况向相关调度进行汇报。

（2）监控职责收回：

1）监控员确认监控功能恢复正常后，应及时以录音电话方式通知运维单位，重新核对变电站运行方式和监控信息，收回监控职责，并做好相关记录；

2）收回监控职责后，监控员应将移交情况向相关调度进行汇报。

9．出现哪些情况需要进行“四遥”信息核对？

答：（1）新建、扩建设备或经过大修（涉及遥信名称变更）、综自改造变电站，必须进行所有“四遥”信息核对。

（2）远动主机升级或更换时，引起远动数据库（或远动转发表）变动的工作，必须制订相应的安全工作方案，所有运行开关均要与主站监控系统进行遥控测试。

（3）改变外部接线工作，引起遥信、遥控、遥调变动时，未涉及远动数据库变更时，应与站端监控系统进行对调。

（4）电流互感器变比变更后，需要进行遥测值核对。

（5）主站监控系统升级或更换时，自动化运维人员核对确认新老主站系统中的遥测、遥信、遥控（调）数据库信息是否完全一致；监控员和自动化运维人员共同核对新老主站系统的监控画面遥测值是否一致，抽取部分遥信、全部遥控（调）信号做遥控测试。

10．如何进行自动化系统“遥测”信息验收？

答：（1）对于停电的一次设备，由试验人员通过外加信号源的方式模拟产生电流、电压、温度等遥测信息。对于分相式设备，在各相遥测值加量时应有明显大小差异以区分相别。多个间隔待验收时，应逐路加量以区分间隔。监控人员应检查主站端遥测值与信号源模拟值是否基本一致。

（2）对于运行的一次设备，采用核对主站与变电站站端遥测值的方式验证遥测信息，热备用设备的遥测信息待设备转运行后补验收。主站系统更换时核对新老监控画面上遥测值是否一致。

（3）主站监控系统、备用监控系统采用遥测同步核对。站端如配置双套数据处理及通信单元，应在主站端同步逐一比对两个单元上送的遥测信息是否一致。

（4）线路、主变压器等一次设备有功和无功的参考方向以母线为参照对象，送出母线为正值。Ⅰ段母线送Ⅱ段母线为正值；电容器、电抗器的有功和无功的参考方向以该一次设备为参照对象，送出该一次设备为正值，反之为负。核对遥测时，重点注意 TA 极性的正确性，确保主站监控系统、站端监控系统遥测极性和实际 TA 极性一致。

11．如何进行自动化系统“遥信”信息验收？

答：（1）对于停电的一次设备，由试验人员通过整组传动、实际操作设备、设备本体上点端子等方式产生遥信信号。运维人员验证遥信（如保护闭锁、SF_6 闭锁）功能，监控人员应检查主站端遥信信号与现场设备状态完全一致。

（2）对于运行的一次设备，由试验人员通过在测控装置信号回路上拆接线或短接等方式来模拟产生遥信信号，禁止采用在数据处理及通信单元上置位的方式来模拟遥信信号。监控人员应检查主站端遥信信号与现场模拟情况完全一致。

（3）对于运行的一次设备，保护测控一体化的装置不得采用二次回路拆接线或短接等方式模拟产生遥信信号，防止影响保护功能，其遥信验收需结合停电进行。

（4）软报文信号（如部分保护具体动作行为、直流信号、智能设备信号、通信中断信号）无法通过在测控装置信号回路上拆接线或短接等方式来模拟产生，需现场实做（远动模拟量开出对点、人工设直流一点接地、拔网线等）以产生信号，应结合停电进行验收。

（5）事故总合成信号应对全站所有间隔进行触发试验，保证任一间隔保护动作信号和开关位置不对应信号发出后，均能可靠触发事故总信号并上传至主站端，并且在发出10s后能够自动复归。其他合成信号（如装置异常等）应逐一验证所有合成条件均能可靠触发总信号并上传至主站。

（6）小电流接地系统母线接地遥信，施工单位须加电压模拟进行试验，主站端检查开口角电压进行传动验收。

（7）遥信验收时监控人员应同步检查告警窗、接线图画面、光字牌画面，验证遥信信号是否正确变位、信号分类是否正确。

（8）主站监控系统、备用监控系统采用遥信同步核对。站端如配置双套数据处理及通信单元，应在主站端同步逐一比对两个单元上送的遥信信息是否一致。

12．如何进行自动化系统“遥控（调）”信息验收？

答：（1）对于停电的一次设备，遥控（调）验收应进行实控验证，实际操作传动开关、主变压器有载开关以及同期（施工人员在母线和线路上试加电压）、重合闸、备自投功能软压板等。遥控软压板后，应检查监控画面上软压板位置信号是否正确变位，重合闸充电、备自投充电等遥信信号是否对应变位，并与现场核对。

（2）对于运行的一次设备，遥控验收前现场应做好防止开关实际出口（如开关远方/就地把手打至就地、退出遥控压板）的安全措施，具备条件的应采用在测控装置上读取遥控报文等方式验证。主变压器有载调压、电容器开关、电抗器开关在条件允许的情况下可进行实控验证。

（3）主站监控系统、备用监控系统每一套系统遥控、遥调采用遥合或遥分进行试验。220kV 变电站站端如配置有双套数据处理及通信单元，数字通道和网络通道均需实际进行遥控、遥调，为减少开关跳合次数，可采用一个通道上试验遥控合闸，另一通道试验遥控分闸逐一验证。

13．进行自动化系统遥控验收时应采取哪些防止误控运行开关的措施？

答：（1）进行遥控调试操作前，自动化人员应与站端综自专业人员核对主站端和站端的数据库正确一致。

（2）进行遥控调试操作前，由自动化人员将拟遥控调试设备拖入自动化系统“调试”责任区，其他运行设备仍保持在正常监控责任区，进行遥控调试操作时只允许在“调试”责任区完成。

（3）进行遥控调试操作前，应要求现场运维人员将该站所有运行开关的远方就地把手打至“就地”位置或退出所有运行开关的遥控压板。现场操作完毕后，调试人员应通过自动化系统核实把手或压板已操作到位。

（4）进行遥控调试操作前，调试人员应与现场运维人员核实，明确后台机已遥控验收正确后方可开始进行远方遥控调试。

（5）调试人员进行遥控测试操作，由自动化人员和现场综自专业人员共同核对遥控信息报文正确、一致。

（6）调试人员检查拟遥控开关在分闸位置后，应先进行合闸操作，无异常后再进行分闸操作。

14．信息量对调有哪些要求？

答：（1）站端监控系统数据库变动的工作，工作前必须进行数据备份。数据改动结束后，装置接入主站监控系统前，必须核对数据库、装置网络地址正确，并经现场工作负责人签字确认。确认无误后再对改动部分逐项对调。

（2）变动远动数据库（远动转发表）时，工作前必须进行数据备份。调试信息量之前，现场工作人员应首先和自动化人员核对数据库，并经现场工作负责人签字确认。确认无误后再对改动部分逐项对调。

（3）对于双网、双机、双通道，现场工作人员应手工切换，分别调试每个网络、每个通道、确保每个数据库的正确性。

（4）遥信核对：针对不同信息应分别核对，对于停电设备的外部硬开入的遥信应实发（如控制回路断线、弹簧未储能、断路器及隔离开关的位置、保护或自动装置动作等）；对于实发有困难或危险性较高的（如 SF_6 压力降低或闭锁、变压器油位低、充氮灭火装置动作等），在采取防止误动运行设备的措施后，可以点发，但应尽可能靠近信号的正电侧，使验证的回路最大；对于合成的遥信（如装置异常或闭锁、全站事故总、全站告警总等），在保证运行设备安全的前提下，应尽可能对每个合成因子单独核对。

（5）核对调控信息应遵循现场实际设备、站端监控系统、调度监控系统主站信息同步进行的原则。

15．检修试验期间监控信息核对原则有哪些？

答：（1）调度备用监控系统不进行“四遥”信息核对工作。

（2）调度主站监控系统不进行遥测、遥控、遥调核对。遥信采用抽取全站各电压等级的某一间隔的（变压器、电源进线、联络线、母联单元必验）重要信号进行传动核对，集控站提前 2 个工作日将遥信抽测表下发检修、变电运维工区。

（3）变电运维工区负责对站端监控系统遥信信息核对，完成站端监控系统遥控、遥调试验，确保遥控、遥调回路正确性和可靠性。

（4）结合检修试验进行监控缺陷处理后，现场运维人员验收后应及时汇报值班监控员，双方应做好记录；未能消除的缺陷应说明原因，做好记录方可送电。

16．变电站监控信息联调验收应具备哪些条件？

答：（1）厂站监控系统已完成验收工作，监控数据完整、正确；

（2）相关调度技术支持系统已完成数据接入和维护工作，自验收合格；

（3）相关远动设备和通信通道应正常、可靠。

二、基础题库

（一）选择题

1. 设备监控业务评价指标中，监控效率是指监控变电站数量乘以不同电压等级变电站折算系数与每值值班人员数量的比值，220kV的折算系数为（ C ）。

A. 2.3　　B. 2.0　　C. 1.0　　D. 0.5

2. 依据《国调中心关于加强电网故障响应管理的通知》要求，各级监控部门应定期组织相关部门和单位对（ AD ）等情况进行分析，并明确整改时间和措施。

A. 故障响应效率不高　　B. 信息汇报不实

C. 事故处理失误　　D. 故障处置不力

3. 运维人员需临时驻守无人值守变电站时，在到达现场后和撤离现场前应告知（ D ）。

A. 安监部门　　B. 运维检修部　　C. 工区领导　　D. 集控站

4. 缺陷处理及时率＝［1－超周期缺陷（ D ）/发现缺陷（年度累计）］×100%。

A. 月度累计　　B. 季度累计　　C. 半年累计　　D. 年度累计

5. 运维人员响应用时＝运维人员到站时间－（ B ）。

A. 故障发生时间　　B. 通知运维人员故障时间

C. 试送（故障隔离）时间　　D. 试发成功时间

6. 变电站监控信息的验收内容包括技术资料、四遥信息、（ B ）及监控功能。

A. 保护配置清单　　B. 监控画面

C. 开关动作次数　　D. 一次设备型号

7. 以下哪一项属于变电站监控信息验收时技术资料验收内容？（　　）

A. 设备调度命名文件　　B. 油色谱分析报告

C. 保护校验报告　　D. 保护配置清单

8. 运维单位申请将变电站纳入集中监控，应提交的技术资料包括（ ABCD ）。

A. 设备台账

B. 设备运行限额（包括最小载流元件）

C. 现场运行规程

D. 保护配置表

9. 未按要求进行变电站监控业务许可交接，或监控业务许可交接不规范，将导致纳入集中监控设备交接不清。为避免这种情况发生，应做到（ ABCD ）。

A. 当值值班监控员与现场值班运维人员通过录音电话按时办理集中监控职责交接手续时，只需明确交接设备明细，不必核对设备状态

B. 运维单位和集控站按照批复进行监控职责移交

C. 当值值班监控员与现场值班运维人员通过录音电话按时办理集中监控职责交接手续，核对设备运行正常且遥测、遥信正确，并向相关调度汇报

D．按制度正确完整做好交接记录

10．监控职责临时移交时，监控员应与运维单位明确移交（ ABC ）内容。

A．移交范围　　B．时间

C．移交前运行方式　　D．移交后运行方式

（二）判断题

1．监控处负责监控范围内设备监控运行信息的收集和统计，并按要求开展监控运行专项分析。（√）

2．专项分析报告只需对故障前电网运行方式、故障过程概要及故障告警信号进行分析。（×）

3．变电站设备监控信息通过联调验收后，变电站运维检修单位方可向调控机构提出集中监控许可申请。（√）

4．变电站在集中监控试运行期满后，监控信息存在误报、漏报、频繁变位现象，不予通过试运行评估。（√）

5．无人值守变电站的交直流电源设备应可靠，相应监控信息可不上送至集控站。（×）

6．运维单位和集控站按照集中监控许可批复进行监控职责移交，当值值班监控员与现场值班运维人员通过录音电话按时办理集中监控职责交接手续，并向相关调度汇报。（√）

7．变电站集中监控覆盖率属于设备监控运行指标。（×）

8．误发信号总数量是指当月监控系统主站接收到监控告警，但经检查未发现设备故障异常的信号总数量。（√）

三、经典案例

1．2012 年 12 月 16 日，受大风雨雪天气影响，某 110kV 变电站 10kV 母线频繁出现接地现象，同时“1 号主变压器保护 1 装置直流消失”动作，原因为此变电站早期设计时由于硬接点少，将“1 号主变压器保护低压侧零序电压告警”合并到“1 号主变压器保护 1 装置直流消失”造成。遇有此类情况监控员应如何处置？

答：早期投运的老旧变电站，在 2012 年 12 月集控中心转调控一体化运行模式时接入智能电网监控系统，由于历史遗留问题，存在站端监控信息合并不规范的现象。遇有监控信息合并不规范的问题，监控员应进行以下处置：

（1）先通过告警查询核实“1 号主变压器保护 1 装置直流消失”等合并不规范监控信息历史详情，结合异常现象综合分析每次误动作的原因。

（2）启动缺陷处置流程，协调自动化及保护专业人员，对信号的合并情况核查，要求检查人员给出缺陷消除手段及期限。

（3）实时跟踪此缺陷消除进度，结合缺陷消除计划，做好监控信息正确性验收。

（4）结合异常缺陷记录对历史告警查询专项综合分析，梳理监控信息可能合并不规

范的情况形成台账，提交相关部门进行核查处置。

2．2015 年 5 月 3 日，某变电站 110kV 线路 154 开关保护动作跳闸，重合闸出口动作后开关未重合，现场检查 154 开关机构弹簧未储能，监控系统 154 开关“机构弹簧未储能”光字牌显示未动作。原因为 2015 年 3 月 8 日，154 开关检修预试完毕后，监控在进行开关合闸远方遥控验收时，由于“机构弹簧未储能”设置了告警延时，监控员默认信号自动复归不上送监控系统告警窗，也未进入间隔核实“机构弹簧未储能”光字牌未动作，导致“机构弹簧未储能”未上送监控系统。针对监控系统设置“告警延时”过滤的监控信息，监控员验收时的注意事项有哪些？

答：为减少设备操作过程中产生的可短时复归和设备正常运行时产生的伴生信息，监控系统一般采用延时等措施进行优化。如“机构弹簧未储能”设定 15s 延时，若在 15s 内此信息动作后复归，告警窗不上送此信息，但间隔内光字牌仍正常动作。超过 15s 未复归，告警窗上送此信息。针对设置“告警延时”的监控信息，监控员验收时应注意以下事项：

（1）验收时，监控员应按照设备监控验收指导卡，对监控系统数据库内保护信息表所有的“告警延时”进行逐项验收，确保延时设置正确；

（2）验收前，确保所要验收的监控信息未进行抑制、封锁等操作；

（3）验收时，监控员务必进入间隔将光字牌和告警窗信息同步验收；

（4）当开关远方遥控分、合闸试验时，应验收操作过程中产生的伴生信息是否正确；

（5）禁止变电站端对上送调度端的告警信息进行延时设置。

3．2017 年 8 月 3 日，某站变电站 10kV 1 号母线及所供 10kV 设备停电检修预试，新入职监控值班员小唐，在与现场进行 1 号电容器 063 开关远方遥控合闸试验时，开关合闸成功后立即由低电压（失压、欠压）保护出口跳闸，请简述发生此现象的原因和验收要求。

答：电容器正常是储能设备，在电容器停运后需充分放电（一般为 5min）后方可再次投入，否则立即投运可能损坏电容器。电容器低电压（失压或欠压）保护是主要用来防止空载变压器与电容器组同时合闸时，产生的工频过电压和振荡过电压对电容器造成危害。

原因是 1 号电容器 063 开关所在 10kV 1 号母线检修预试处于失电状态，由于现场运维人员进行电容器转检修倒闸操作时，无须进行电容器“保护低电压出口压板”退出操作，因此监控员在进行 1 号电容器 063 开关合闸时，低电压保护出口正确动作造成跳闸现象。

监控在验收时应要求现场运维人员将电容器“保护低电压出口压板”退出后再进行远方遥控合闸试验，遥控试验合闸完毕后提醒运维人员将压板投入；若需验证低电压出口压板，可不将“保护低电压出口压板”退出。

4．某供电公司 110kV ××变电站一次接线方式如图 4-2-1 所示，2 号主变压器的 0122 开关供 10kV 3 号母线运行，经母联 002 开关供 10kV 4 号母线带 062、064、066、

068、070开关运行。某日该站在新间隔072开关投运前，需要进行072间隔的四遥量信号核对工作。主站监控员和站端运检人员共同核对遥测、遥信正确无误后，开始进行072开关遥控分合闸操作。在072开关合闸状态下，首先进行072开关分闸遥控操作。结果实际遥控执行后发现，072开关不变位，而该站的母联002开关分闸，造成该站10kV 4号母线失压。

答：（1）原因分析：

事后查明，厂家人员将变电站遥控数据库中072开关的遥控地址设置错误导致。厂家人员设置072开关遥控地址时，直接复制了002开关的遥控地址编码，并且未做任何修改，造成主站端虽然发出的是控分072开关的指令，但实际执行分闸的设备是002开关。

上述案例虽然具有一定的特殊性和偶发性，但通过全面深刻的分析，我们可以发现在四遥量调试工作期间遥控操作风险管理存在以下难点：

1）设备遥控调试验收工作受重视程度不够，管理不规范，存在较大的安全隐患。设备遥控调试验收工作作为设备检修停电期间开展的一项工作，往往受重视程度不够，作业管理相对不够规范。但该项工作需要主站端的自动化、监控人员与站端的变电检修、变电运维、厂家人员共同配合方可完成，涉及专业范围广、工作人员多，看似简单，实则复杂。

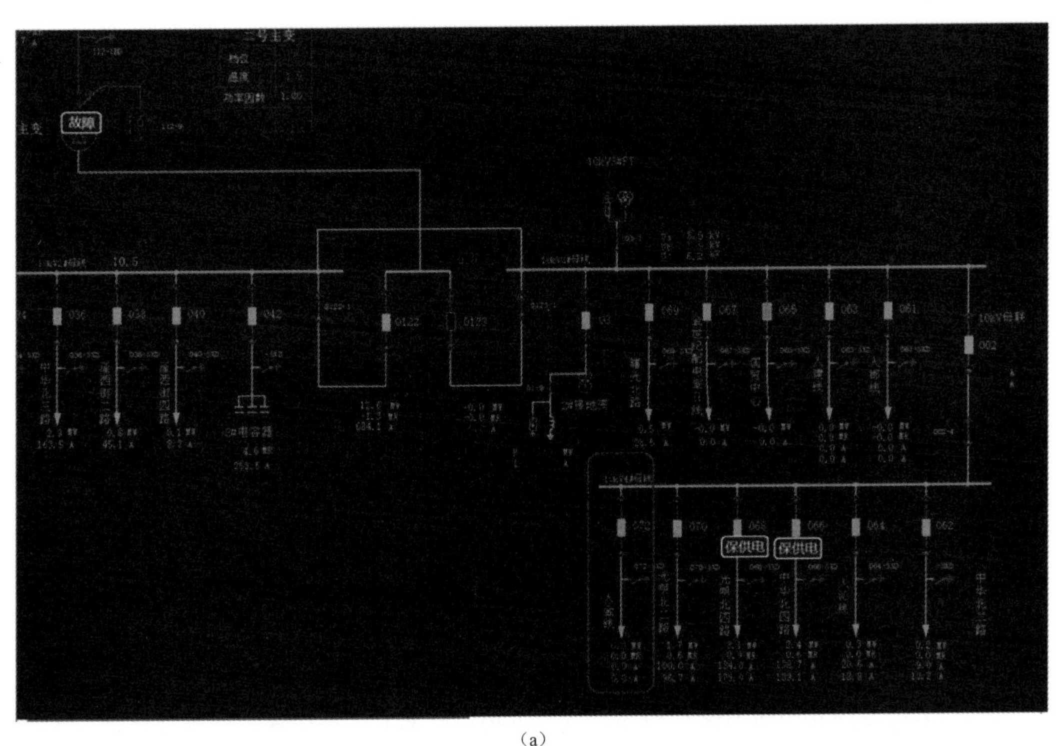

（a）

图4-2-1　110kV ××变电站一次接线图（遥控操作前）（一）

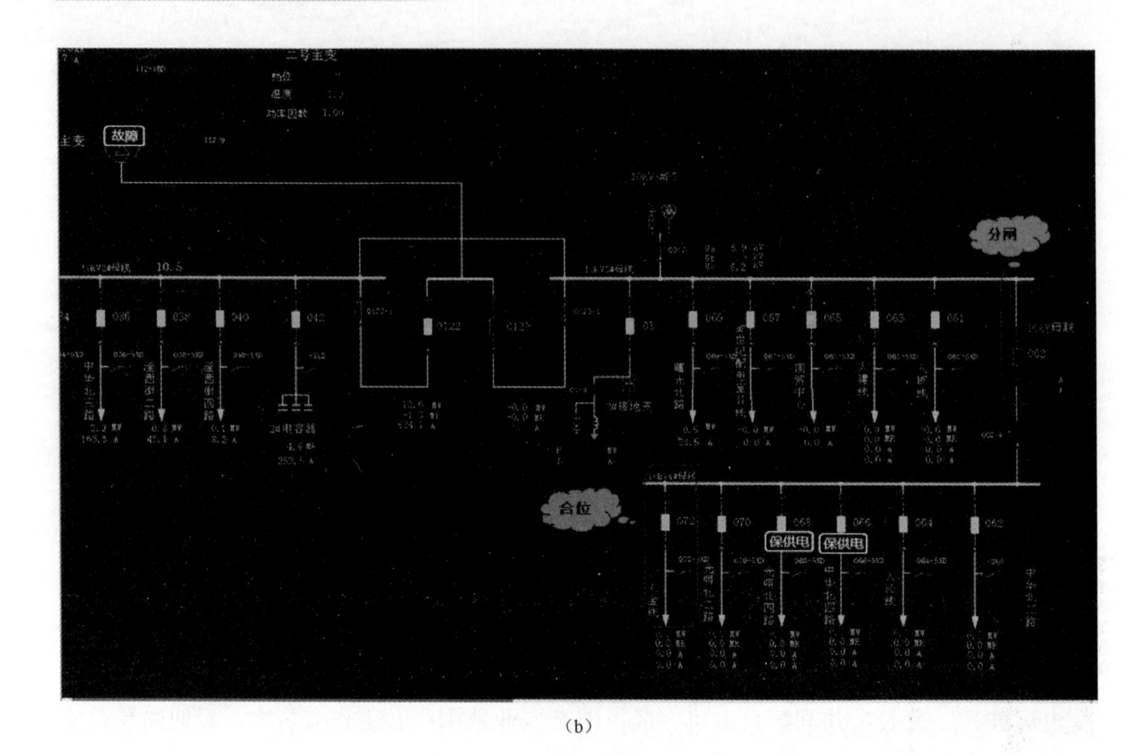

（b）

图 4-2-1　110kV ××变电站一次接线图（遥控操作后）（二）

2）设备遥控调试工作期间的安全把控不严格，误操作概率高。受监控人员数量编制不足，重视程度不够等因素影响，主站端进行遥控调试操作时，往往只有一名监控员和一名自动化人员配合完成，造成调试期间的遥控操作，实质上是单人操作，监护把关、操作核实环节缺失，误操作概率高。

3）仅靠主站端采取措施防止误遥控操作的安全措施十分有限。遥控操作涉及主站端自动化系统、站端综自设备、主站端与站端通信通道以及其他相关的变电站一、二次设备等，任意一项技术环节出现异常均有可能发生误遥控操作，因此仅靠在主站端采取安全措施无法完全防止误控运行设备。

（2）管控措施。

1）所有遥控操作应在自动化系统“调试”责任区中完成。遥控调试操作前，由自动化人员在主站端将拟操作的处于停电状态的设备拖入自动化系统中的“调试”责任区，调试人员登录“调试”区后，仅对调试区内的停电设备具备遥控操作权限，对系统中其他运行开关无遥控操作权限，从而有效地防止主站端误遥控选择。

2）遥控操作前断开其他所有运行设备的远方遥控回路。站端各间隔设备装设的远方就地把手（或遥控压板）能够接通或断开遥控操作回路，遥控操作前应要求站端运维人员将同一变电站内其他所有运行设备的远方遥控回路断开（退出遥控压板或将远方/就地把手切换至“就地”位置），这是防止误遥控操作最有效的手段之一。

3）遥控操作前应完成必要的核对和测试工作。遥控操作前，由主站端的自动化人员

和现场专业人员逐一核对数据库正确、一致，以防止遥控数据错误录入造成误遥控操作；进行遥控调试操作前，调试人员应与现场运维人员核实，明确后台机已遥控验收正确后方可开始进行远方遥控调试；正式进行遥控验收时，先由监控员进行遥控测试操作，主站端自动化人员和现场保护人员共同核对遥控信息报文正确、一致后，再进行实际遥控操作。

4）遥控操作时应先进行合闸操作再进行分闸操作。经核实，确实具备实际遥控操作条件后，应在开关分闸状态下，先进行合闸遥控操作，无误后，再进行分闸遥控操作。这样做的好处是先由主站端发出一个合闸命令，这样一来，即使该命令未指向拟调试设备，而是指向运行设备，由于是合闸命令亦不会造成运行设备分闸，从而可有效避免误控运行设备。

5．9月13日6:00～9月17日20:00，某220kV变电站的2号主变压器及212、112、012开关转检修，工作内容：2号主变压器本体测控装置更换；212、112、012开关的测控装置更换；212开关、112开关、012开关、212-4刀闸、112-4刀闸检修，012-4刀闸更换；2号主变压器保护改定值、保护装置校验、传动212、112、012开关。

9月16日16:25，2号主变压器本体测控装置和212、112、012开关的测控装置更换完毕，站端运维检修人员共同全面验证2号主变压器监控信息完整性、正确性无误，完成监控信息现场验收后向集控站申请联调验收。

9月16日18:42，监控员和站端运检人员按照规定的工作流程和要求，联调验收相关设备的遥测、遥信、遥控、监控画面及监控系统相关功能正确无误，并做好记录。

9月17日19:18，站端设备检修和更换工作全部结束，2号主变压器送电操作完毕恢复正常运行方式后，站端运维人员离站前与监控员核对设备信息时，发现主站监控系统自动化系统与站端后台机画面中显示的2号主变压器212、112、312开关遥测值不一致。

答：（1）原因分析。事后查明，与监控员完成该站2号主变压器及212、112、012开关的相关一、二次设备四遥量信息调试工作后，现场调试人员又因其他工作对变电站远动机数据库进行了修改和调整，导致数据库参数发生变化，造成设备切改投运后开关遥测值指示不准确的后果。

（2）管控措施。

1）加强专业管理。进一步完善变电站设备监控信息联调验收工作管理规范，全面规范监控信息接入、变更、调试、验收工作流程。明确要求对于已经主站和站端调试正确后的四遥量信息，任何一方不得随意修改数据库。若须对数据库修改，双方应该重新履行调试验收工作。

2）创新调试技术。研发主站远程闭锁站端远动机数据库技术。正常情况下，远动机数据库处于封锁状态。站端人员需要进入远动机数据库修改参数设置时，应先向主站申请，经审核同意后，主站人员输入口令远程解锁，之后站端人员才可对远动机数据库参数进行修改，修改完毕后汇报主站，再将数据库进行远程封锁。

附录 相关规程制度名录

[1] Q/GDW 441—2010《智能变电站继电保护技术规范》
[2] Q/GDW 383—2009《智能变电站技术导则》
[3] Q/GDW 10766—2015《10kV～110（66）kV 线路保护及辅助装置标准化设计规范》
[4] Q/GDW 1161—2014《线路保护及辅助装置标准化设计规范》
[5] Q/GDW 11398—2015《变电站设备监控信息规范》
[6] 国家电网设备〔2018〕979 号《国家电网有限公司十八项电网重大反事故措施（修订版)》
[7] 国网（调/4）222—2014《国家电网公司调控机构设备集中监视管理规定》
[8] 国网（调/4）223—2014《国家电网公司调控机构设备监控信息处置管理规定》
[9] 调调〔2016〕104 号《国家电网公司故障停运线路远方试送管理规范》
[10] 国网（调/4）807—2016《国家电网公司变电站设备监控信息接入验收管理规定》
[11] 国网（调/4）808—2016《国家电网公司变电站集中监控许可管理规定》
[12] 国网（调/4）806—2016《国家电网公司变电站设备监控信息管理规定》
[13] 调监〔2013〕300 号《国调中心关于印发〈调度集中监控告警信息相关缺陷分类标准（试行)〉的通知》
[14] 调监〔2012〕306 号《调控机构设备监控运行分析管理规定》